中国汽车自主研发技术与管理实践丛书

汽车整车开发项目管理及实践

吴礼军	王建斌	赖薪郦	王 炜	王志刚	王 非麟	
王剑刚	王橙帆	邓铸涛	叶 琴	付 全	白 莲	
吕凤友	吕凌志	朱 松	任静秋	刘翠华	汤国强	
李 斌	李生荣	李振容	李博昊	李小莉	杨明杰	
豆 剑	吴 斐	吴顺洪	余烈伟	谷连华	宋群超	
张 君	张 峻	张 锦	张光莲	陈 炜	陈国敏	
林子熙	周卜军	周丽香	周茂强	庞 兵	郑长江	
赵 岩	赵君合	郝志梅	胡 腾	费庆喜	栗东飞	
柴莉霞	徐彦杰	黄 曾	黄 璐	曹 云	龚玄浩	
常 伟	葛 超	蒋 林	蒋 赟	蒋沁锟	谭 周亚	编 主 著 审

本书基于汽车整车开发项目管理理论及最佳实践，有机结合了国际通行的 PMBOK 项目管理知识体系架构与中国整车自主研发项目实践经验。全书共分 10 章，包括整车开发项目管理体系、项目规划及启动、项目组织及团队建设、项目范围管理、项目进度及控制、项目成本管理、项目质量管理、项目采购管理、项目沟通管理和项目收尾，对汽车整车开发项目管理及实践进行了系统的全面阐述。

本书取材新颖、内容丰富、图文并茂、通俗易懂，由汽车整车企业具有丰富研发实践经验的研发专家和项目管理资深专家联合编写，理论基础扎实，实用性和实战性较强，具有可操作性和借鉴性，适用于从事汽车研发工作的项目管理人员、汽车设计研发工程师学习参考，也可作为高等院校汽车相关专业师生的教学参考书。

图书在版编目（CIP）数据

汽车整车开发项目管理及实践 / 吴礼军等编著.
北京 : 机械工业出版社，2025.5. --（中国汽车自主研发技术与管理实践丛书）. -- ISBN 978-7-111-78464-7

Ⅰ. U46

中国国家版本馆CIP数据核字第2025UA7813号

机械工业出版社（北京市百万庄大街22号　邮政编码100037）
策划编辑：母云红　　　　　　　责任编辑：母云红　徐　霆
责任校对：卢文迪　张雨霏　景　飞　　封面设计：张　静
责任印制：任维东
北京科信印刷有限公司印刷
2025年8月第1版第1次印刷
180mm×250mm・19印张・4插页・359千字
标准书号：ISBN 978-7-111-78464-7
定价：169.00元

电话服务　　　　　　　　　　网络服务
客服电话：010-88361066　　　机　工　官　网：www.cmpbook.com
　　　　　010-88379833　　　机　工　官　博：weibo.com/cmp1952
　　　　　010-68326294　　　金　书　网：www.golden-book.com
封底无防伪标均为盗版　　　　　机工教育服务网：www.cmpedu.com

序 ORDER

　　新中国汽车工业走过 70 余年的辉煌历程，其间创造了多个世界第一。1956 年，新中国第一辆"解放"牌货车下线，结束了中国不能生产汽车的历史。2009 年，中国汽车产销量首次双双突破 1000 万辆大关，超越美国，成为世界第一大汽车产销国，截至 2023 年连续 15 年保持着这个纪录。2023 年，中国汽车产销量再创历史新高，分别完成 3016.1 万辆和 3009.4 万辆，同比分别增长 11.6% 和 12%，其中汽车出口 491 万辆，同比增长了 57.9%。随着汽车产业规模的高速增长，中国汽车工业的国际地位有了实质性的提升，已经成为世界汽车工业的重要组成部分，从根本上改变了世界汽车工业的格局，使得中国向着汽车制造强国又迈进了一大步。

　　近几年，智能网联汽车已成为全球汽车产业的战略选择。智能网联汽车产业的高质量发展，需要加强顶层设计谋划，抢抓智能网联汽车在智能化、网联化的窗口期，加强产业顶层布局，并积极践行智能网联"中国方案"，力争成为全球技术趋势引领者。国内自主品牌汽车企业潜心研究，坚持不懈进行自主研发，开发出一系列有竞争力的产品，并且在一些核心技术领域取得了突破，积累了宝贵的知识和经验，为自主创新的发展奠定了坚实的基础。

　　中国汽车工业的长足发展也带动了中国汽车自主研发的飞速发展，中国汽车的自主研发已经实现了从逆向开发到正向开发、从结构开发到性能开发的战略性转变，开始从数字化开发到数智化开发、体验化开发的迈进。而整车开发的最重要支撑工具就是卓越的项目管理，它涉及对项目目标、进度、质量、成本等多方面的策划、组织、指挥、协调与控制，旨在实现项目的预定目标。优秀的项目管理机制和水平可以起到事半功倍的效果。《汽车整车开发项目管理及实践》一书系统、详细地阐述了汽车整车开发项目管理知识和企业的最佳实践，分别介绍了开发流程中各环节的关键要素、知识工具和工作成果等，将复杂的项目管理知识体系结合汽车整车开发展示出来，将汽车整车开发项目管理进行全面、系统的总结，具有较高的学习和研读价值。本书是我迄今见到的比较完整地介绍汽车整车开发项目管理的书籍，适合需要快速学习汽车开发项目管理方法论的学者、希望快速掌握汽车整车开发项目管理的汽车工程师和资深的整车开发项目经理，以及希望掌握项目管理实践的项目管理者参考阅读。学习本书后，将会大大提高日常项目管理工作的效率。

　　勤于实践、善于学习，才能准确把握汽车整车开发项目管理的精髓，进而实现自主品牌汽车产品开发能力的提升。该书分享了著作者们的研发项目管理宝贵经验，对我国汽车科技和产业的发展具有重要的帮助，将有力推动中国自主品牌汽车的设计研发和项目管理水平再上新台阶。衷心期望吾辈汽车人掌握本书精髓，勇攀汽车整车开发项目管理领域的高峰！

李克强

中国工程院院士

前言
PREFACE

作为国民经济的支柱产业，中国汽车工业经多年的蓬勃发展，产销量早已经稳居世界第一。中国汽车行业积极推进产业转型升级，深化创新，推动行业高质量发展，汽车工业总体运行平稳。中国汽车工业正在由大转强，产品也从早年间的技术引进逐渐转变为自主研发。中国汽车工业的强大必须依托我们强大的研发，没有强大的研发无法支撑强大的中国汽车工业，自主品牌的研发必须是自主研发、自我创新。由大到强的转变过程需要强大的汽车研发实力作为有力支撑，需要自主品牌汽车企业的艰苦奋斗与顽强拼搏，需要汽车人坚持不懈的努力，并积累宝贵的知识和经验，为自主创新的大发展奠定坚实的基础。中国汽车研发从无到有，已经从早期的逆向开发走向正向开发，自主品牌汽车的研发过程已经经历了从结构开发到性能开发的战略性转变，现在正由数字化研发向着品质开发、体验化开发、数智化开发跃迁。

优秀的整车开发离不开卓越的项目管理，项目管理在各行各业的重要性越来越明显，成熟和优秀的项目管理机制可以起到事半功倍的效果，带动团队引领事业更容易成功。同样，全新的汽车产品开发或技术升级项目也离不开整车开发项目管理知识。然而，国内系统介绍汽车开发项目管理知识的书籍鲜有公开出版，而全面、系统介绍汽车整车开发项目管理的书籍则更少，本书正是在此背景下产生的。本书希望给读者朋友们呈现一个较为完整的汽车整车开发项目管理知识架构和一些典型的实践案例，希望能够帮助相关从业者解决面临的整车开发项目管理的挑战，供汽车业界各位领导、管理者和有关高等院校师生参考。

本书基于汽车企业整车开发项目的管理理论及最佳实践，参照国际通行的PMBOK项目管理知识体系总体架构，与中国整车自主研发的项目管理知识及最佳实践有机结合，系统全面地介绍了汽车整车开发的项目管理知识及实践，可以称得上是一本AUTO-PMBOK书籍。全书共计10章，包括整车开发项目管理体系、项目规划及启动、项目组织及团队建设、项目范围管理、项目进度及控制、项目成本管理、项目质量管理、项目采购管理、项目沟通管理和项目收尾。其知识体系架构如图 0-1 所示,图中的实线和虚线反映了两个知识管理体系的对应关系,便于读者理解参考。当然,不同的主机厂因整车开发模式的不同而对应关系也有所不同。本书在知识体系的章节排序上,基本上与 PMBOK 保持一致,但是我们认为在项目管理中,人力资源及组织团队的搭建先于项目管理的实施,所以将人力资源管理的章节排序提前;项目沟通管理贯穿于项目管理的始终,排列靠后。

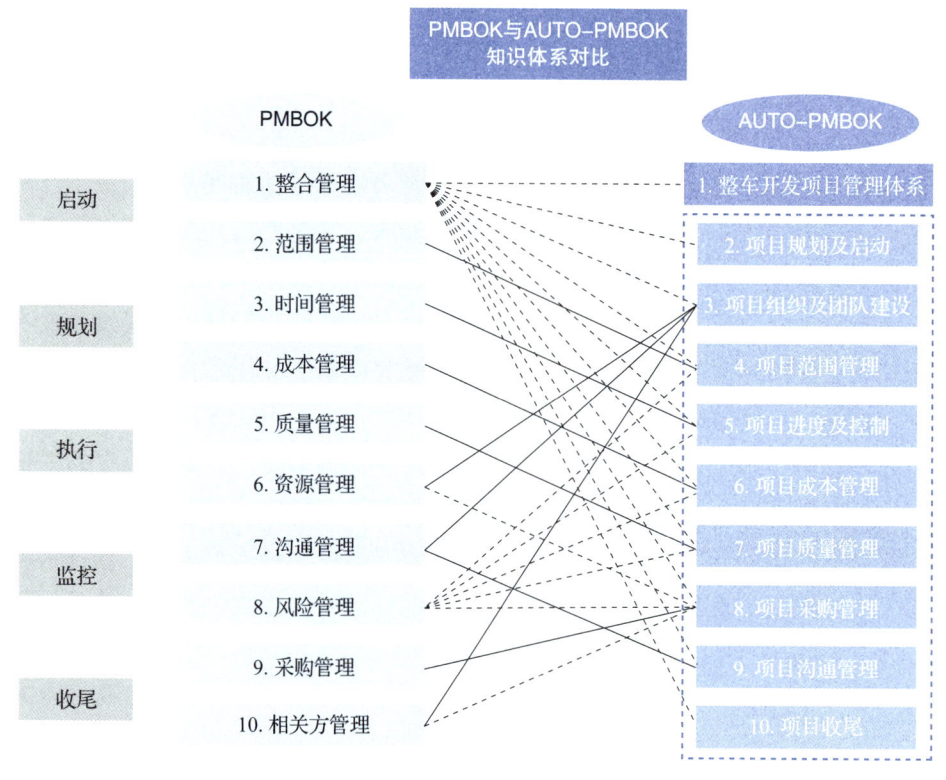

图 0-1　PMBOK 与 AUTO-PMBOK 的知识体系

汽车整车开发的项目管理（AUTO-PMBOK）与国际通行的 PMBOK 项目管理（如房地产及 IT 项目管理）有很大的不同,PMBOK 项目管理是在规定时间内完成规定的工作事项的项目管理,项目具有一次性,在特定的生命周期内,项目有明确的开始时间和结束时间界限,只是长短不同而已,同时它具有特定而明确的最终目标。而汽车项目管理则不同,首先汽车开发项目管理是全生命周期管理,包括产品迭代、产品持续开发的管理,直到整车退市管理,项目管理的时间段可能很长,根据市场的表现可能不断变化;其次是整车开发成本管理的不同,常规的 PMBOK 项目管理的成本管理主要是整个项目的费用管理,而汽车的项目管理不仅是汽车项目的开发费用、固定资产投资等费用管理,而且更多的精力花在整车产品成本控制、整车利润、零部件原价管理、年度降本等方面；还有就是整车开发项目的范围管理，经常因为市场和竞争对手的变化，带来进度和开发总投资的巨大变化，甚至对项目的投产和上市造成致命的影响。

本书将整合管理（相当于汽车开发总体管理、总体设计管理）的内容贯穿到全书的所有章节中，而未单独独立成章；将项目的风险管理也灌入开发管理的每一个环节而未单独成章，整车开发项目风险管理重点在项目的进度管理、成本管理和质量管理三要素中，采购管理也常常有供应商的开发风险和物料采购风险。资源管理主要对应组织与人力资源管理，还包括整车开发的试验试制资源以及采购资源，本书重点讲述人力资源管理及团队建设。相关方或干系人管理，国内叫法较少，本书将其纳入第3章组织及团队管理和其他章节的相关方管理，也未单独成章。项目的总结、复盘及验收对于整车开发非常重要，我们以项目收尾为题单独成章结束全书。

本书对PMBOK项目管理的研究内容与AUTO-PMBOK对应的研究内容进行了系统的总结，见表0-1，供读者对比研究学习参考。其中整车开发交付物是项目管理的重要内容，是整车开发项目管理的重要抓手，是整体项目管理的重中之重。汽车项目整合管理对应的整车开发的交付物主要是项目立项报告、项目组内部管理制度、项目阶段性/最终报告、项目各种管理计划、项目启动报告、项目验收及总结报告等，本书将总体管理中很重要的整车BOM表也列入其中。整车开发项目的范围管理重要的交付物就是设计任务书，有的车企也用蓝皮书（市场与营销）、绿皮书（技术可行性）、红皮书（商务可行性）来表达整车项目范围；整车开发项目进度管理主要的交付物是0~4级网络图（其中含VPP计划）、同步图、里程碑节点计划表、KTM表等；整车开发成本管理主要交付物包括研发总投入预算/费用表（造型、工程设计、工艺设计、试验试制等）、固定资产投入费用、整车成本BOM（零部件成本、生命周期成本）、市场方程式等；整车开发项目质量管理的主要交付物包括质量先期策划书、质量目标书、质量应规避问题、FMA（关重特性清单、失效模式分析、DVP&DVR）、QTM、AUDIT报告、OK-TO-BUY报告、三包政策等；整车开发项目资源管理主要交付物包括组织机构图、项目团队职责职能、项目团队激励与考核、项目人力资源管理以及样车样件计划和试验验证计划等（当然采购也是很重要的资源，本书将其纳入采购管理）；整车开发项目的沟通管理主要交付物包括会议机制、问题升级机制（向上沟通）、用户沟通、供应商沟通、经销商沟通等；整车开发项目的风险管理交付物主要包括风险管控表（红黄蓝绿、KTM、QTM）、项目健康运行表、里程碑风险管理等；整车开发项目的采购管理交付物主要包括采购先期策划报告、定点寻源采购计划、供应商认证、商务及合同管理、供应商过程管理、非生产性采购等；整车开发项目相关方管理主要包括相关方登记册（内部有公司领导、支持单位、项目团队，外部有客户、政府、供应商、经销商代表）及相关方资源等。

表 0-1 通用 PMBOK 项目管理与汽车开发项目管理（AUTO-PMBOK）对比研究

序号	PMP项目管理内容	通用 PMBOK 定义内容	汽车开发项目重点开展的工作内容（AUTO-PMBOK）	对应的整车开发交付物
1	整合管理	包括识别、定义、组合、统一和协调各项目管理过程组的各种过程和活动而开展的过程与活动。在项目管理中，整合兼具统一、合并沟通和集成的性质，对受控项目从执行到完成、成功管理干系人期望和满足项目要求，都至关重要	主要为项目管理层在运作项目管理过程中实施的一系列办法与手段。包括统筹管理和制定项目的整体业务计划、项目管理制度制定及运行、资源配置统筹管理、系统之间交叉问题的协调、交付物跟踪及汇总	1. 项目立项报告 2. 项目组内部管理制度 3. 项目阶段性/最终报告 4. 项目各种管理计划 5. 项目启动报告 6. 项目验收及总结报告 7. 整车 BOM 表
2	范围管理	包括确保项目做且只做所需的全部工作，以成功完成项目的各个过程。管理项目范围主要在于定义和控制哪些工作应该包括在项目内，哪些不应该包括在项目内	确定目标客户人群，锁定产品定位和关键要素，制定项目开发目标，明确开发任务或边界内容（质量、成本、进度目标），并根据市场变化反馈情况及时调整	1. 设计任务书 2. 蓝皮书 3. 绿皮书 4. 红皮书 5. 交付物清单（WBS）
3	进度管理	在工作分解结构的基础上，针对交付工作包的需要，列出为完成项目而必须进行的全部活动，然后分析这些活动之间的逻辑关系，估算各活动所需要的持续时间，制定项目进度计划，并随同项目执行对进度绩效进行监控	制定整车到系统、零部件各层级和造型、设计开发、工艺、制造、试制试验等各领域的工作计划，并设置关键节点进行项目周期全过程的时间控制。过程中定期梳理 KTM 任务进行过程管控	1.0~4 级网络图 2. 同步图 3. 里程碑节点计划表 4. KTM 表
4	成本管理	对成本进行规划、估算、预算、融资、筹资、管理和控制的各个过程，从而确保项目在批准的预算内完工	包括项目研发总费用管理、固投费用管理；同时包括整车零部件原材料的原价管理、整车材料成本、整车边利及利润率的达成管理。从预研阶段开始估算到精算，并在方案阶段确定目标，贯穿于全项目生命周期控制	1. 研发总投入预算/费用表（造型、工程设计、工艺设计、试验试制等） 2. 固定资产投入费用 3. 整车成本 BOM（零部件成本、生命周期成本） 4. 市场方程式
5	质量管理	包括执行组织确定的质量政策、目标与职责的各过程和活动，从而使项目满足其预定的需求	以 IATF 16949 标准及 ISO 9001 质量管理体系标准为准则，按 APQP（产品质量先期策划）的要求，将整车开发质量管理划分为先期质量策划、设计和开发质量控制、投产质量控制、上市初期质量特管、批生产质量管理五个阶段，并对各阶段关键质量控制工作进行结构化，开展先期、研发、投产、上市初期特管、软件 OTA 等质量管理工作	1. 质量先期策划书 2. 质量目标书 3. 质量应规避问题 4. FMA（关重特性清单、失效模式分析、DVP&DVR） 5. QTM 6. AUDIT 报告 7. OK-TO-BUY 报告 8. 三包政策

（续）

序号	PMP项目管理内容	通用PMBOK定义内容	汽车开发项目重点开展的工作内容（AUTO-PMBOK）	对应的整车开发交付物
6	资源管理	包括识别、获取和管理所需资源以成功完成项目的各个过程，这些过程有助于确保项目经理和项目团队在正确的时间和地点使用正确的资源。资源主要分为两大类，一个是实物资源，包括设备、材料、设施和基础设施，一个是团队资源或人员，指的是人力资源	根据项目需求选择项目总监、经理等核心管理人员，并组建项目团队，建立团队管理和激励考核约束机制，并定期开展团队建设活动。根据项目需求开展实物资源规划，如样车样件计划、试验验证计划等	1. 组织机构图 2. 项目团队职责职能 3. 项目团队激励与考核 4. 项目人力资源管理 5. 样车样件计划和试验验证计划
7	沟通管理	包括为确保项目信息及时且恰当地规划、收集、生成、发布、存储、检索、管理、控制、监督和最终处置所需的各个过程。沟通的维度包括：内部和外部、正式和非正式、垂直和水平、官方和非官方、书面和口头	通过识别项目相关方，规划项目内、外沟通管理，高效采用会议机制、OA邮件、微信或企微平台、数据交互系统等多种方式手段，运用沟通技巧，有效解决项目冲突，达到信息有效传达，提高项目团队竞争力	1. 会议机制 2. 问题升级机制（向上沟通） 3. 用户沟通 4. 供应商沟通 5. 经销商沟通
8	风险管理	包括规划风险管理、识别风险、实施风险分析、规划风险应对和控制风险等各个过程，目的是增加正面风险（机会）的可能性，减少负面风险（威胁）的可能性	从进度、质量、成本、合规、产品目标、用户价值、企业利益等维度识别开发风险，积极采取应对措施，以消除负面风险或减少负面风险的影响，同时抓住市场机会，保证项目健康运行	1. 风险管控表（红黄蓝绿、KTM、QTM） 2. 项目健康运行表 3. 里程碑风险管理
9	采购管理	包括从项目团队外部采购或获得所需产品、服务或成果的各个过程。项目采购管理包括规划采购管理、实施采购、控制采购	重视前期资源规划，确定采购策略，制定采购定点计划，开展目标价格控制，以及供应商的零件开发与过程质量管理，确保满足项目开发需求，通过过程管理实现主机厂和供应商双赢	1. 采购先期策划报告 2. 定点寻源采购计划 3. 供应商认证 4. 商务及合同管理 5. 供应商过程管理 6. 非生产性采购
10	相关方管理（干系人）	项目相关方是能影响项目决策、活动或结果的个人、群体或组织，以及会受到或自认为会受到项目决策、活动或结果影响的个人、群体或组织。通过各个过程及与相关方的持续沟通，以便了解相关方的需要和期望，解决实际发生的问题，管理利益冲突，促进相关方合理参与项目决策和活动。应该把相关方满意度作为一个关键的项目目标来进行管理	提前做好相关方的识别，有针对性地制定不同的沟通交流方式，对高层做好汇报，对内部及时共享信息，对外信息规范统一，管理好各方关切点，利用好相关方资源，快速解决实际问题，达到相关方满意	1. 相关方登记册（内部有公司领导、支持单位、项目团队，外部有客户、政府、供应商、经销商代表） 2. 相关方资源

本书提供的部分数据可供企业根据自身特点参考使用，书中客观数据部分经过了脱密处理，与实际参数有一定的差异，仅供学习参考。

本书由多年从事汽车整车开发项目管理工作的研发专家和项目管理资深人员合力编写，采用项目管理理论和整车研发实践相结合的方式将汽车整车开发项目管理进行全面、系统的总结，为汽车行业的发展做出贡献。目前市面上相关项目管理书籍以及和整车开发相关的项目管理书籍都比较偏向理论，本书从理论体系到最佳实践，比较清晰地展示了理论指导下的整车开发项目管理实践操作过程。

本书由吴礼军、王建斌、赖薪郦等编著，同时非常荣幸地邀请到北京师范大学项目管理研究资深学者周亚教授对书稿进行了全面审阅。周亚教授提出了很多专业、中肯、严谨的修改意见，在此对其付出的辛勤劳动表示衷心的感谢。

还要感谢中国工程院院士、清华大学教授李克强为本书作推荐序，感谢他在百忙之中对本书的大力支持和鼎力推荐。

本书部分内容引用和参考了国内外同行、专家和学者的文献和著作，在此对他们表示由衷的感谢。

由于作者知识水平有限，加之汽车的开发理念、开发手段以及项目管理知识日新月异，本书难免会有不足及疏漏之处，欢迎广大同行、专家和读者批评指正。

编　者

目 录
CONTENTS

序

前言

第 1 章　整车开发项目管理体系

1.1　中国汽车自主开发模式的演变 ...001

1.1.1　从逆向开发到正向开发的转变 ...001

1.1.2　从结构开发到性能开发的转变 ...003

1.1.3　从出行工具到智能移动空间的变革 ...007

1.2　汽车研发流程体系的现状 ...008

1.2.1　IPD 流程体系 ...008

1.2.2　整车产品开发流程 ...010

1.2.3　整车试验验证体系 ...020

1.3　整车开发项目管理体系 ...025

1.3.1　项目管理体系 ...025

1.3.2　项目组合管理 ...028

第 2 章　项目规划及启动

2.1　企业规划 ...037

2.2　项目规划 ...039

2.2.1　市场趋势研判 ...039

2.2.2　产品规划 ...041

2.2.3　先期产品研究 ...045

2.3　项目立项及启动 ...048

2.3.1　项目立项 ...048

2.3.2　项目启动 ...050

第 3 章　项目组织及团队建设

3.1　项目组织管理模式 ...052

3.1.1　职能型组织 ...052

3.1.2　项目型组织 ...053

3.1.3　矩阵型组织 ...054

3.2　项目团队过程管理 ...055

3.2.1　项目团队角色与职责 ...055

3.2.2　项目团队组建 ...059

3.2.3　项目团队运行 ...062

3.2.4　项目相关方管理 ...063

3.3 项目团队建设 ...066

3.4 项目绩效管理 ...067

3.4.1 项目绩效挂钩与评价 ...067

3.4.2 项目协同评价 ...068

3.4.3 项目人员绩效管理 ...070

3.5 项目团队激励 ...072

第 4 章 项目范围管理

4.1 概述 ...074

4.1.1 项目范围 ...074

4.1.2 项目范围管理 ...075

4.1.3 整车项目范围主要内容 ...076

4.2 整车产品项目范围管理 ...081

4.2.1 规划项目范围 ...081

4.2.2 定义项目范围 ...083

4.2.3 确认项目范围 ...086

4.2.4 范围控制与变更管理 ...086

第 5 章 项目进度及控制

5.1 项目进度计划制定 ...090

5.1.1 进度计划制定步骤及要求 ...091

5.1.2 进度计划制定工具及方法 ...092

5.1.3 项目进度计划编制实例 ...098

5.2 项目进度管控 ...105

5.2.1 项目过程监控方式 ...105

5.2.2 项目进度风险识别及应对 ...112

5.3 数字化动态管控 ...115

5.3.1 项目进度计划 E 化管理 ...115

5.3.2 项目风险计算方法 ...116

5.3.3 项目进度运营分析 ...118

第 6 章 项目成本管理

6.1 概述 ...120

6.1.1 整车开发项目效益测算 ...121

6.1.2 项目专属投资及材料成本目标制定 ...122

6.1.3 整车开发项目效益目标管理 ...122

6.2 整车研发费用管理 ...123

6.2.1 概述 ...123

6.2.2 研发费用管理原则 ...124

6.2.3 整车研发费用过程管理 ...125

6.3 整车固定资产投资管理 ...130

6.3.1 固定资产投资的影响因素 ...130

6.3.2 固定资产投资预算管理 ...132

6.4 项目材料成本管理 ...136

6.4.1 概述 ...137

6.4.2 项目材料成本策略的制定 ...140

6.4.3 项目材料成本策略的执行 ...150

6.4.4 成本偏差管理 ...154

第 7 章 项目质量管理

7.1 质量管理体系 ...156

7.1.1 建立质量管理体系的意义 ...157

7.1.2 质量管理体系的主要内容 ...157

7.1.3 全面质量管理 ...164

7.2 项目先期质量管理 ...165

7.2.1　项目质量目标制定 …165
7.2.2　项目质量控制计划 …167
7.2.3　质量目标审签与变更管理 …169
7.2.4　质量目标跟踪检查 …169
7.2.5　质量问题管理 …170
7.2.6　质量管理团队搭建 …170

7.3　项目研发质量管理 …172
7.3.1　质量目标展开 …172
7.3.2　质量健康评价 …173
7.3.3　设计方案评审管理 …174
7.3.4　失效模式避免（FMA）…176
7.3.5　设计检查 …179
7.3.6　设计应避免问题排查管理 …180
7.3.7　新技术开发质量管理 …182

7.4　项目投产质量管理 …183
7.4.1　投产阶段质量目标展开 …183
7.4.2　质量转段评审 …184
7.4.3　质量专责组搭建、运行及评价 …187
7.4.4　质量追溯管理 …189
7.4.5　实车质量评价 …191
7.4.6　整车可靠性签收 …195
7.4.7　整车投产制造过程审核 …197
7.4.8　初期流动管理 …198

7.5　上市初期质量特管 …203
7.5.1　市场质量信息流 …203
7.5.2　市场质量特管组织机构 …204
7.5.3　市场质量特管工作流程 …205
7.5.4　市场质量特管会议管理 …208
7.5.5　市场质量特管工具方法 …209

7.6　软件质量管理 …209

7.6.1　整车软件质量管理体系 …210
7.6.2　整车软件开发过程质量管理 …210

第8章　项目采购管理

8.1　概述 …216
8.1.1　项目采购管理内容 …217
8.1.2　项目采购管理保障 …217
8.1.3　项目采购管理发展 …218

8.2　项目采购策划管理 …219
8.2.1　项目采购矩阵团队 …219
8.2.2　项目采购总体策略 …220
8.2.3　项目采购管理方法 …222

8.3　寻源及认证管理 …225
8.3.1　供应商寻源管理 …225
8.3.2　供应商认证管理 …227

8.4　商务及合同管理 …229
8.4.1　定点定价 …229
8.4.2　合同管理 …235
8.4.3　采购管理工具和方法 …237

8.5　零部件开发过程管理 …239
8.5.1　STA 及工作职责 …239
8.5.2　APQP 及主要活动 …241
8.5.3　PPAP 及主要活动 …244
8.5.4　供应商过程开发管理流程 …246
8.5.5　供应商过程开发管理 …248
8.5.6　供应商变更管理 …252

8.6　供应商日常管理 …253
8.6.1　供应商绩效管理 …254
8.6.2　商务变更管理 …254

8.7　项目非生产采购管理 ...256
8.7.1　非生产采购管理分类 ...256
8.7.2　非生产采购流程 ...257
8.7.3　非生产采购类型 ...257

第 9 章　项目沟通管理

9.1　概述 ...259
9.2　内部沟通管理 ...260
9.2.1　内部沟通策略 ...260
9.2.2　项目会议管理 ...262
9.3　外部沟通管理 ...266
9.3.1　用户沟通管理 ...266
9.3.2　供应商沟通管理 ...268
9.3.3　经销商沟通管理 ...271

9.4　项目冲突管理 ...273
9.4.1　项目冲突来源 ...273
9.4.2　项目冲突解决策略 ...274
9.5　项目沟通技巧 ...275
9.5.1　项目任务督办 ...276
9.5.2　高效电子邮件沟通 ...278
9.5.3　学会高情商说话 ...279
9.5.4　提升团队沟通能力 ...279

第 10 章　项目收尾

10.1　概述 ...281
10.2　产品验收 ...281
10.3　项目验收 ...283
10.4　项目总结 ...285

参考文献 ...290

Chapter One

第 1 章
整车开发项目管理体系

我国汽车工业从无到有,从仿制到合资再到自主开发,经历了逆向开发、正向开发、平台化开发三大模式,具备了自主独立全体系的研发能力。产品性能方面,从结构开发到性能开发,再到升级为智能移动空间,基本掌握了整车全结构、全性能、全体验、全客户价值的设计、开发及测试能力。经过近 20 年学习、摸索、创造、迭代的过程,整车开发的项目管理流程体系和试验验证体系也不断更新迭代,从单个产品开发流程建立,到试验验证体系的完备,后续又扩充了客户需求研究、产品策划、技术研究、平台开发、造型家族化等专项流程,形成基于市场和客户需求驱动的集成产品开发流程管理体系(Integrated Product Development,IPD)。整个 IPD 包含需求管理、先期研究、技术储备、整车产品开发、OTA 迭代运营五个环节,涵盖了从客户需求到上市后客户需求迭代的完整过程,构建了完整的汽车开发流程体系和研发能力。

1.1 中国汽车自主开发模式的演变

新中国成立后,我国逐步建立了自己的民族汽车工业。几十年来,我国汽车工业从无到有,从弱到强,整个汽车研发模式经历了从逆向开发到正向开发、从结构开发到性能开发的转变,汽车逐步实现从出行工具到智能移动空间的变革。

1.1.1 从逆向开发到正向开发的转变

学习和仿制是一条快速掌握技术和复制、创新产品的捷径,也是一种科学研究的必然过程。在汽车、枪炮、军舰、飞机等领域都是如此，这是一种从模仿到创新的过程。但逆向和仿制不是最终目的，必须掌握技术原理和工艺过程，具备独立正向开发的能力，才能学以致用，否则将永远受制于人。我国汽车工业也经历了从模仿到创新、从逆向开发到正向开发这一过程。

1. 逆向开发

1984年，《关于农民个人或联户购置机动车船和拖拉机经营运输业的若干规定》的发布标志着我国汽车工业进入开放合作、加速发展的阶段。国内各个汽车企业陆续和国外汽车企业成立合资公司，在合资合作中学习先进的理念、技术、管理机制。在供应链、产业链方面，逐步建立起我国汽车的供应链体系，形成产业规模。在此之后，经过十多年的合资合作，我国汽车工业积累了一定的技术能力、供应能力，形成产业规模。各车企陆续开始通过逆向开发方式自主造车，艰难创业。

逆向工程产品设计开发就是根据已经存在的产品，通过测量工具和手段，反向推出其零部件设计数据（包括设计图纸或数字模型），制造样品，再进行试验验证，最终完成产品开发上市的过程。测量工具和手段主要借助数字化扫描测量技术获取物体表面的空间数据，建立三维模型，再投影到二维平面形成加工图纸，编制加工工艺流程，完成制造和验证。逆向开发直接借鉴成熟产品，大大缩短了产品开发的时间周期，提高了研发的成功率，短期内能快速通过产品获得收益。我国汽车企业主要采用正向、逆向结合的开发方式，即整车造型偏向正向设计，开发初期自主设计草图、效果图、油泥模型以及车身、四门两盖、内外饰造型，确定3D数据、二维图纸等，这个过程中当然也会参考一些其他成熟车型的设计；但机舱布局、车身结构及连接、底盘各零部件、全车硬点等，基本采用逆向设计的方法，即基于参考车数据，一般不做改动或做较小改动，通过试验验证进行设计调整，最终定型产品并生产销售。

2. 正向开发

从1984年起，经过三十多年的发展，我国各车企及零部件供应商积累了大量的技术和管理经验，掌握了整车和部分零部件完整设计的能力，逐步形成了较完整的汽车产业链，并形成了整车开发全套的流程体系、验证体系，这为我国汽车进入正向开发模式奠定了基础。

汽车完全正向设计是基于对未来市场的预判，从策划开始，从造型、底盘、车身、内外饰、电子电器架构设计，到性能开发、试验验证等全过程进行全新设计和开发的过程。整个设计过程需要将车身结构、制造工艺、空气动力学、人机工程学、工程材料学、机械制图学、声学和光学、信息技术、人工智能（AI）等各种相关的知识综合利用，融会贯通。从一个灵感到最后产品上市，需要一系列的步骤完成开发，得到市场的认可。这其中必须要求设计和开发技术人员知其然，更知其所以然，要有深厚的理论知识和实践经验。

正向设计在概念设计阶段包括草图设计、效果图、油泥模型制作、CAS 面/A 面制作等；在工程设计阶段包括整车总布置、主断面、白车身、内外饰、底盘、电子电器架构、智能化等设计；在工程分析阶段依托高性能的计算机辅助进行刚度、强度、振动、噪声、机构运动分析以及改善设计；在样车试制和试验阶段包括样车试制、样车试验等；在试生产前完成生产线建设和生产准备；在批量生产阶段联合供应商进行质量控制，为新车的上市做好准备。

正向开发设计、分析、验证基本无参考车，设计成本较高，为降低设计和生产成本，必然要基于平台化、标准化、通用化三大原则开展。不同车型在一个平台基础上可以变换多种造型、配置，极大降低了成本，缩短了研发周期。具备平台化开发能力，是车企具备正向设计能力的一个标志。当前国内各主流车企皆开展了平台化战略，开发了自己的车型平台，基本具备了整车正向开发能力。从市场调研到概念设计，再到工程设计、样车试验，直至批量量产，实现了全过程的正向开发能力。

1.1.2 从结构开发到性能开发的转变

与由逆向开发到正向开发同步发展，我国汽车工业开发设计也经历了一个从结构开发到性能开发的转变过程。汽车结构设计直接影响汽车性能，结构设计能力决定了汽车性能的水平。

1. 结构开发

汽车整车结构设计是以实现连接、布置、尺寸和功能为主的设计。整车结构设计包括平台开发、总体设计、对标分析（Bench Marking，BM）、总布置设计、造型设计、动力设计、底盘设计、电子电器设计、车身设计、内外饰设计、热系统设计、尺寸工程、法规设计、试制设计及试验验证，同时还包括成本控制、研发质量管理、通用化设计和工艺设计等，如图 1-1 所示。

在我国汽车工业发展早期，没有技术和经验支撑提前通过性能要求去布局和指导设计。一般通过逆向方式对参考结构进行复制设计，基本不改动，通过试验来验证性能是否达成。若出现性能问题或质量问题，只有通过"打补丁"的方式来解决。譬如哪里产生了裂纹，就补一块钢板，哪里噪声大，就贴一块隔声棉，诸如此类的解决方案效果不好，还增加成本和重量。整个开发模式是为完成结构设计而设计，缺乏提前性、系统性布局和分析，结构设计完成集成后，容易出现相互关联的性能问题和质量问题。这也造成了自主品牌汽车低价低质的固有印象。

图1-1 整车结构设计主要内容

经过多年发展,我国汽车行业的设计水平和能力得到大幅提升。目前,新能源、智能化、低碳出行成为汽车行业发展的新方向。我国某汽车企业结合三者,提出了六层新汽车架构的新认知,指引结构设计的新方向,如图1-2所示。

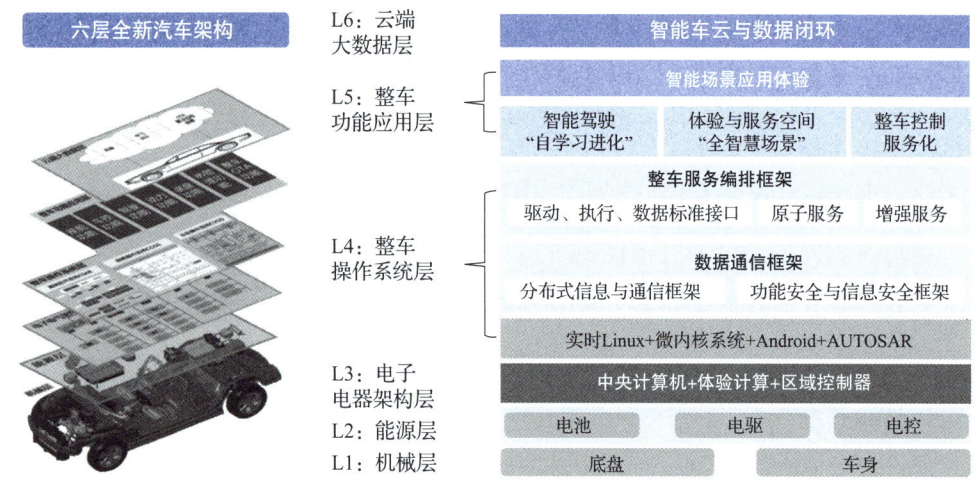

图1-2 新汽车六层架构

1)L1机械层:全新电动化平台成为主流;平台结构布局从乘员保护为主到乘员+电池保护为主;能耗目标倒逼轻量化、模块化新技术发展加快。

2)L2能源层:混合动力传统发动机从多工况覆盖求全到聚焦高效区降耗;变速器与电机集成化,形成集成电驱动产品,机械部分做减法,电控部分提效率;发动机与电机优势互补,相得益彰。

3)L3电子电器架构层(EE):由分布式架构发展到域控制架构,以及实现中央环网式架构,适配低阶、中阶、高阶自动驾驶及云计算需求。

4)L4操作系统层:服务化软件平台,构建软硬解耦、SOA服务化、服务场景可编排、数据驱动算法改进、持续集成/发布的智慧软件平台。

5）L5 功能应用层：构建多传感融合、全场景感知的智能驾驶硬件架构，基于服务化的软件平台框架与云端数据闭环，实现自动驾驶行泊一体、场景连贯、持续进化；基于智能交互硬件、人机交互技术，以及核心算法，为用户提供丰富的智能移动体验与空间服务。

6）L6 云端大数据层：构建全新的智能车云平台，提供基础网联、数字产品、AI 决策分析、大数据四大共享能力，赋能"产品体验、研发改进、数字生态"；通过智算中心，支撑自动驾驶的算法自研、虚拟仿真、智能网联数字服务等。

2. 性能开发

我国汽车工业早期整体基本都采用逆向开发方式，重点在整车结构的开发，但从长远布局和为中国汽车工业未来发展考虑，有一些自主车企从最初就已开始尝试性能开发，逐步建设并形成了对应的能力，包括性能评价方法、试验设备设施、试验场地等。整车性能开发是一个广义的概念，涉及汽车的方方面面，来源是客户的感受，直接体验包括声音和振动、动力性、操控性、安全、可靠性，间接体验包括油耗、维修性等。因此在汽车设计开发过程中，不仅要考虑汽车的物理结构设计，还要考虑满足消费者需求的内在特性，这些特性称为汽车性能。性能设计开发能力的强弱，反映出整车开发设计水平的高低。

具体来说，汽车性能指汽车能适应各种使用条件、满足消费者使用需求及社会环境需求的能力。汽车性能开发是在汽车产品开发过程中，同时满足消费者对汽车性能的需求。整车性能开发主要包括计算机辅助工程（Computer Aided Engineering，CAE）分析设计、碰撞安全设计、NVH（Noise，Vibration and Harshness，即噪声、振动与声振粗糙度）性能设计、计算流体动力学（Computational Fluid Dynamics，CFD）性能设计、动力性能设计、传动匹配设计、底盘性能设计、车身性能设计、内外饰性能设计、电子电器性能设计、精致工程设计、异响设计、可靠性设计、挥发性有机化合物（Volatile Organic Compounds，VOC）性能设计、气味设计等，如图 1-3 所示。

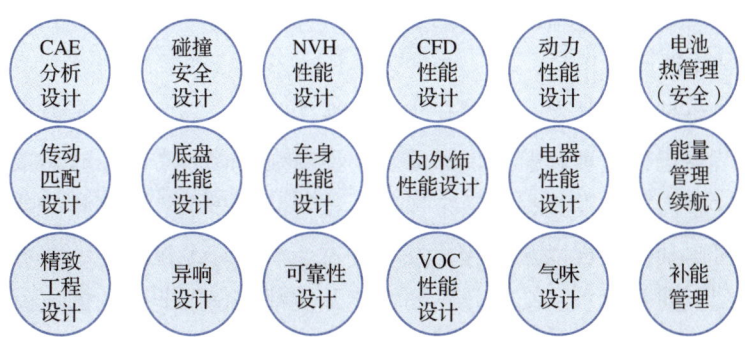

图 1-3 整车性能设计主要内容

一般情况下，整车性能划分包含表1-1所列的各性能板块，每个领域性能下面又细分为子条目，对应不同的详细要求来保证各子性能满足客户的需求。

表1-1 整车性能划分

性能	动态属性				NVH				动力性能和驾驶平顺性			驾驶环境						精致工程			关键指标							整车产品力
整车属性	乘坐性能	转向性能	操纵性能	制动性能	制动及底盘噪声NVH	动力传动NVH	道路行驶NVH	异响	动力性	驾驶平顺性	传动系统性能	座椅及约束性能	车内气候控制	娱乐系统	驾乘空间	人机布置及视野	夜间操作	操作品质	外观品质	内饰品质	碰撞安全	配置功能	动力性客观数据	排放	油耗	车重	VOC	整车产品力
产品力权重（%）																												

整个性能开发过程主要包括性能目标确定、性能设计、性能指标分解、性能开发、性能验证等环节，主要研究用户对性能的需求，将用户需求转化为性能工程语言；进行性能问题对标及分析，确定性能目标策略，批准性能目标，并将性能目标转化为技术参数，完成设计数据；进行CAE分析，通过反馈进行目标调整，优化改进，同步完成试验验证；后期还需进行商品车性能跟踪总结等过程。

行业比较通用的性能目标分解定义是将各性能目标划分为LACU四个层级：L（Leader）为性能处于市场领导地位；A（Among Leader）为性能处于领先地位；C（Competitive）为有一定竞争力；U（Un-competitive）为不具有竞争力。性能开发必须综合考虑用户市场需要和成本要求，力求做到各性能目标LACU组合满足用户和成本需求的最佳平衡模式。根据LACU的不同要求，在结构设计初期，针对不同的结构部位、系统，甚至整车集成都要考虑对性能的适配和影响，基于性能设计和开发来指导结构设计和开发。

无论逆向还是正向开发、结构开发还是性能开发，都要在整车设计开发过程中基于流程和节点进行管理和监控，保证整车项目在可控成本内按时达成共识，保质完成开发，这就需要开发流程体系来保障。自主品牌车企经过多年的耕耘，大都建立了自己的整车开发流程以及结构和性能开发子流程。经过多年的发展，自主品牌车型从逆向到正向开发、从结构开发到性能开发都取得了非常大的成就，许多车型达到或超过了合资车的性能水平。

1.1.3 从出行工具到智能移动空间的变革

前面提到，我国汽车研发模式经历了从逆向开发到正向开发，从关注结构开发到关注性能开发的变化。这实际上是我国汽车工业从学习造车技术、建立产业链，到关注用户体验的成长过程。用户需求和体验受到科技发展的牵引，特别是人工智能技术与汽车工业的融合，汽车"新四化"（电动化、智能化、网联化、共享化）的发展趋势，从供给侧促进了需求侧的改变。科技的发展促使汽车结构架构、性能需求都发生了较大变化，硬件结构的新构造、软件定义汽车的新场景，促使汽车正由出行工具进化为智能移动空间，这对整个汽车行业开发模式以及开发流程的适应性变化都提出了挑战。智能移动空间的变化主要有以下三个方面。

1. 交互系统进化方面

近20年来汽车交互系统从最初的收音机、卡带和CD/DVD音响、多媒体车机，发展到AI交互系统。交互模式从单向交互到双向交互，甚至以后可实现多向交互、社群交互。汽车越来越智能、越来越人性化。目前语音识别、语音合成、机器翻译等感知技术的能力逐渐逼近人类智能。AI在成熟的芯片技术加持下，不断萌发新的感知和体验需要。特别是人工智能、V2X通信、基础设施建设的结合，也促进了汽车由单一离线的出行工具，向联网的、具有"思维"的智能移动空间变革。

2. 行车体验和功能方面

汽车正经历从人驾车，到辅助驾驶，再到智能自驾的变革。据中国汽车工业协会预测，到2040年，道路上行驶的车辆将有四分之三是智能驾驶的车辆。当前，年轻用户的联网需求和人工智能、云计算、5G等前沿科技的发展，促使以汽车产业为代表的出行行业向智能化、网联化、电动化和共享化的"新四化"快速进化升级。这个变革的过程中，逐渐释放了人在出行移动过程中的自由，释放的时间可以用来工作、娱乐、学习、休息。从人的个体上看，这正是汽车作为智能移动空间的使命。

3. 社会经济效益方面

伴随着智能化和网联化的不断发展，汽车正在从传统的交通运输工具转变为新型的智能移动空间。智能移动空间在传统车辆运载工具功能的基础上，集成了智能化和网联化的诸多功能，加上云计算、云智能等技术，可以从系统全局的角度精细化管理运营每一个移动车辆，形成高度智能的社会动态交通系统。在社会全局范围，对车辆的出行量和具体路段道路承载能力、车位需求量和车位供应量等进行精确匹配和调度，能够极大提高社会劳动生产效率，产生额外的经济效益。这是从单个移动智能空间到社会智能的升华。

1.2 汽车研发流程体系的现状

汽车整车产品开发十分复杂，一般要上百人用3~4年的时间才能研发出一个全新的产品。整个过程包括客户需求—产品概念—方案设计—产品开发—试验验证—投产上市，涉及市场策划、工程研发、财务测算、采购管理、质量管理、品牌营销、生产制造等专业领域，是一个多学科并行、协同的过程。前面讲到，我国汽车企业经历了从模仿到结构开发、性能开发，再到移动智能空间及社会智能的发展过程。在这个过程中，跟随科技创新度越来越高的变化，汽车研发全过程的组织、协调、管理难度也同步加大。我国一些车企在发展之初，就通过汲取国际先进流程体系经验，创立了自己的研发流程；在发展的过程中，结合我国国情进行了适应性改进，也经历了从无到有、不断进化的过程。

伴随整车产品开发模式的变化，汽车研发流程体系也发生了巨大的变化，部分汽车企业敏锐地认识到，只有准确地识别客户需求，并不断满足产品上市后全生命周期的需求，才能创造出更具竞争力的产品，同时产品通过功能迭代更新，还可以实现产品全生命周期的持续收益。于是大部分汽车企业建立了集成产品开发（IPD）流程体系，其核心是基于市场驱动，以客户需求为中心，以产品开发为主线，将产品开发当作一项投资，保证在最短的时间内开发出符合市场需求的产品。

1.2.1 IPD流程体系

IPD流程体系是一套以客户需求为牵引、端到端的集成产品开发流程体系，主要涵盖OR需求管理、先期研究、整车产品开发、OTA迭代运营四个环节，分别对应OR需求管理流程、先期产品研究流程、先期技术开发流程、先期平台开发流程、先期造型研究流程、整车产品开发流程、OTA迭代运营流程，覆盖了从识别客户需求到产品开发及服务并交付客户的全过程，如图1-4所示。其业务流转如下：

1) 在OR需求管理环节，将客户声音（Voice of the Customer，VOC）进行收敛整合，从客户的角度认识需求，准确识别客户对功能、体验的需求。

2) 在先期研究和技术储备环节，将技术开发和产品开发剥离，根据规划输入提前开展先期产品研究，锁定产品概念，并通过提前开展新技术开发，构建技术货架。

3) 在整车产品开发环节，直接选用已通过开发验证的新技术，整车硬件快速集成验证、软件高效敏捷开发，支撑产品开发快速推进。

4) 产品上市后通过OTA迭代运营环节，确保系统功能常用常新，持续满足用户需求。

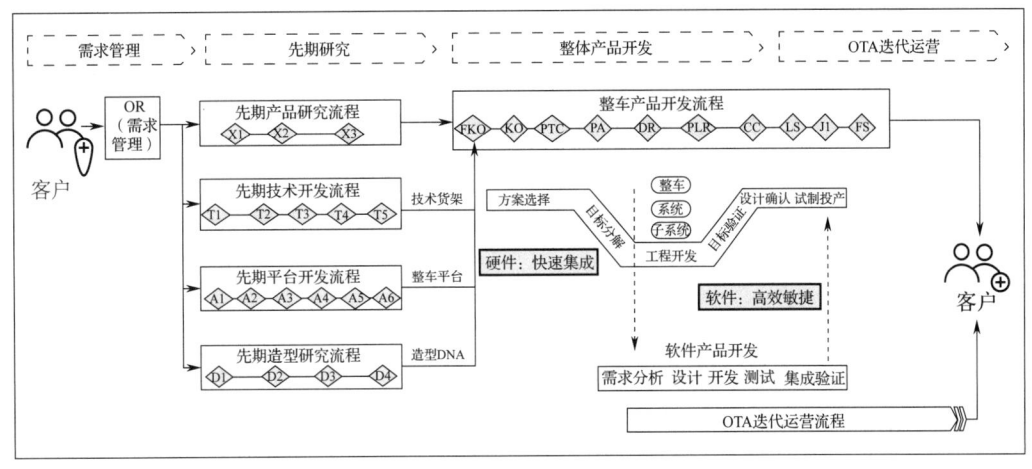

图1-4 IPD流程体系

1. OR需求管理流程

基于以客户需求为牵引的管理逻辑，以用户需求和体验为原点，通过收集、洞察、分发、实现及验证五个环节，深入挖掘客户声音，识别并整合需求，将客户需求进行分类，指导各业务部门通过快速改进、小改款、中期改款、换代开发等方式实现不同的客户需求。详见第9章有关用户沟通管理的内容。

2. 先期产品研究流程

通过结构化地开展市场趋势、竞争格局、市场细分、新技术搭载、造型方向研究等一系列先期研究工作，准确筛选细分市场和客户需求，同时开展先进技术搭载应用分析、平台功能属性延展性分析、造型趋势研究、技术可行性论证，输出符合市场和消费发展趋势的产品概念，确保产品开发紧紧围绕市场和客户需求稳健开发。通过先期产品研究流程与产品开发流程的高度融合，保障产品开发紧紧围绕市场和客户需求，同时支撑整车项目立项时精准确定市场、技术、效益全面可行的产品定义，从而大幅提高产品竞争力，确保产品一经推出即可实现预期的市场占有率，从而达成利润目标。

3. 先期技术开发流程

通过系统的新技术策划、开发、验证、产业化论证，将技术开发与产品开发剥离，同时开展先期技术的开发验证、构建技术货架，为产品搭载奠定良好的技术基础，确保整车产品开发过程中直接应用已通过验证的关键技术。这样既可以降低技术风险，又可以缩短产品开发和投放市场的时间，提高产品开发的成功率。

4. 先期平台开发流程

通过产品平台架构开发的全过程，对平台功能、属性的延展性进行开发研究，在同一平台构建不同轴距、轮距、载荷及不同体态车型的开发路径，确保在整车产品项目启动时，可基于设定的产品基本尺寸及性能目标选择最符合产品属性的平台架构。在平台基础上根据细分市场的特点进行特性开发，支撑产品方案的快速锁定，使整车产品快速推向市场。

5. 先期造型研究流程

通过开展未来造型发展趋势研究，针对灯具、仪表板、保险杆、格栅等具备明显造型特征的零部件，建立符合未来造型趋势的设计方案，确保整车产品项目启动后快速锁定造型策略与方案，实现造型家族化研究与新品项目无缝衔接，加快造型开发速度。同时通过应用造型 DNA 元素，确保造型领先并显著提升汽车企业的造型识别度，增强品牌效应。

6. 整车产品开发流程

在先期产品研究、先期技术、平台开发、造型 DNA 研究四个流程充分论证的前提下，基于准确的符合市场和消费发展趋势的产品概念输入，以具体产品商品化属性为指导，选用成熟度高、性价比优、竞争力强、亮点突出的新技术，以及稳定领先的整车平台架构和前瞻的造型 DNA 元素。整车硬件快速集成过程中同步开展高效敏捷的软件开发，实现硬件快速集成、软件敏捷开发、高效协同、匹配开发，切实保证大幅缩短产品开发周期、降低开发成本，有效支撑产品开发快速落地与推向市场。关于整车产品开发流程内容详见 1.2.2 节。

7. OTA迭代运营流程

OTA 是指通过云端升级技术，为具有联网功能的车辆提供软件、驱动、功能、应用等升级，实现系统功能的体验升级、软件功能迭代更新，支撑"卖车＋卖服务"的商业模式，实现产品全生命周期的持续收益。OTA 可以加快产品功能迭代，减少维护成本，不断让用户感知到体验的提升和服务的关怀，实现"常用常新"的驾乘体验，还可以创造软件收入，带来全生命周期的持续收益。

1.2.2　整车产品开发流程

整车产品开发流程就是基于产品开发的基本业务逻辑，将整车产品开发业务活动按整车、系统以及零部件之间的从属关系进行业务分解，有效支撑从整车层面到系统，再到零部件的功能属性、成本质量等系统分解，以及从零部件到系统，再到整车的逐级集成匹配与验证。这种将产品开发按照不同业务层次和时间顺序进行整体组合的业务矩阵关系，构成了支撑整车产品开发全价值过程的开发流程体系。如图1-5所示是某车企整车产品开发流程，将整车产品开发分为方案策划、概念开发、工程设计、样车验证及投产上市五个阶段，每个阶段展开制定了对应的工作目标和交付要求；同时设置里程碑，进行进度、质量、成本等多维度评审，作为进入下一阶段的通行证。

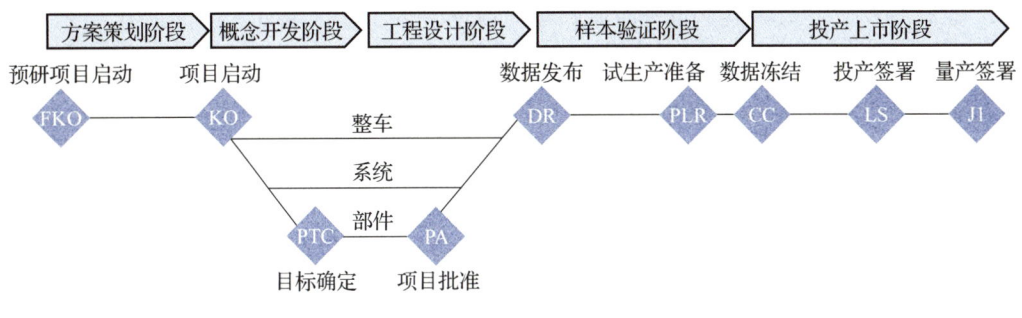

图1-5 某车企整车产品开发流程

1. 产品开发五大阶段

（1）方案策划阶段

方案策划阶段又叫预研阶段，本阶段主要的工作就是通过大量的市场调研和案头分析，开展市场发展趋势、竞争关系、法律法规、消费需求发展趋势等方面的研究工作。同时结合企业自身的产品战略进行产品开发的可行性研究，主要包括拟开发产品的产品形态、市场竞争关系、产品技术平台、产品商务策略、开发团队选择等方面。其中产品形态是解决做SUV、轿车还是MPV的问题；市场竞争关系是明确主打哪个细分市场、与谁竞争的问题；产品技术平台是论证采用全新开发平台还是在现有平台的基础上进行迭代升级的问题；产品商务策略是通过投入产出分析以及与供方和销方的商务策略模拟，明确产品的成本效益要求；开发团队选择就是在公司范围内寻找合适的人员组建团队，这是很多企业容易忽视的一个环节，一是要让合适的人干合适的事，二是要让这个阶段团队成员提前介入，这样能更好理解企业内外相关方对产品的诉求。

本阶段主要任务及交付包括：

①市场研究分析报告。

②产品概念及初步的产品定义。

③初步的市场竞争策略。

④初步的产品市场方程式。

⑤平台选型分析报告。

⑥产品造型策略。

⑦技术、成本可行性分析报告。

⑧初步的产品效益分析报告。

⑨正式发布的项目团队。

(2) 概念开发阶段

概念开发阶段又叫概念设计阶段，本阶段的主要工作围绕五大方面展开。

1) 总体布置。主要任务是根据汽车的总体方案和功能属性要求，提出对各总成及零部件的布置要求和特性参数的设计要求，协调整车与总成、相关总成间的布置关系及参数匹配关系，组成一个在给定条件下，使用功能属性达到最优，并满足产品工程属性目标要求的整车参数和性能指标的汽车。

2) 造型设计。基于总体布置确定的基本尺寸要求进行整车的造型开发，主要包括草图设计、效果图设计以及模型开发等工作。其间，大部分企业都会通过大量的专业评审和市场调研手段进行不断的修正和调整，达到产品造型的适度领先，以支撑其在竞争环境下产品的造型和目标客户的审美高度一致。

3) 技术选型。在总体布置和造型边界的约束条件下，基于整车功能属性以及设计目标大纲，进行技术方案的多方案对比选择，包括动力总成、传动系统、转向系统、制动系统、悬架形式、燃油系统、电器架构、空调系统以及影音娱乐系统等。技术选型过程既要关注功能属性的实现，又要从供应体系、制造体系、结构形式等方面统筹考虑每个总成及零部件的成本问题。这是整车产品开发决定产品是否具有良好竞争力的核心过程，考验的是企业整体的核心竞争力，包括协同效率、技术能力、供应链管理能力等。

4) 成本效益。在技术选型的基础上，开展零部件成本分析管控，并结合产品的市场定位、竞争关系、技术特性、制造方案设计等进行产品投入产出分析，细化品牌推广、供方和销方的商务策略，全面进行产品成本效益的分析，明确各板块的成本效益目标和管控要点。产品能否盈利是整车企业可持续发展的根本保障。

5) 开发计划。开发计划不仅仅是进度上的计划，还包括开发目标计划及资源保障计划。一般来说，企业在开发目标和开发进度方面的管理是比较到位的，但在资源计划方面还存在不足，这就是很多企业简单地把产品开发认为是技术研发部门的事，其他各领域把重点放在目标管理上，导致矩阵管理难以落地的根本问题。

本阶段主要任务及交付包括：

①市场竞争策略。

②产品定义报告。

③产品市场方程式。

④整车总布置图。

⑤整车工程属性目标书。

⑥整车质量目标书。

⑦整车及零部件成本策略。

⑧生产制造方案。

⑨整车、系统及零部件技术方案。

⑩初步的市场营销策略。

（3）工程设计阶段

工程设计阶段就是在完成技术选型和造型设计的基础上，开展工程化数据开发，并通过大量仿真分析及样品样件进行设计符合性验证。其主要任务是完成整车各个总成及零部件的设计工作，协调总成与整车、总成与总成以及零部件与零部件之间的各种矛盾，保证整车功能属性满足整车目标要求，主要包括总布置详细设计和车身、底盘、电器、内外饰、动力总成、工艺等各领域及各系统的详细设计验证工作。其中，总布置详细设计验证就是在总体布置的基础上，深入细化总布置设计，精确描述各零部件的尺寸和位置，为各总成和部件分配准确的布置空间，确定各个部件的详细结构形式、特征参数、质量要求等条件。各系统详细工程设计就是按照总布置详细设计要求，基于功能属性、成本、重量、品质要求开展详细的工程数据开发，并组织样品样件对设计意图进行验证确认，包括功能属性、耐久性及环境适应性等。工艺设计则是根据零部件设计方案，根据生产量纲要求进行生产线及夹模检具的工程化设计与开发。

本阶段主要任务及交付包括：

①整车造型及CMF（Color、Material、Finish，即色彩、材质、工艺）方案。

②整车、系统及零部件工程化数据。

③各类仿真分析报告。

④整车及系统各类匹配标定报告。

⑤整车、系统及零部件测试验证报告。

⑥整车及零部件成本效益分析报告。

⑦试生产准备评估报告。

⑧供方先期产品质量策划（Advanced Product Quality Planning，APQP）状态报告。

（4）样车验证阶段

工程设计阶段完成后，理论上产品设计均应符合设计要求，但由于此阶段主要是通过数字样车和虚拟仿真手段进行的设计意图符合性验证，还需要通过大量的实物对其进行系统全面的验证，这就是样车验证阶段。本阶段主要任务是通过大量的样车试制，以实物的方式开展产品功能属性及制造工艺性验证，并通过这些验证从制造工艺性和产品设计进行优化完善，再进行第二轮验证，直至产品定型。其中样车试制包括生产线联调联试、工艺规程、工位工序验证、人员培训以及整个供应链和物流环节的验证等。样车验证主要是开展一系列的耐久性和环境适应性验证，包括高温试验、高寒试验、高原试验、道路耐久、粉尘试验、腐蚀性试验、安全碰撞等，通过这些试验验证可确保产品能够满足不同地区和环境用户的各类工况要求。

本阶段主要任务及交付包括：

①整车设计数据。

②整车制造工艺文件。

③试制试生产总结报告。

④产品形式验证报告及公告目录。

⑤整车及零部件 D&PV 验证报告。

⑥制造过程审核报告。

⑦供方 APQP 状态报告。

⑧产品上市推广策略。

（5）投产上市阶段

通过前面四大阶段的工作推进，在产品定型的基础上启动投产上市工作，主要工作任务之一是拉通企业自身及供方和销方，实现从零部件物流到整车生产以及整车物流全产业链进行批量一致性能力验证；此外就是基于产品定位全方位推进产品广宣及上市活动，包括品牌包装、广告宣传、渠道建设、上市活动策划等。

本阶段主要成果及交付包括：

①供方 APQP 状态报告。

②渠道数量及能力建设评估报告。

③上市准备评估报告。

④产品功能属性签收评估报告。

⑤整车生产一致性评估报告。

⑥备品备件准备评估报告。

⑦整车效益评估报告。

2. 里程碑定义

为了对项目开发进行分阶段过程管控，强化过程质量，某企业在整车产品开发的五大阶段设置了 9 个里程碑，各里程碑的定义见表 1-2。

表 1-2　里程碑定义

序号	里程碑简称	中文名称	详细定义
1	FKO	预研项目启动	根据先期市场研究形成系统的产品假设，并结合技术可行性分析和初步经济效益测算，提请公司管理层决策是否启动项目预研
2	KO	项目启动	基于初始的产品假设，从市场、技术、项目三大方面进行细化分析，明确产品定义和产品实现技术路径，并结合产品经济收益分析结果，提请公司管理层决策是否启动项目
3	PTC	项目目标兼容	基于细化的市场方程式、产品属性目标和零部件技术方案达成项目目标兼容性（QCWFT），并对投资方案进行决策
4	PA	项目批准	对项目内外造型模型进行评审并冻结，并基于更为精准的项目财务效益测算，全面启动零部件、工装开发工作
5	DR	数据发布	通过仿真/同步工程等分析，正式发布 A 面数据及全车 3D 和 2D 数据，并完成杂合车的性能签收
6	PLR	试生产准备完成	基于量产生产线、全车工装样件，开始进行试生产，支撑设计和工艺验证
7	CC	变更冻结	完成整车/零部件设计验证、实现最终工程化冻结；完成投产准备（含生产线调试、模具回厂、工艺准备、人员培训等），支撑生产线和工艺验证
8	LS	投产签署	完成生产线和工艺验证，达成设计的生产节拍，具备小批量生产条件
9	J1	量产签署	通过初期流动管理和发运评审，生产一致性检查确认完成，具备批量生产条件

3. 四级文件架构

为确保产品开发顶层的刚性要求可层层分解至具体责任人、具体时间，同时保证各业务板块在产品开发过程中执行不发生偏差，以某车企建立的四个层级的流程文件架构为例，如图 1-6 所示。通过四级文件将汽车新产品开发过程中各环节的工作内容、职责、交付标准及其相互关系结构化和规范化，实现对产品研发过程中的各个活动和环节进行无缝的衔接、并行和集成。

流程文件的作用是通过标准化流程体系模板将流程显性化的呈现，更有利于流程体系的传播推广，直观地指导项目角色有序推进具体业务工作，确保项目计划更合理、执行过程和交付结果更规范、过程更受控。

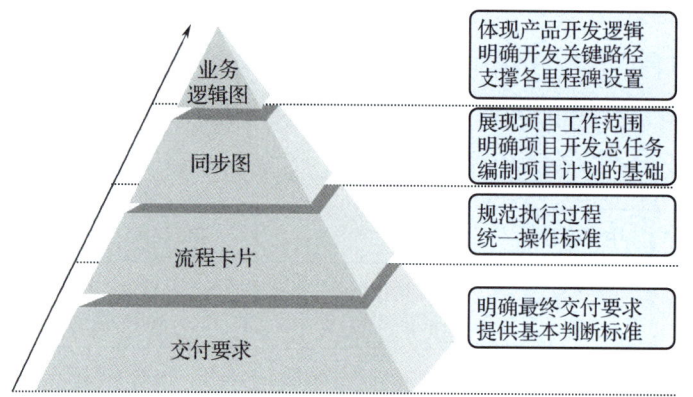

图1-6 四级流程文件架构

(1) 第一层流程文件：业务逻辑图

业务逻辑图是体现产品开发逻辑，展现产品开发关键路径的重要文件，如图1-7所示。它通过关键工作步骤，将工程开发与产品定义、试验验证、供应链开发、生产线建设等强相关并影响过程质量的关重业务协同匹配起来；支撑产品项目节点的设置、开发周期的构成、项目开发同步图的编制，是指导公司管理层进行项目决策和产品开发主体计划制定的重要参考。

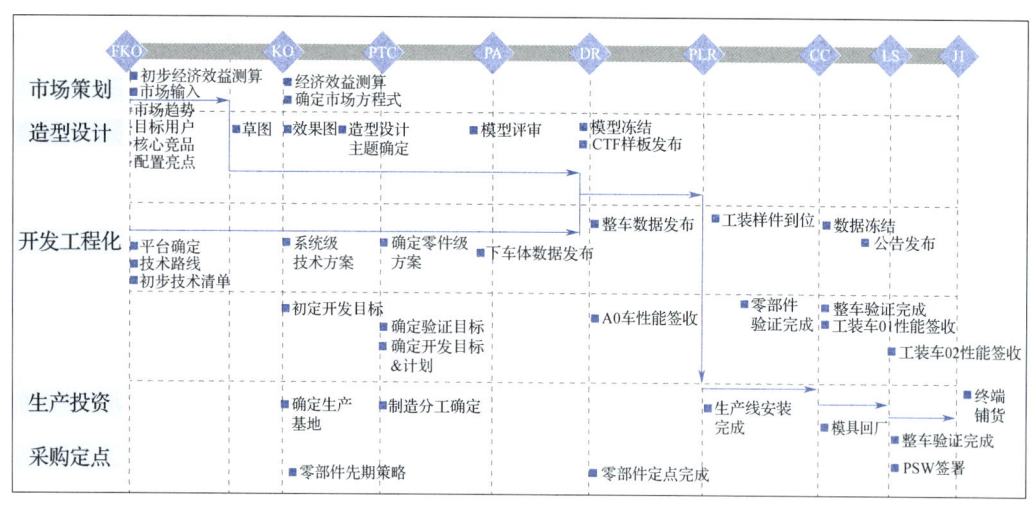

图1-7 业务逻辑图

(2) 第二层流程文件：同步图

同步图是直观展示汽车产品开发过程各业务部门项目开发业务活动的流程文件，如图1-8所示。它纵向展现项目工作范围，体现各项工作环节具体责任分工，横向通过细化到周的时间关系明确各项业务起止时间,是产品开发业务的总览,是项目领导拟定产品开发计划和资源配置的指导性文件。

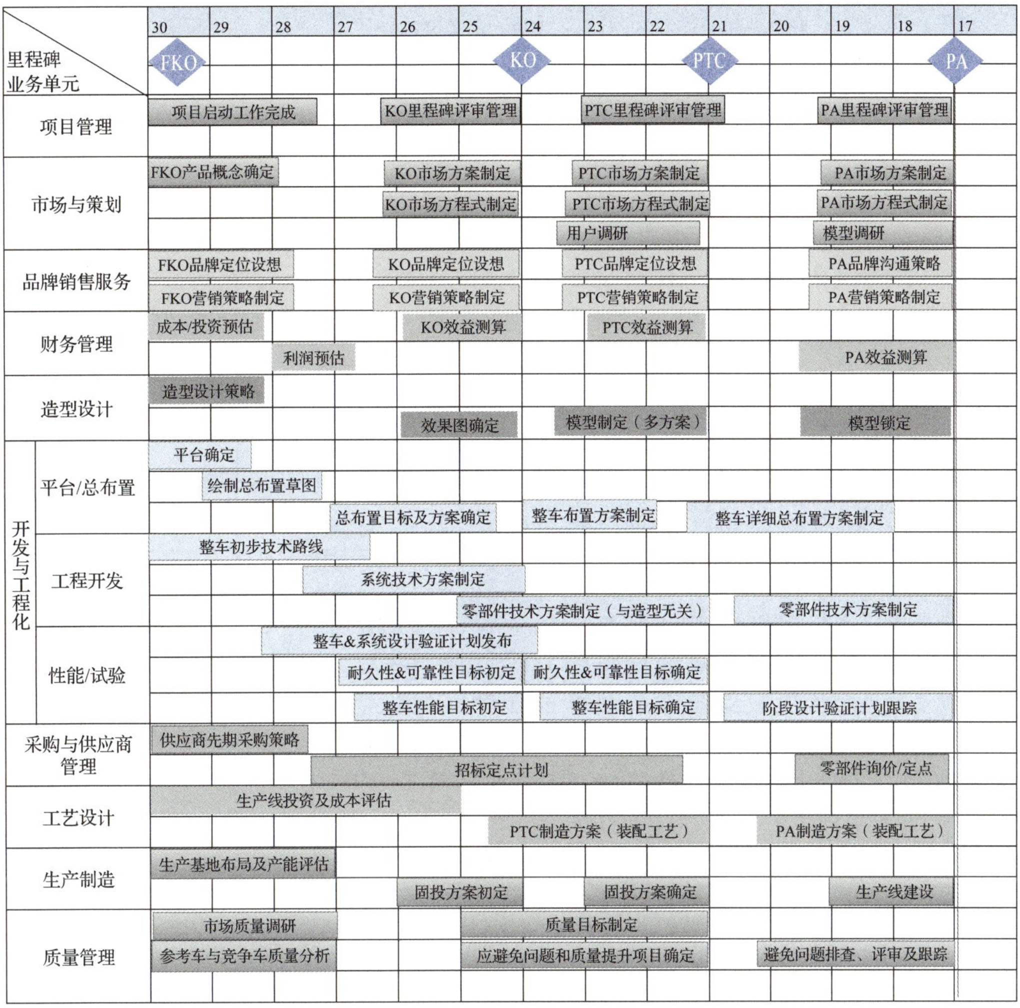

图 1-8 同步图示例(彩图附后)

(3)第三层流程文件:流程卡片

同步图上每项任务均对应一个流程卡片,流程卡片是以同步关系的业务为载体、具体产品开发任务的详细说明文件,见表 1-3。流程卡片主要包含任务的综合定义、工作步骤、牵头部门、开始及完成时间、关联的工作交付及各交付间的输入输出关系,以及完成该任务的工具、方法、标准和管理程序等。它进一步规范了业务操作过程及交付标准,增强了流程的实际操作性与指导性,保障各项交付质量,是基层员工开展项目任务最有效的指导文件。

表 1-3 流程卡片示例

流程卡片	任务编码	02	开发级别	全新	适用范围	整车
	任务名称	KO产品策略制定			专业	策划
职责	任务牵头部门	市场策划部	编写者	××	联系方式	×××××
时间	任务开始时间	第×××周	任务结束时间	×××周	持续时间	××周
任务定义	制定产品策略方案,包括产品定义、量价配置方案等,明确新品开发的市场输入要求					

	任务步骤	开始时间	完成时间	执行部门
1	根据消费者的动力偏好、目标细分市场的竞争情况、机舱布置和性能表现的研究,并结合上市年国家油耗、排放法规和公司应对法规的策略,拟定可选动力组合方案初稿	第×××周	第×××周	市场策划部
2	基于市场发展趋势、基于对目标消费者痛点痒点、基于对竞争对手产品的深度制定KO产品定义指标方案初稿	第×××周	第×××周	市场策划部
3	进行细分市场、竞争、目标用户分析:包括目标细分市场配置/价格水平及其趋势;主要竞争对手的主力车型配置/价格/亮点/产品策略;目标消费者的配置和价格的需求等信息	第×××周	第×××周	市场策划部
…	…	…	…	…
10	整理产品竞争策略、产品定义指标方案、动力选型方案、量价配置方案等资料,并提请公司管理层决策	第×××周	第×××周	市场策划部

交付物					
交付物编码	42	交付物名称		KO产品策略方案	
完成时间	第×××周	所属里程碑	KO	责任部门	市场策划部
输入(完成本交付物所需的上游交付)					
021		产品定义研究报告			
017		造型策略方案			
输出(需要本交付物的下游交付)					
068		KO财务分析报告			
074		整车材料成本分析报告(KO)			
交付物描述	交付物定义	KO产品策略方案			
	交付物包含内容	生命周期量价规划、配置组合方案			
	交付物完成标志	部级领导同意,并签发			
完成本交付物可采用的方法和工具					
自由需求量模型、KANO					
完成本交付物可参考的标准及管理程序					
产品规划管理程序					
产品亮点提炼规范及管理程序					

（续）

交付物
交付物的模板（交付形式）
42 KO 产品策略方案

（4）第四层流程文件：交付要求

交付要求是指各项工作的输入/输出文件，主要对具体某项活动的范围及内容进行了约束，解决做什么、怎么做、达到什么程度的问题。它是员工从事具体研发工作的行为指南，也是用于评估研发过程和阶段交付质量的重要参考，包含交付清单、交付物模板和评价指标。

1）交付清单。交付清单集中展现各业务单元各项工作任务输出的工作交付的文件，见表 1-4。其内容包括交付物的定义、主要包含内容、完成标志、完成时间、责任角色及审签要求等。交付清单是评估各项工作交付是否完成的基本标准，也是里程碑评审的重要依据。

表 1-4 交付清单

任务编码	任务卡片名称	交付编码	交付物所属节点	交付物专业	交付名称	交付定义	交付包含内容	交付完成标志	完成时间	责任角色	审签要求
V1-10	预研阶段进度计划管理	V1-10-D10	V1	项目管理	项目业务逻辑图	定义项目整体里程碑进度	包含所有里程碑及对应时间	发布项目业务逻辑图通知	V1+3周	项目管理专员	编制（项目管理专员）—审核（项目总监）—审定（经理）—批准（部门总经理）
		V1-10-D20	V1	项目管理	预研项目同步图	细化里程碑进度，明确各板块业务工作同步关系	各业务板块任务项及时间同步关系	发布项目同步图通知	V1+4周	项目管理专员	编制（项目管理专员）—审核（项目总监）—会签（各部门总经理）—批准（产品VP）

2）交付物模板。交付物模板是规范项目工作交付的指导文件，如图 1-9 所示。它主要明确交付物的审签、包含内容等基本要求，为项目具体业务操作者提供示范，以提高项目交付质量。

3）评价指标。评价指标展现产品开发过程各业务部门重点业务对应的指标要求的点检清单，见表 1-5。它主要明确各项指标的定义、计算公式、指标要求、责任角色等，通过各节点指标的达成情况有效评估项目运行状态，为里程碑评审决策提供合理依据。

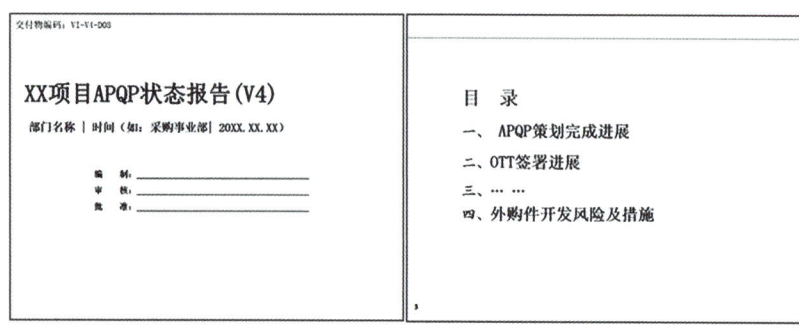

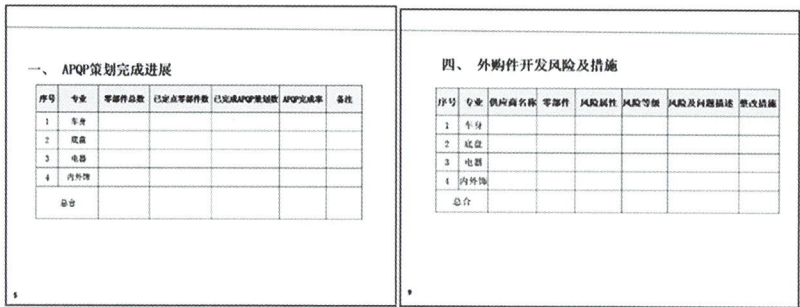

图 1-9 交付物模板示例

表 1-5 评价指标

指标项 / 工作项	计算公式 / 评价规范	专业	责任角色	FKO	KO	PTC	PA	DR	……	J1
系统技术方案完成率	各专业实际完成技术方案数 / 各专业技术方案总数 ×100%	总体技术	开发经理	60%	90%	100%				
零部件技术方案完成率	已完成技术方案的零部件数 / 零部件总数 ×100%	总体技术	设计总师		60%	90%	100%			
系统技术方案评审完成率	系统级技术方案评审通过数 / 系统级技术方案计划评审总数 ×100%	总体技术	总体技术副总师		100%	100%	100%			
零部件技术方案评审完成率	零部件技术方案评审通过数 / 零部件技术方案计划评审总数 ×100%	总体技术	总体技术副总师			100%	100%	100%		

1.2.3 整车试验验证体系

整车试验验证体系是指为了达到产品设计目标而制定的一系列互相关联、互相依赖的活动、职责、程序和资源的集合,是指导和控制产品设计验证的管理体系。

它定义了相关文件的建设和应用方法，明确了相关部门的工作职责，规范了产品开发验证所必需的各项程序和活动。

如图 1-10 所示，产品开发的验证工作以市场用户需求为驱动，在产品开发初期将整车的开发目标逐级分解到整车属性要求、系统要求和零部件开发要求，再反复进行零部件、系统及整车逐级主、客观测试验证。整车试验验证体系是检验产品是否满足设计要求和用户需求的一套系统性质量保障方法，以确保汽车产品在投产之前得到全面、有效的试验验证，保证汽车产品具备用户使用要求的可靠品质。

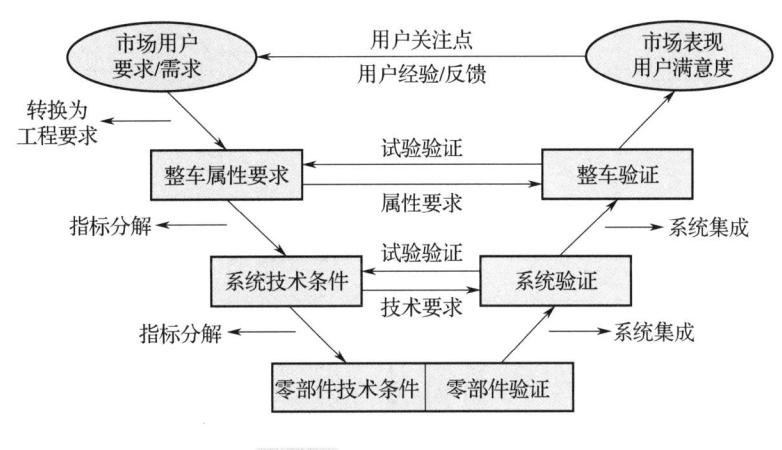

图 1-10　整车开发验证流程

1. 试验验证体系的建立

试验验证体系主要从以下 5 个方面的内容进行建立和完善。

（1）验证体系团队

通常由测试验证部门负责组建验证体系团队，团队需包含其组织内的试验策划、试验方法开发、试验实施等角色。团队成员需要明确以下工作职责：

1）试验部门负责统筹试验验证体系的建设和持续优化，审核发布规范合规性，组织项目试验计划的制定、发布、过程管控和试验风险评审等。

2）试验规范发布部门负责职责范围内的试验规范建设和持续优化，拥有规范所有权等。

3）试验规范实施部门负责规范的执行与结果判定等。

（2）体系架构

试验验证体系架构由验证对象和产品属性组成，见表 1-6。其纵向将整车结构从系统、零部件、原材料、代码进行逐级分解；横向为验证对象在服务过程中所展现的基本特性，如行驶性能、NVH、安全、耐久性等。验证体系的每一项试验规范都归属并服务于此架构，通过体系架构也可识别出体系验证能力缺失项。

表1-6 试验验证体系架构

整车产品结构		产品属性				
		行驶性能	动力传动性能	NVH	安全	…
整车级	00 整车	已建10项 待建1项	已建20项 待建5项	已建30项 待建2项	已建25项 待建0项	
系统级	01 车身系统	不涉及	不涉及	已建16项 待建0项	已建5项 待建0项	
	02 动力电池系统	…	…	…	…	
	03 发动机系统					
	04 车内气候控制系统					
	05 整车软件系统					
	…					
零部件级	0001 前支柱					
	0002 前制动器					
	0003 信息娱乐终端					
	0004 座椅					
	0005 电机					
	…					
原材料级	0001 铝合金					
	0002 碳纤维					
	0003 低碳钢					
	0004 纤维					
	0005 油/脂/液					
	…					
代码级	01 软件单元					
	02 软件集成					
	03 系统集成					
	…					

（3）试验方法

试验方法是验证体系的核心内容。先基于体系架构识别需建设的试验方法，再进行方法的探索开发，为了建立零部件、系统、整车全领域覆盖的快速等效验证试验方法，主要开展以下工作：用户模型研究、失效模式库建立、试验场景搭建、设备设施同步建设以及试验标准制定。最终形成的试验方法需经过摸底、修正、确认，按标准模板编制成试验规范，组织评审组对规范进行评审和发布。试验规范的评审、发布、查阅借助线上系统进行管理。

（4）发布试验验证体系清单

通过不断地建设和完善，会形成千万条试验规范，为保证整车开发项目能全面了解需要做的试验项，将试验规范汇总为试验验证体系清单。

体系清单主要包含规范编号、规范名称等基础信息，有以下三点需明确：

1）体系清单需明确产品试验样本量要求，以确保试验的覆盖度和产品质量一致性。

2）体系清单需基于产品开发时间节点明确每项验证的适用开发阶段，以指导整车开发项目适时开展试验并尽早发现问题。

3）体系清单需明确各项试验的适用车型、工期、费用等信息，以提升验证体系应用的便利性。

试验验证体系清单部分信息展示见表1-7。

表1-7 试验验证体系清单部分信息展示

序号	系统结构类别	试验领域	规范编号	规范名称	适用开发阶段						样本量	实施单位	工期/h	里程数/km	燃油费/元	…
					PTC	PA	DR	PLR	CC	LS						
示例1	00整车	密封性	1	车体涉水密封性试验规范					√	√	1	试验检测所	24	0	0	…
示例2	01车身系统	耐久性及可靠性	2	行李箱盖系统全开与过载关键寿命试验规范						√	1	试验检测所	107	0	0	…
示例3	00整车	耐久性及可靠性	3	纯电动乘用车整车道路耐久试验规范					√	√	3	试验检测所	1224	11750	24675	…
…																

（5）体系管理文件

为固化并沉淀验证相关各项工作的目的、工作程序、工作模板等信息，需编制并发布必需的管理办法、程序文件等企业标准。例如，为明确验证体系建设原则与应用规则，帮助验证体系相关人员更快、更好地开展验证体系建设和推进项目应用工作，制定验证体系建设与应用管理办法；为明确试验规范编制规则，有效统筹上下游部门需求，弱化部门壁垒，强化验证全面性，制定汽车试验验证体系规范发布及应用管理办法；为规范整机、系统及零部件的设计验证管理，确保产品得到有效验证，制定整机、系统及零部件设计验证管理程序。

2. 试验验证体系的应用

如图 1-11 所示，虚线框内为试验验证体系对应产品开发各节点的工作项，为确保新品验证的充分性、即时性、标准性，试验验证体系的应用主要体现在两方面：整车开发项目全生命周期试验策划、试验执行全过程管控。

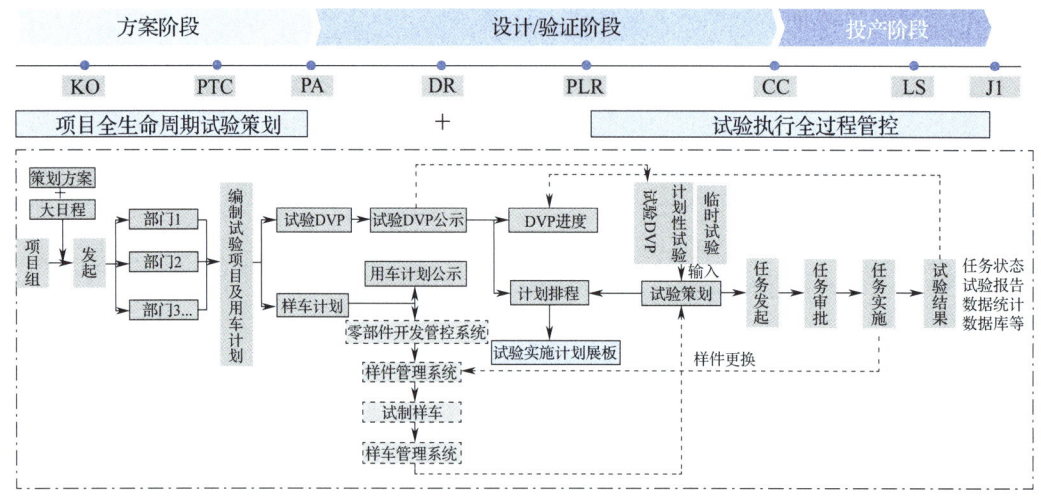

图 1-11 整车开发验证同步图

（1）整车开发项目全生命周期试验策划指导

1）零部件设计验证计划策划。PA 节点前，产品设计人员根据产品开发目标梳理出需要开展零部件试验验证的专用件清单，根据试验验证体系清单制定零部件设计验证试验计划，计划包含需开展试验项、试验样本量、参试件状态、试验实施单位、试验开始和结束时间等信息。计划最终由试验部门行政评审，整车开发项目组签发。

2）整车及系统验证计划策划。PA 节点前，试验部门根据试验验证体系清单，结合项目工程属性目标制定整车及系统试验计划，计划包含开展试验项、试验样本量、实施单位、试验实施时间等信息。计划最终由试验部门行政评审，整车开发项目组签发，确保计划验证覆盖度且满足项目开发进度、节点指标要求。

（2）试验执行全过程管控

1）零部件设计验证计划的执行全过程管控。根据 PA 节点制定的零部件试验计划，试验部门通过下列环节对零部件设计验证的执行全过程进行跟踪管控：

①试验开始前的试验工装、样件准入检查。

②试验实施过程的不定期抽查，抽查内容包括但不限于试验方法、试验记录、试验环境、试验人员、试验设备。

③试验完成后的报告及封样检查。

试验发现的问题按照验证体系内质量问题管理程序要求进行原因分析、整改、再验证等管理。试验部门对零部件设计验证试验总体进展及结果进行管控，形成项目零部件试验管控表，对所有试验的进展及结果情况进行跟踪，分别在项目 DR 至 LS/VS 各节点进行发布并为项目节点评审提供依据。

2）整车及系统试验计划的执行全过程管控。根据 PA 节点制定的整车及系统试验计划，试验实施部门对待开展的计划性试验进行排程、样机/样车准入检查等综合评估，对可实施的试验计划分配实施人，完成发布；对无法实施的试验计划，与项目组协商后更改试验计划。

试验实施部门根据已发布试验计划的开始、结束时间，组织并实施试验。主要环节如下：

①试验实施前，进行样车、样件状态确认，完成试验准入检查。

②试验实施中，完成试验过程日志编制，记录试验问题。

③试验完成后，按照体系报告管理要求归档试验原始数据，完成试验报告编制、评审、发布流程。

为了保证试验执行过程完全符合验证体系要求，可按照 ISO 17025 实验室认可准则要求对试验开展全过程进行质量检查。试验部门对整车及系统试验总体进展及结果进行管控，形成项目整车及系统级试验计划管控表，对所有试验的进展及结果情况进行跟踪，分别在项目 DR 至 LS/VS 各节点进行发布并为项目节点评审提供依据。

试验验证体系的应用涉及的文件多、程序杂、人员广，可开发试验信息管理系统等线上软件应用，使管理更简易。

1.3 整车开发项目管理体系

对于汽车研发来讲，仅仅有了研发流程还不够，必须还得有配套的项目管理机制，来保证流程的实施，还要对流程不能覆盖到位的多个根层级的管理和操作进行规范，形成一个完整的项目管理体系。同时，随着企业的发展和研发规模的扩大，项目数量不断增加，传统的单项目管理模式越来越难以满足企业从战略、资源的角度进行项目决策，因此各整车企业从单项目到多项目，再到项目集及项目组合管理，不断提升管理能力和水平。项目组合管理可以合理调配和整合资源，成为目前广泛应用的管理模式。下面将从项目管理体系和项目组合管理两个方面分别论述。

1.3.1 项目管理体系

各企业通过项目管理理论结合自身组织机构及企业文化分别建立项目管理体系，

指导项目过程开发。项目管理体系包含项目规划及启动、项目组织及团队建设、项目范围管理、项目进度及控制、项目成本管理、项目质量管理、项目采购管理、项目沟通管理及项目收尾。整个体系结构如图1-12所示。

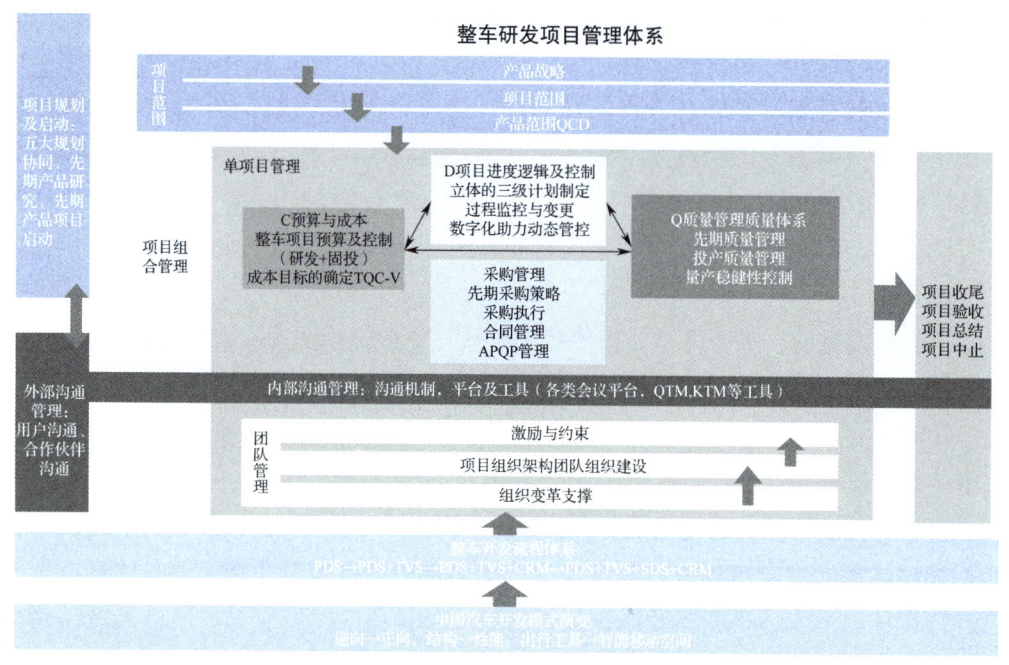

图1-12　整车开发项目管理体系

1. 项目规划及启动

项目规划及启动规范了从市场需求到公司战略，再到规划（包含技术规划、产品规划、平台规划等），最后到产品立项论证及启动，确保即将要开发的产品是符合市场需求和公司战略的，效益及技术可行，大大提升产品的成功率。

2. 项目组织及团队建设

项目管理组织包含多种，具有代表性的是职能型、矩阵型、项目型这三种。一个企业的项目组织也不是一成不变的，它与企业当期业务的发展紧密相连。项目要顺利开展，需要将不同专业人员组织在一起进行项目实施，所以需要将不同性格、不同专业的人组织在一起，明确职责，同时通过团队建设，提升团队士气，使成员产生高的项目绩效，最终实现个人与项目业绩目标。

3. 项目范围管理

项目范围管理主要是对项目所完成的工作范围进行管理和控制的过程和活动。其工具主要由红蓝绿皮书、设计任务书、专业目标书组成。项目在启动时，以红蓝绿皮书为工具，进行市场、技术、商业等可行性论证，逐步收敛、渐进明晰最终形成项目设计任务书，即项目目标。基于设计任务书，各专业进一步细化、分解，形成专业目标书，最终支撑项目目标的达成。

4. 项目进度及控制

项目的进度计划是在项目工作分解结构的基础上，对项目任务时间进行规划。项目进度控制是指在项目计划制定后，实施过程中定期对项目实际进展情况进行检查和对比分析，并对存在的问题采取相应的控制措施，以保证项目进度目标的最终实现。在汽车行业，每个企业都有一套自己的产品开发流程，项目计划管理主要基于开发流程制定计划，并对流程规定的任务、指标、交付进行过程跟踪管理。各部门会根据项目计划，制定更详细的工作计划，以支撑项目计划的达成。同时各项目在计划中设置里程碑，通过对里程碑的评审，定期对项目实际达成情况进行检查，并确定是否进入下一阶段。

5. 项目成本管理

项目启动后，要对项目生命周期内为项目的实施所投入的资源和费用总和进行估算，包含项目人员工时、材料成本、固定资产投资等，通过预算和成本的管理，使产品最终效益目标可控。

6. 项目质量管理

项目质量管理包含制定项目质量策略、质量目标以及支撑目标达成的过程管理和关键举措。按照产品开发过程，它又分为设计质量管理、过程质量管理以及投产质量管理。企业根据客户需求、产品定位等，制定不同的质量目标体系，基于质量目标体系，各项目组制定项目具体质量目标及计划，并在项目开展过程中进行监控。

7. 项目采购管理

项目采购管理包含采购计划管理、供应商管理、商务及合同管理以及零部件开发管理，通过相应的管理工具及方法，确保业务正常开展。

8. 项目沟通管理

项目沟通管理是项目管理工作的核心工作，贯穿项目管理的始终。沟通管理包含制定项目沟通计划、灵活运用各种沟通形式、建立有效透明的沟通机制。通过沟通管理，确保项目相关信息能够及时准确地采集、传递和保存，充分调动所有项目干系人的工作积极性和创造性，并发现项目潜在问题，把控项目各个方面，确保项目顺利进行。

9. 项目收尾

项目收尾一般包含项目验收、项目总结、项目移交、项目后评价等几个环节。通过项目收尾，对项目各项工作进行全面的梳理总结，保证项目圆满结束，并持续改进，不断提高管理水平。

以上为项目管理体系的主要内容。为进一步提升管理效率，部分企业利用 IT 工具，将项目管理相关流程、规范在线管理，使项目管理相关规范在企业内部得到了全面执行，同时通过对系统项目实际运行数据进行分析，为项目管理体系的优化提供了数据支撑。

1.3.2 项目组合管理

区别于单项目管理，项目组合管理采取的是自上而下的管理方式，即先确定企业的战略目标，优先选择符合企业战略目标的项目，在企业的资金和资源能力范围有效执行项目。项目组合管理就是在企业战略目标的指引下，在有限的资源及能力范围内，确定好项目的选择和资源平衡。下面将从业务逻辑、组织架构、业务清单、项目选择四个方面进行简述。

1. 项目组合管理的业务逻辑

项目组合管理主要是指在可利用的资源和企业战略计划的指导下，进行多个项目或项目群投资的选择和支持，如图 1-13 所示。它主要通过项目评价选择的方式，确保项目符合企业的战略目标，从而实现企业收益最大化。

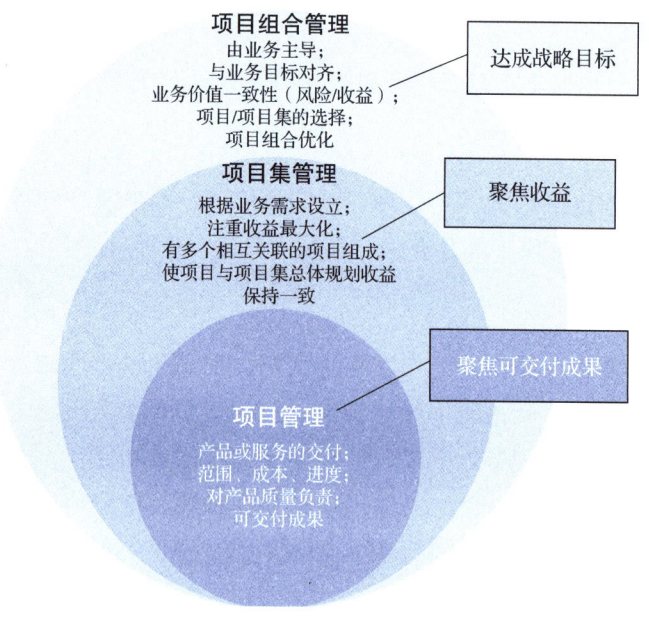

图 1-13 项目组合管理图

2. 实施项目组合管理的组织架构

基于项目组合管理的交付需求，对图 1-14 中的各类管理交付进行明确，其对应的项目管理团队组织架构如图 1-14 所示。

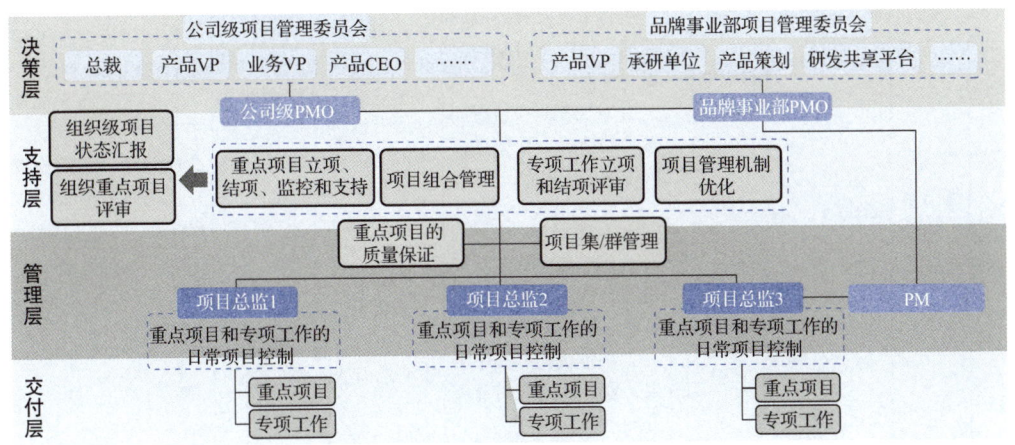

图 1-14　项目组合管理的组织架构

1）项目组合管理主要由公司高层组成，团队成员主要包括公司总裁、产品品牌分管副总裁、采购业务分管副总裁、造型业务分管副总裁、总会计师等，由公司级的项目管理办公室组织日常运营。

2）项目集管理主要由各品牌事业部领导组成，团队成员主要包括产品品牌分管副总裁、产品策划部部门领导、承研单位部门领导等，由品牌事业部的项目管理办公室组织日常运营。

3）项目管理由项目总监等核心团队人员组成，详见第 3 章项目组织及团队建设相关内容。

3. 项目组合管理业务清单

基于业务实践，针对项目组合管理的各项业务，与项目集、项目管理形成对应的业务清单，见表 1-8。

表 1-8　项目组合管理业务清单

序号	一级管理要素	二级管理要素	业务内容	项目组合管理	项目集管理	单项目管理
1	项目与战略衔接	战略规划	项目作战图管理	定期更新、发布企业项目计划全貌	—	及时维护项目管理信息系统基础数据
2			里程碑评审计划	定期发布里程碑完成情况和评审计划	—	—

（续）

序号	一级管理要素	二级管理要素	业务内容	项目组合管理	项目集管理	单项目管理
3	项目与战略衔接	产品规划协同	项目周期审视及预警	1.基于产品开发流程标准，做好待启动项目周期审视 2.对比在研项目周期不足的情况，预警里程碑按期推进风险	1.组织各品牌事业部策划团队讨论明确启动计划 2.落实、备案周期不足项目追赶计划及达成路径，定期检查并反馈结果至公司级PMO	1.实时跟踪启动计划，组织各专业进行可行性研究并准备项目启动相关资料 2.落实、备案周期不足项目追赶计划及达成路径，定期检查并反馈结果至公司级PMO
4			项目优先度排序	1.组织相关部门从战略、效益、规模等方面对项目进行优先度评价 2.根据优先度排序结果，划分各品牌间资源分配比例	确认各品牌内排序结果，并按排序结果进行事业部内部资源匹配	—
5	项目治理	项目管理委员会管理	会议平台组织及议事规则修订	公司级项目决策会议组织及议事规则管理	各品牌事业部项目决策会议组织及议事规则管理	—
6		项目管理办法文件制定	基于项目管理的业务单元，结合分层分级架构，制定项目相关管理办法	1.制定公司项目管理流程主干，明确执行原则 2.结构化审视优化及修改，并在公司层面通报重大调整及变化	1.制定各品牌事业部执行规则，明确相应业务单位参与对象 2.针对管理偏差进行解释及优化，不涉及管理原则调整的，优化对应品牌事业部的管理文件	执行并反馈相关偏差
7		项目风险及问题管理	对项目风险及问题建立台账进行跟踪，针对共性及重大的风险及问题做好层级上升及解决措施跟踪	1.管理需上升至公司领导层级的风险及问题，并做好解决措施跟踪 2.解决多品牌间共性问题，提前识别风险，组织讨论并结构化跟踪	1.管理各品牌事业部层面及上升至分管公司领导的风险、问题 2.解决品牌事业部内共性问题	基于项目管理信息系统，识别项目TOP问题及应关注事项
8		项目绩效评价	KPI评价	明确KPI项目评价原则，提出考核建议，反馈考核执行部门	对接公司级PMO，落实考核责任单位，并进行考核比例分解	—
9			过程行为管理	基于过程行为管理办法，统筹发布考核意见及相关通知	1.识别里程碑通过重大风险，提前发出督办令或预警通知 2.收集各项目过程行为考核意见，并反馈公司级PMO	收集考核意见，向上反馈及执行

（续）

序号	一级管理要素	二级管理要素	业务内容	项目组合管理	项目集管理	单项目管理
10	项目治理	项目资源管理	研发费用预算、过程动态调配及报销管理	1. 下达各品牌事业部年度研发费用预算指标，并进行动态调配 2. 发布、修订研发费用模型 3. 平衡品牌事业部及各分子公司费用分配比例，平衡产品、技术项目费用比例，符合公司转型需要	1. 管理预算指标，并进行项目集间动态匹配 2. 督促各项目集按计划执行费用发生及报销，做好执行率检查及偏差分析	审核业务预算、实际发生、报销一一匹配
11		目标管理	项目关重目标要素管理及变更	1. 制定并发布项目目标管理要素标准及目标管理规范 2. 定期开展项目目标管理过程质量审查	1. 本品牌项目目标要素发布及变更跟踪管理 2. 配合公司级PMO开展目标管理过程质量审查	1. 本项目目标要素发布及变更跟踪管理 2. 配合公司级PMO开展目标管理过程质量审查
12			项目后评价	制定项目后评价标准，并归拢项目后评价结果，作为系列项目立项依据	审批项目集目标达成情况，并将系列项目评价结果反馈公司级PMO	组织项目后评价，审视目标达成情况
13	项目交付	质量管理	科研项目管理过程执行情况审查	发布检查标准并结构化抽查	配合公司级PMO，做好全面检查及盘点	基于PM系统，做好项目管理过程交付
14			体系成熟度评估	1. 制定体系成熟度评估标准 2. 定期开展各品牌体系成熟度评估	1. 配合公司级PMO开展品牌体系成熟度评估 2. 基于成熟度评估结果，制定改进措施并实施，持续推动项目管理成熟度提升	—
15		质量管理	项目管理质量及合规性检查	发布检查标准并结构化抽查	配合公司级PMO，做好全面检查及盘点	做好项目管理的流程监控，检查各专业交付物及指标达成质量
16		产品交付	确保产品生产及交付，并符合终端需求	审查项目交付情况，确定劳动竞赛、考核激励等，并推动执行	配合公司级PMO，进行相关激励兑现等工作开展（跟踪兑现项目人力BP开展）	确保项目指标达成，按时完成项目节点
17		项目收尾	总结项目经验，并进行资源释放	检查项目收尾工作完成情况，将优秀项目经验、案例在公司层面进行分享	以品牌事业部维度，结构化发布项目收尾工作执行情况，做好项目管理过程资料存档检查	完成项目总结或项目结题后，组织进行资料存档、清算费用、工作移交、解散团队
18	能力提升	人才培养	项目人才能力模型及培训体系	建立项目管理能力模型，并制定相关培训体系	组织项目能力认证，并配合公司级PMO展开培训及赋能	参与培训及认证

（续）

序号	一级管理要素	二级管理要素	业务内容	项目组合管理	项目集管理	单项目管理
19	能力提升	人才培养	项目人才库	基于认证通过情况，建立项目总监、开发经理、总师的项目人才库，并制定选人、用人标准	在项目启动环节，参考人才库，为项目团队人员组建提供建议，并应用选人、用人标准	—
20		项目专家库	建立项目专家库，提升过程决策质量	基于构建里程碑和节点相结合的评审机制，成立专家库，充分识别项目风险，支撑里程碑评审通过	—	—
21		过程资产	做好项目文档管理，建立项目案例库、知识库、经验教训库	建立案例库、知识库、经验教训库的发布机制，定期梳理发布内容及需求，纳入学习积分体系	检查文档管理工作，配合公司级PMO做好相应入库材料编制	支撑编写实际案例，并做好需存档的过程资产记录

4. 项目优先度选择

从项目组合的角度出发，公司所具有的资源是有限的，因此，项目组合管理的重点就是在多个项目竞争有限资源时，结合公司的战略、收益进行选择。同时，在资源紧张时，按照底线思维对资源进行合理缩减，释放研发费用和人力，支撑公司短期运营需求，保障公司中长期战略发展需求。

基于项目类别，分为产品项目和技术项目两类项目排序方案。

（1）产品项目评价维度与评价指标

1）市场年增长速度：指产品所在细分市场的销售量或销售额在比较周期内的增长比率。

2）产品生命周期销量贡献：指从产品投入市场到退出市场整个生命周期的销量总和。

3）产品市场占有率：指产品周期范围内的销售量在市场同类产品中所占比重。

4）产品生命周期效益贡献：指产品项目在评价阶段利润率目标达成情况，以及后续盈利成长性。

5）投资回收期：指以项目的净收益抵偿全部投资（包括固定资产投资和流动资金）所需要的时间。

6）投入产出比：指项目周期投入资金与产出资金之比，即项目投入的每个单位资金能产出多少单位收益，见表1-9。

表1-9 产品项目优先度评价细则

评价维度	评价指标	1分	2分	3分	4分	5分
产品规模	1.市场年增长速度（20%）	急剧下滑（-10%及以下）	下滑（-10%~0）	缓慢（0~5%）	快速增长（5%~15%）	高速增长（15%以上）
	2.产品生命周期销量贡献（20%）	5万辆及以下	5万~10万辆	10万~30万辆	30万~60万辆	60万辆及以上
	3.产品市场占有率（10%）	市场占有率1%以下	市场占有率1%~2%	市场占有率2%~4%	市场占有率4%~6%	市场占有率6%以上
产品效益	4.产品生命周期效益贡献（20%）	利润率为负	利润率为0	利润率为正，未达成目标	利润率为正，达成目标	超出目标1%及以上
	5.投资回收期（10%）	投资无法收回	5~6年	4~5年	3~4年	小于3年的项目
	6.投入产出比（20%）	投入产出比小于1	投入产出比1~2	投入产出比2~3	投入产出比3~5	投入产出比大于5

（2）技术项目评价维度与评价指标（表1-10）

1）战略特性：指项目研究内容是否符合公司战略要求或支撑公司战略达成。

2）技术特性：指项目产出技术的先进性及领先性，项目产出技术形成生产能力或达到实际应用的程度。

3）产品特性：指项目的专利可保护、不可替代、标准引领、质量指标提升特性。

4）市场特性：指项目的商业转化能力，项目产出技术成果满足或吸引用户的程度，以及可为企业带来的利润情况。

5）必须项或否决项要求：指对项目研究内容的法规要求、重复性要求及技术转化可行性要求。

表1-10 技术项目优先度评价细则

评价维度	评价指标	评价细则	分值	评价单位	应用技术评价占比	前瞻技术评价占比
战略特性	战略支撑	1.技术可支撑公司战略发展对科技标签、重点技术领域打造的定位 2.技术可支撑平台发展规划对技术的要求 以上要求满足其一得分，否则不得分	0~10	战略规划部门	5%	9%
	产品支撑	技术可支撑产品发展规划对技术要求，含满足或超越用户体验需求 以上要求满足得分，否则不得分	0~10	产品策划部门	5%	3%

（续）

评价维度	评价指标	评价细则	分值	评价单位	应用技术评价占比	前瞻技术评价占比
战略特性	品牌支撑	1. 技术可支撑科技公司品牌力打造 2. 技术可支撑多品牌区隔差异化打造 以上要求满足其一得分，否则不得分	0~10	品牌部门	5%	5%
	科技牵引	1. 属于科技规划的范畴，与科技规划匹配度高（10） 2. 不属于科技规划的范畴，与科技规划匹配度低（0）	0~10	科技管理部门	5%	9%
		1. 科技目标强相关技术，能显性支撑科技目标达成（8~10） 2. 科技目标弱相关技术，但能支撑科技目标达成（4~7） 3. 技术开发，无法有效支撑科技目标达成（0~3）	0~10	科技管理部门	5%	7%
		根据成果的丰富性，得分从高到低（成果类型包括论文、专利、标准、指标类成果、原理模型等）： 1. 涵盖5类成果及以上（8~10） 2. 涵盖3~4类成果（4~7） 3. 涵盖1~2类成果（1~3）	1~10	科技管理部门	5%	7%
技术特性	创新性	根据技术需求创新性，得分从高到低： 1. 创新性高，能实现技术引领，建立技术壁垒（8~10） 2. 创新性一般，能实现技术突破，打破技术壁垒（4~7） 3. 创新性低，能补齐技术缺失部分（1~3）	1~10	技术管理部门	7%	11%
	先进性	根据项目产出技术先进性及领先性高低，得分从高到低： 1. 国际先进，人无我有技术（8~10） 2. 国内先进，人有我优技术（4~7） 3. 行业一般水平，补短板技术（1~3）	1~10	技术管理部门	8%	10%
	兼容及共享性	根据技术兼容及可共享的情况，得分从高到低： 1. 基础技术，可应用于多个品牌/平台，多个领域/方向的技术，可满足大规模应用（6~10） 2. 专项技术，仅可用于单个品牌/平台，单一领域/方向的技术，仅小范围应用（1~3）	1~10	技术管理部门	5%	7%
	成熟性	根据立项时的技术成熟度判定，得分从高到低： 1. 成熟度低，技术停留在报告或方案，技术成熟度1~3级（6~10） 2. 成熟度一般，技术完成仿真或功能，技术成熟度4~6级（1~3） 3. 成熟度高，技术已完成产品级或量产，技术成熟度7~9级（0）	0~10	技术管理部门	5%	7%

（续）

评价维度	评价指标	评价细则	分值	评价单位	应用技术评价占比	前瞻技术评价占比
产品特性	专利可保护特性	根据技术专利保护特性，得分从高到低： 1. 技术可形成高价值专利，技术保护性高（8~10） 2. 技术不可形成高价值专利，能形成普通发明专利，技术保护性一般（4~7） 3. 技术不可形成发明专利，仅能形成普通实用新型和外观专利，技术保护性较低（1~3） 4. 技术不可形成专利，技术保护性低（0）	0~10	专利管理部门	5%	7%
产品特性	可替代性	根据技术可替代性情况，得分从高到低： 1. 技术不可替代，技术掌握在极少OEM（原始设备制造商）或供应商手里（8~10） 2. 技术可替代性低，技术掌握在少数OEM（原始设备制造商）或供应商手里（4~7） 3. 技术可替代性高，技术掌握在多数OEM（原始设备制造商）或供应商手里（1~3）	1~10	技术管理部门	5%	7%
产品特性	标准引领特性	根据技术标准引领特性，得分从高到低： 1. 技术能形成国际标准、法规，技术引领性高（10） 2. 技术能形成国家标准，技术引领性较高（6~8） 3. 技术能形成行业、团体与地方标准，技术引领性一般（3~5） 4. 技术能形成企业标准，技术引领性低（1~2）	1~10	标准管理部门	5%	7%
产品特性	质量指标提升	根据技术研究结果应用，对质量指标提升情况评价，得分从高到底： 1. 重大（行业难题）问题攻关完成，大幅提升质量指标（8~10） 2. 一般（公司老大难）问题攻关完成，质量指标改善明显（4~7） 3. 其他问题改进提升完成，质量指标改善明显（1~3）	1~10	质量管理部门	5%	—
市场特性	商业可转化性	根据产业化、市场需求、商业可转化性，得分从高到低： 1. 产业化方案成熟、市场需求高，商业可转化能力高（8~10） 2. 产业化方案一般、市场需求一般，商业可转化能力一般（4~7） 3. 产业化风险大、市场需求低，商业可转化能力低（1~3）	1~10	产品策划部门	15%	—
市场特性	应用前景特性	根据技术应用前景特性，得分从高到低： 1. 技术属于新兴战略产业，应用前景高（6~10） 2. 技术属于传统产业，应用前景低（1~3）	1~10	产品策划部门	5%	4%

（续）

评价维度	评价指标	评价细则	分值	评价单位	应用技术评价占比	前瞻技术评价占比
市场特性	潜在收益特性	根据新技术价值评估模型，评价潜在收益特性，得分从高到低： 1. 投入产出比 1：N，$N>3$，产出效益好，潜在收益高（8~10） 2. 投入产出比 1：N，$2 \leq N \leq 3$，产出效益一般，潜在收益一般（4~7） 3. 投入产出比 1：N，$N<2$，产出效益低，潜在收益低（1~3）	1~10	项目管理部门	5%	—
必须项或否决项	法规要求	国家法律法规要求必须开展技术，满足时直接通过，必须立项	—	标准管理部门	—	—
必须项或否决项	重复性	如研究内容在前期已开展或者研究内容与前期研究内容相近的，原则上不予立项	—	项目管理部门	—	—
必须项或否决项	技术转化可行性	如技术仅委外开发，且内部无团队进行技术承接、迭代发展，无法实现技术转化的，不予立项	—	项目管理部门	—	—

（3）管理机制及评价应用

项目优先度排序由项目管理部门牵头，涉及各个维度的参评部门共同参与，按半年一次的频率组织召开（如企业营收或销量低于计划 10% 以上，则立即启动项目优先度排序工作），并将评价结果对项目组合间的资源分配进行应用。

1）评价结果作为企业总体研发资源匹配的依据，指导企业进行内部资源的平衡与调配。

2）评价结果输入产品策划部进行项目开发必要性审视。产品项目对投资无法收回的项目进行审视，技术项目对财务效益未达标的项目进行审视。

3）根据财务费用缩减目标，如资源无法支撑全部项目开展时，首先对产品项目和技术项目排名后 20% 的项目进行审视，审视内容包含但不限于项目是否关停、项目节奏是否调整等，然后进行费用缩减。

4）基于项目优先度评价结果，研发资源（人、财、物）释放或新增时，优先补充至排序靠前项目。

Chapter Two

第 2 章
项目规划及启动

项目规划及启动阶段是确保项目成功执行的关键步骤，它涉及从概念到实际操作的转变过程。项目规划包含明确项目范围、定义和优化目标，以及为实现目标制定行动方案的一组过程。整车项目规划主要指各部门协同完成的预可研分析。项目启动指企业高层授权该项目正式开始启动。整车项目启动主要以企业产品策划会决策纪要为依据。本章主要从如何将企业规划转化为产品规划以及启动项目开发两个环节来讲述，为项目的顺利开展和成功奠定坚实的基础。

2.1 企业规划

项目不是凭空产生的，其来源于规划，服务于战略。一般来说，企业都有自己的战略规划、品牌规划、平台规划、科技规划和产品规划等，这些规划共同组成企业的规划体系，对整车项目规划、启动、实施和终止产生直接或间接影响。

1）战略规划是指企业通过对外部环境研究和自身条件的评估，形成一整套面向未来的发展规划，包括定位、愿景、战略思路、战略目标、业务策略、能力路径、资源保障等要素。

2）品牌规划是指以业务战略为牵引，根据市场及消费趋势变化，构建以品牌架构及品牌价值体系为核心的品牌发展战略，包括品牌建设策略、目标、原则、架构演进、价值体系、品牌定位、品牌管理、品牌形象及体验规范等。

3）平台规划是指基于对平台的审视和趋势研判，编制发布的平台发展战略，用于牵引产品规划、产品开发等相关工作，主要包括平台范围、发展目标、发展策略、平台谱系、平台路线图、平台周期计划等。

4）科技规划是企业根据自身实际情况和战略发展目标，为科技发展制定的指导性纲领文件，一般包括环境分析、趋势研判、发展思路、发展目标、实施路径、关键核心技术、重大科研方向、资源及机制保障等。

5）产品规划是指企业基于愿景和战略目标，针对目标市场制定的竞争策略和与之相匹配的产品组合及行动计划，通常包括趋势研究、目标市场、周期计划、预期销量、产品谱系和产品规格等。

战略规划和其他规划都是企业规划的一部分，这些规划在功能和定位上各不相同，互为补充，相互支撑，在企业管理中发挥着不同的作用，如图2-1所示。

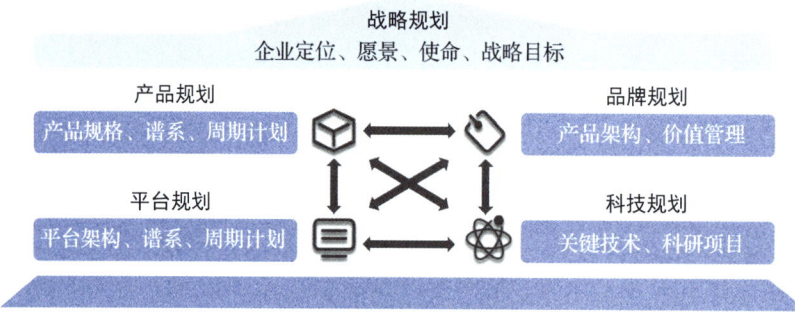

图2-1 规划的功能和定位

战略规划属于综合性规划，它明确了企业未来较长一段时间发展的定位、愿景、战略目标，是企业制定品牌、产品等专项规划的起点和基本依据，在企业规划体系中处于最顶层。战略规划的形成需要企业高层进行反复研讨，达成共识，保持相对稳定。

产品规划与品牌规划相辅相成，向上支撑战略规划实现，向下牵引平台规划和科技规划，在企业规划体系中处于核心地位。产品是企业实现战略目标的基础，也是企业建立竞争优势的重要手段。产品规划的核心职能就是规划什么时候上市什么样的产品，它也是项目规划的基础。产品与品牌关系密切，产品是品牌建设的主要载体，优秀的产品可以提升品牌价值，强势的品牌有利于产品销量、利润目标的实现。品牌规划的目标就是推进品牌规模向好、价值向上、形象向新，实现品牌全面发展。

平台规划、科技规划向上支撑产品和品牌规划的编制和落地，横向又紧密联系、高度协同，在企业战略规划体系中处于基础地位。平台是整车开发的基础，产品平台化开发有助于提升产品的通用化水平，提升研发效率，降低研发制造成本，已经成为整车开发的重要模式。平台规划既明确了所承载产品的定位和规格，也明确了平台的周期计划。新技术是推动平台持续升级、提升产品核心竞争力的主要驱动力，往往决定了一个产品，甚至一系列产品的差异化和特性。新技术的创新需求一方面来源于平台和产品，另一方面来源于企业创新愿景。科技规划通过需求分析和趋势研判，明确技术创新的方向、节奏和路径，引领科技创新，支撑平台和产品的实现，进而为品牌赋能。

2.2 项目规划

基于企业战略规划，通过对趋势研判，发现企业未来的产品机会并制定企业中长期产品规划后，向企业领导汇报启动项目预研。

项目预研启动通常分为三个阶段，分别是市场趋势研判、产品规划和先期产品研究。整个周期需要 6~9 个月时间。通过市场趋势研判，对未来细分市场、竞争和需求进行预测，发现机会市场并选择进入的机会市场；对进入的机会市场的需求详细洞察，结合公司战略目标，制定产品规划策略，明确当期需要启动的预研项目，纳入产品规划向高层领导汇报；会议通过后，下发预研项目启动通知；相关部门接到预研项目通知后，组建矩阵团队，下发费用令号，开展产品预研立项工作。项目预研启动流程如图 2-2 所示。

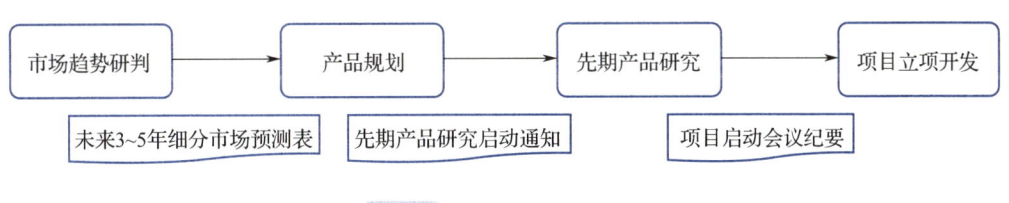

图 2-2　项目预研启动流程

2.2.1 市场趋势研判

市场趋势研判是为企业发展规划、经营决策提供可靠依据的一种活动。本节以狭义乘用车为例，描述市场趋势研判的整个活动内容。

狭义乘用车趋势研判主要是基于狭义乘用车市场细分标准，其包含了对狭义乘用车市场当前情况和未来趋势进行的分析，对市场需求及机会的洞察，以及对整体市场规模和各细分市场结构进行的预测。

1. 研判目的

市场研判的目的是指导产品规划，完善产品谱系，基于对市场发展方向的判断，规划相应市场需求产品。作为产品需求量的测算依据，指导公司本品制定年度销量计划，进而有效地推进经营计划，避免资源浪费，使经营效益最大化。

2. 研判活动及内容

开展市场研判活动需要建立狭义乘用车趋势研判预测机制。具体包括：成立市场预测团队，确立市场预测每年审视次数（一般每年审视两次），启动月度滚动市场预测并审视全年预测结果；建立狭义乘用车趋势研判活动，活动应明确研究目标，清晰各部门相关职能职责。

狭义乘用车趋势研判分9项活动，依次为细分市场分类标准审视、消费趋势分析（包括经济、政策、需求变化等）、市场影响因素分析（包括市场竞争、趋势洞察等）、狭义乘用车市场总量预测、竞品产品分析、狭义乘用车中长期细分市场结构分析、细分市场容量预测、市场预测分析报告汇总、市场预测报告审核批准和发布。趋势研判流程固化汽车市场预测环节和活动内容，预测结果为产品规划提供研究输入，见表2-1。

表2-1 狭义乘用车趋势研判活动内容

序号	活动名称	活动内容
1	细分市场分类标准审视	市场竞争加剧，产品改款换代速度加快及价格变动频繁，需对细分大类和细分子类进行审视
2	消费趋势分析	包括政治、经济、政策、需求变化
3	市场影响因素分析	乘用车市场发展影响因素分析，市场竞争特点及需求判断，市场发展机会及趋势洞察
4	狭义乘用车市场总量预测	整体规模预判
5	竞品产品分析	收集分析竞争对手产品及销量信息
6	狭义乘用车中长期细分市场结构分析	动力类型、车身类型、车身子类、细分大类、细分子类
7	细分市场容量预测	细分大类、细分子类规模预判
8	市场预测分析报告汇总	将细分市场标准审视、狭义乘用车狭义中长期市场规模分析（包括消费趋势和市场影响因素等）、狭义乘用车整体容量预测、竞品产品分析、狭义乘用车中长期细分市场结构分析、细分市场容量预测汇总市场预测分析报告（IPV）
9	市场预测报告审核批准和发布	由经理向公司分管领导汇报，审核批准后发布

3. 研判工具方法

目前行业中主要有两类研究方法，一类是定量分析方法，主要基于神经网络、线性回归等构建的定量模型分析，通过相关性分析寻找影响销量的主要因素，输入模型后计算预测值；另一类为定性分析方法，主要通过因素分析、对标分析、趋势外推进行分析预测，并通过德尔菲法（专家团队访谈）对预测结果进行修正，输出预测结果。

两类方法的共性是均需要确定主要影响因素，并对影响因素进行分析；区别在于定量分析法主要通过模型计算预测值，定性分析方法主要通过专家团队定性修正。目前来看，定性分析方法偏差率相对较低。

1）因素分析研究主要包括经济环境研究（如地域政治、GDP、可支配收入、消费、城镇化发展趋势等）、政策环境研究（如宏观政策、财税政策、购置税政策、双积分政策、刺激消费政策、限购限行、油耗法规、报废机动车管理办法等）、市场环境研究（新车上市、产能规划、二手车、共享车等）、产业发展规律等。

2）对标分析研究主要包括分析研究各相关机构（如政府研究院所、预测研究机构、证券投资机构等）对行业发展的判断，对标各主要汽车企业对市场变化趋势的分析判断，通过归纳、总结、提炼，形成研判结论。

3）趋势外推研究主要包括二次移动平均法（以历史销售数据为基础，按时间顺序分段反映后期销售的变化趋势）和指数平滑法（以某种指标的本期实际数和本期预测数为基础，引入一个简化的加权因子，即平滑系数，以求得平均数的一种指数平滑预测法）。其基于历史数据，结合市场发展规律，推断中长期市场发展趋势，预测市场总体规模。

2.2.2 产品规划

产品规划衔接公司战略和产品项目，既是公司战略规划的承接与延续，也是产品项目的总纲。

1. 产品规划流程

产品规划业务流程是基于市场趋势预判的结果，选择进入的机会市场，并对机会市场需求详细研究，同时结合公司战略，制定相应的产品策略及规划的全过程。产品规划汇报通过后，发布预研项目启动通知，实现产品规划和产品策划的业务贯通，保障产品规划按计划落地。产品规划业务流程如图2-3所示。

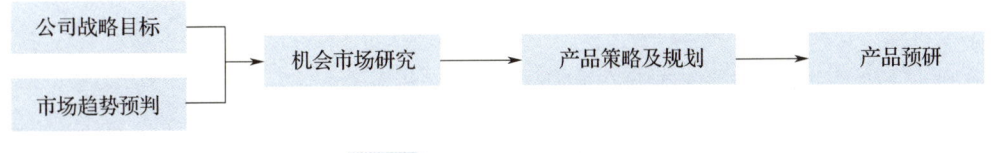

图2-3 产品规划业务流程图

2. 产品规划制定

（1）机会市场选择

基于市场趋势的预判，勘探蓝海市场，发掘红海市场蓝点，同时结合企业战略目标和能力，选择进入的机会目标市场。

在机会市场选择中，常用到 SPAN 模型（Strategy Positioning Analysis，战略定位分析）和 GE 矩阵（GE Matrix/Mckinsey Matrix）等分析方法。现以 SPAN 分析方法为例详细说明，如图 2-4 所示。

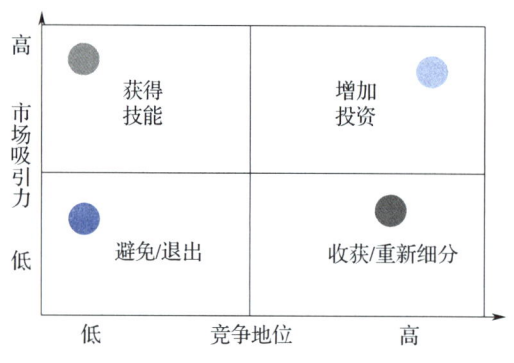

图 2-4　SPAN 分析模型

SPAN 矩阵是从细分市场吸引力和竞争地位两个维度对细分市场进行优先级评估，以确定哪些细分市场可作为企业产品进入的目标细分市场，并为这些选定的细分市场提供产品和服务。

市场吸引力是外部市场环境评估，主要从市场规模、竞争程度、市场增长率等方面进行分析，在稳态市场，一般是基于市场规模来进行分析；对于创新市场，一般基于市场增长率来分析。竞争地位是对公司自身的产品能力进行评估，主要从市场份额、产品优势等方面进行分析，评估公司在该细分市场能否成长或盈利，如图 2-5 所示。

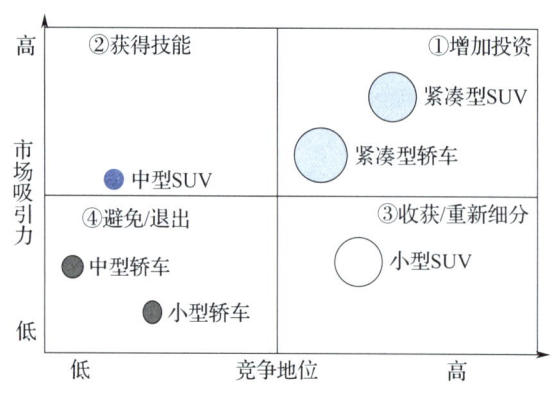

图 2-5　某企业 SPAN 分析图

从图 2-5 所示内容中可以看出，某企业在紧凑型 SUV 和轿车市场吸引力最大，竞争地位最高，且市场表现不错，企业需优先进入该细分市场，同时后期需加大投入；中型 SUV 市场竞争吸引力高，但公司在该细分市场竞争地位弱，公司可以适度投入，以提高产品竞争力，扩大产品规模，建立竞争优势；小型 SUV 处于收获的细分市场，虽然公司在该细分市场有很强的竞争优势，但是市场规模不大，公司应控制成本，适度缩减投入，力争在该细分市场做到数一数二，扩大竞争地位；对于退出细分市场的中型轿车和小型轿车，减少投入，除继续降本外，产品不再做任何动作，确保存量产品利益最大化。

（2）目标机会市场需求分析

明确进入的细分市场后，对机会目标市场的需求展开详细的分析，明晰市场特征和用户需求，指导机会产品策略的制定。

目标机会市场需求分析方法很多，每个企业所采用的分析方法不同，目前成熟的企业都形成一套适合本企业的分析方法。其中某企业的 SPEC 竞争分析模型（SPEC 即 Size、Price、Electrics 和 Computation 的首字母）如图 2-6 所示，将用户和市场需求结合起来，明晰市场特征，帮助企业精准制定产品规划策略。该模型目前已被大多数企业认可。

图 2-6 SPEC 竞争分析模型

SPEC 竞争分析模型是从用户需求出发，根据用户对汽车产品的感知体验的需求不同，判断用户在不同的细分市场下需要的产品及其产品特征。同时结合市场规模，明确机会细分市场下的产品机会和进入策略。根据用户对汽车产品需求的关注不同，分为 SPEC 四个维度：Size 指的是汽车产品物理属性，如车格、空间、产品类型等；Price 指的是用户购车和使用成本，如购车价格、维修成本、使用成本、二手车价格、置换价格等；Electrics 指的是新能源汽车电的属性，如动力、续航、充电等；Computation 指的是围绕汽车算力和算法相关的功能，如智能驾驶、智能座舱、智能互联等方面。

(3) 机会产品策略制定

基于对机会市场分析，明确机会市场用户需求和市场特征，制定相应的产品策略，通过高优先度排序，纳入产品周期计划。

通过 SPAN 分析模型，选择进入紧凑型 SUV 和轿车市场，对紧凑型 SUV/轿车按照价格维度再细分，采用 SPEC 竞争分析模型，对目标细分市场的用户需求和市场规模详细分析，根据每个细分市场的市场特征，制定相应的产品策略。根据市场机会进行排名，确定进入的机会市场和机会产品，见表 2-2。该公司未来重点进入 10 万～20 万元紧凑型细分市场，布局不同动力的产品，其中 15 万～20 万元市场以新能源产品为主，重点突出新技术、智能化；10 万～15 万元市场产品多动力、多品类共存，突出智能、空间和价格；10 万元以内根据公司资源评估适度进入。

表 2-2 某企业机会产品策略制定（示例）

目标市场	购车价格段/万元		用户购买要因	2022 年规模/万台	2025 年预判/万台	复合增长率	机会排序	市场特征	产品策略
紧凑型 SUV/轿车	15~20	E	动力性、续驶里程（约 550km）、充电效率、电赋予可能性	22	140	59.7%	①	• 市场规划大 • 用户对智能化有一定需求 • 用新技术、新产品打造全新体验有一定机会	• 紧凑型 + 新能源汽车 • 价格 15 万～20 万元 • 产品卖点是新技术、新智能
		C	自动驾驶、智能座舱、软硬件拓展（域→中央架构）						
	10~15	S	车格、车身类型、空间（轴距 2.6~2.8m）	55	102	16.7%	②	强调体验的同时兼顾多品类	• 紧凑型 ICE/PHEV/REEV/EV • 价格 10 万～15 万元 • 产品卖点是智能、空间、价格
		P	购车价格、使用经济性、维保成本						
	5~10	P	购车价格、使用经济性、维保成本	35	60	16.6%	③	强调功能和成本	• 入门紧凑型 ICE/PHEV/REEV • 价格 10 万元以内 • 产品卖点是空间、成本
		E	动力性、续驶里程（300~400km）、充电效率、电赋予可能性						

(4) 产品规划决策

机会产品确定后，形成产品周期计划表，纳入产品规划后，需要向公司领导层级汇报。汇报层级一般为总裁及以上，参加会议的部门是公司战略部门以及人力、财务、开发和销售等围绕产品比较紧密的部门。产品规划汇报通过后，需要进行发布，指导企业产品相关部门按照产品规划的行动路径开展相关工作，主要有以下工作：

1）明确待启动项目清单。对当期计划启动的预研项目明细，从战略、市场、人力、资源等维度进行高优先度排序，确定当期需启动的先期预研产品项目。

2）制定项目启动计划的时间。对纳入周期计划的产品，根据产品开发周期和产品上市时间，倒推项目预研启动的时间，形成项目启动计划。

3）下发项目启动通知。下发当期启动的预研项目启动通知，项目管理部门组建团队匹配资源，制定预研项目工作计划。

2.2.3 先期产品研究

先期产品研究目的是打通产品规划到产品策划的业务流，论证并明确战略市场可行性，提出产品概念，完成初步的技术可行性分析，形成方案供企业领导决策是否通过FKO（启动预研项目开发）里程碑进入产品预研，如图2-7所示。

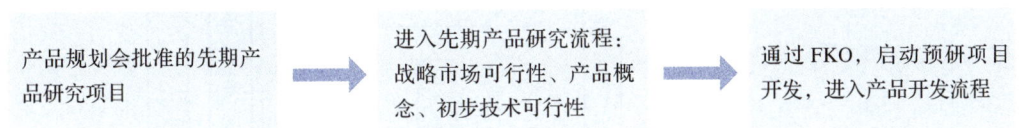

图2-7 先期产品研究业务流

1. 先期产品研究概述

先期产品研究适用所有全新和迭代项目。先期产品研究通过结构化地开展市场趋势分析预测、行业态势走向预测、市场竞争格局分析演变、细分市场的交叉分析再细分、用户洞察等一系列研究工作，准确锁定细分市场，厘清客户需求，精准进行用户画像；通过开展先进技术搭载应用分析、平台功能属性延展性分析、动力总成选型、电子电气架构选型、电池系统技术路线、造型趋势研究、技术可行性论证，输出符合市场和消费发展趋势的产品概念，确保产品开发紧紧围绕市场和客户需求稳健开展。

2. 先期产品研究流程

产品规划通过公司管理层决策后，项目管理部门随即组建先期产品研究团队，启动先期产品研究项目，并组织各业务单元按照相关流程开展业务，如图2-8所示。

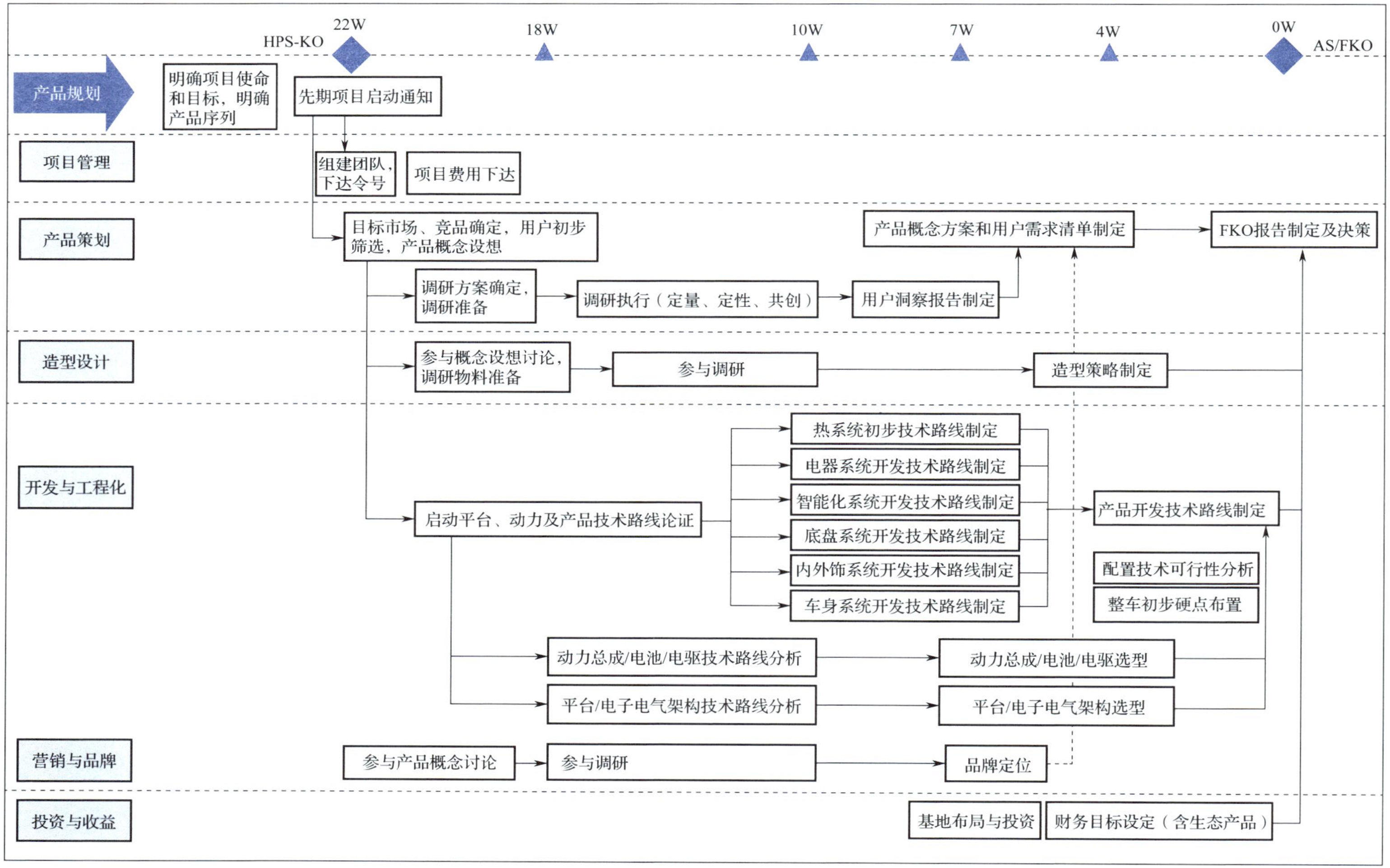

汽车整车开发项目管理及实践

图 2-8 先期产品研究流程图

1）产品策划业务团队通过案头研究和数据分析，完成以下工作：

①目标市场识别：对整体市场和细分市场的趋势进行判断，再进行分动力类型、分价格区间的交叉分析，识别出市场机会，确定目标市场。

②竞品初步确定：分析目标市场的竞争态势和预判未来市场的竞争格局，明确竞争定位，从竞争品牌、销售排名、产品风格等维度初步筛选出核心竞品和主要竞品。

③目标人群初步筛选：基于品牌定位、战略目标、人群区隔等维度，筛选出目标人群。

④形成产品概念的初步方案。

2）产品策划业务团队就以上信息与造型设计、开发、营销、品牌等业务团队进行讨论，并达成一致。

3）接受到达成一致的初步产品概念后，造型设计业务团队启动造型设计策略研究工作，开发业务团队启动技术可行性分析工作。

4）产品策划业务团队制定用户洞察调研方案和计划，完成调研后，形成用户洞察报告，完善用户特征，细化用户需求，输出用户画像。并且通过调研，验证竞争定位和产品概念，输出正式的产品概念。

5）造型设计业务团队根据用户需求和产品概念，确定造型方向，制定造型策略。开发业务团队基于产品概念，进行平台选择及功能属性延展性分析、动力总成选型分析、电子电气架构选型分析、电池系统技术路线分析，制定产品开发技术路线，为下一步进行分系统的技术论证奠定基础和方向。

6）其他业务团队主要工作如下：

①营销和品牌业务团队明确产品品牌定位和归属。

②投资业务团队明确投产基地和投资概算。

③财务业务团队确定财务效益目标，包括生态产品的财务目标。

3. 先期产品研究项目决策

先期产品研究项目团队完成所有工作，提交全部交付物，且核心竞品确定、目标用户确定、税前利润率目标初定和产品平台确定这四项指标达成后，由项目管理部门组织部门级里程碑评审，通过后提请进行公司级里程碑评审。

企业领导对市场机会可行性分析、核心用户画像及需求分析，以及竞争定位、产品概念、技术可行性分析等进行评审，如能够获取市场机会，产品概念能满足用户需求抑制竞争且符合公司战略，并在技术上可行，项目即可通过里程碑评审。

2.3 项目立项及启动

整车项目立项和启动的目的和意义在于明确项目研究目标、立项背景、主要研究内容、预期达到的目标、主要技术和经济指标、拟采取的研究方法、产品技术路线等,并组建项目团队,正式授权项目使用研发费用等公司资源。

产品策划团队完成一款新车型的策划,并经过公司评审决策后,产品策划部门将立项通知输入给项目管理部门,项目管理部门应立即按照公司立项程序,开展项目立项和启动相关工作。项目立项及启动的业务流如图2-9所示。

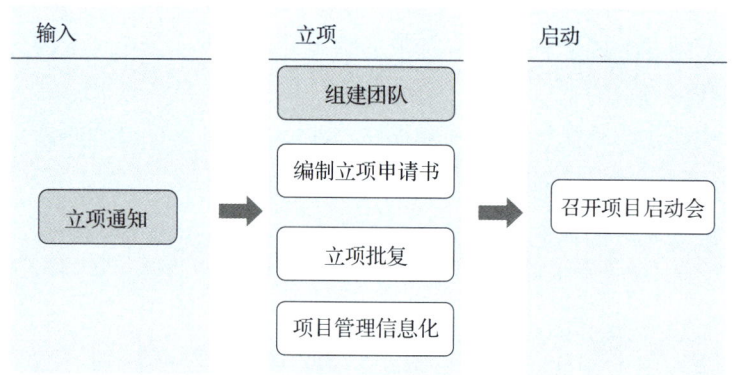

图2-9 项目立项及启动业务流

2.3.1 项目立项

当项目管理部门收到产品策划部门输入的立项通知后,项目管理部门需按照立项程序完成团队组建、立项申请书编制汇报以及项目管理系统维护等工作,以便项目获得研发费用等资源授权,具备项目启动条件。

1. 组建团队

项目团队组建方法及注意事项详见第3章内容。

2. 立项申请书编制

立项申请书是指项目正式立项时用于向公司进行立项申请的文件,需明确项目立项目的、立项背景与发展概况,对项目需求进行预测,并对经济、社会效益进行分析,初步说明项目主要技术指标及要求,简要概述项目方案,提出项目研究的物质条件,明确协作单位及各单位的任务和要求。项目立项申请书的主要内容如下:

1)立项背景/依据与国内外发展概况。其中包括必要性、可行性、重要性等。

2)主要研究内容、预期达到的目标、主要技术和经济指标。初定项目目标的内容主要包含以下内容：

①经济效益目标：为达成经济效益目标需要控制的预算及成本目标、市场方程式等。

②材料成本目标：根据车型售价、销售资源、研发投入等输入，按照经济效益核算总材料成本，并初步分解到各系统。

③研发资源投入目标：初步根据项目开发范围，估算项目研发投入、人力投入及固定资产投入预算。

④工程属性目标：根据产品策划输入，将产品定位转化为工程属性，并分解到各工程板块。

⑤质量目标：包含过程质量目标及市场质量目标，其中过程质量目标包括整车气味评价、DV 完成率、PSW 签署率、出厂 C1000、AUDIT 扣分等；市场质量目标包括 R/1000 @3MIS、TGW/1000@EQS、CS@EQS、AUDIT 等。

⑥产品设计目标：包含主要的性能目标、产品标杆等。

3）拟采取的研究方法、产品技术路线（包括造型、动力系统、底盘及下车体系统、电器系统、内外饰系统、智能化系统等）及其可行性分析。

4）预期研究成果应用前景分析。主要包括国内外应用或市场现状、预期应用对象、研究成果产业化途径、经济效益和社会作用、推广应用价值等。

5）承研单位承诺提供的支撑条件，其他所需增添的支撑条件和主要仪器设备。

6）项目团队主要成员组成及分工（详见第 3 章）。

7）研发进度计划、研发周期内样车样机计划、试验计划等。

8）知识产权申报计划。

3. 立项批复

立项申请书一般由项目团队编制，按照企业内部相关立项审批流程完成审批。通常需要由项目总监、承研单位领导、项目管理部门领导会签，由预算管理委员会审批后纳入科研计划，并给定项目唯一指定的研发代码、项目令号。经过批复的立项申请书作为项目立项的依据，标志着项目工作的正式开始，项目开发所需要的研发预算正式得到授权。

4. 项目管理信息化

在互联网时代，通过线下审批、线下台账等管理项目的时代已过去，现代企业管理都离不开信息系统的支撑，汽车开发项目同样需要信息系统的加持。前面已经提到，项目立项的批复标志着一个项目的正式开始，那么维护相应的信息系统则是支持项目启动的必要条件。支持项目开发的信息系统主要包括：

1）ERP系统（资源管理系统）：用于费用报销等。

2）PM系统（项目管理系统）：用于研发项目计划、工作任务、交付、指标管理。

3）SRM系统（供应商关系管理系统）：用于科研采购管理。

4）样车样机样件管理系统：用于项目的实物资源管理。

5）试验管理系统：用于项目试验计划管理。

6）质量管理系统：用于产品研发过程中的质量管理。

2.3.2 项目启动

一个良好的项目启动会是一个项目成功的开始。项目启动会是项目团队召开的第一次会议，象征着项目的正式启动。项目启动会一般是在项目立项获得审批之后，并且在相关部门完成正式团队组建后召开。其主要目的是明确团队成员的角色和职责，对市场方案、技术路线、项目目标、项目计划、项目管理机制等达成共识，团队成员之间彼此认识。

项目启动会不同于项目过程中的会议，项目过程中的会议的主要目的是研讨决策和解决问题，而项目启动会更多是象征性的，是一个动员大会。项目的良好运行，往往来源于一个良好的开端。因此，开好项目启动会变得尤为重要，会前需要做好充分的准备，为项目团队留下一个良好的印象，激发团队热情。

1. 制定项目管理机制

无规矩不成方圆，在企业内部管理框架下，针对项目的特点，需要适应性地制定适合项目本身的项目管理机制。项目管理的机制主要包含以下几方面：

1）日常管理机制：包含项目的计划、任务管理机制，以及项目人员的协同办公机制等。

2）沟通管理机制：包含项目内部、外部干系人的沟通机制（详见第9章）。

3）风险管理机制：包含进度、质量、成本、资源等风险管控。

4）激励与约束机制：包含项目团队的绩效、工作交付质量的奖惩等（详见第5章）。

2. 项目启动会的会前准备

1）确定参会人员：邀请项目团队所有成员，与项目强相关但未包含在项目团队中的重要干系人，包含资源支持部门人员及分管业务的相关领导。

2）预约会议时间：确保所有参会人员提前预留时间参会，保证会议效果。

3）预定参会场地：根据参会人员的规模、时间，选择合适的场地。

4）共享会议材料：根据会议议程准备会议材料，包含但不限于项目背景资料、项目团队任命文件、项目目标、项目管理机制等，提前通过电子邮件正式发送参会人员。

5）调试会议场地设备：参会前需提前对会议设备进行调试，以确保项目启动会正常运行。

3. 召开启动会议

项目启动会要简短、精练、高效，要有仪式感，旨在让项目组成员、职能部门及相关方了解与掌握项目情况，重视和支持项目，激励大家投入到项目工作中去。会议的议程主要包含以下部分：

1）项目背景介绍。

2）项目团队任命文件宣读。

3）项目初步目标达成共识。

4）项目管理机制发布。

5）下一步工作计划安排。

6）项目总监/领导进行总结、动员。

4. 会后管理

项目启动会后，项目正式启动，应第一时间按照启动会相关要求发布项目管理机制，并通过集中办公、搭建沟通平台、发布下一步工作计划等，推动项目团队开展项目开发相关工作。具体工作如下：

1）按照项目管理机制，完善相关制度并发布。

2）搭建集中办公平台：设立集中办公点、建立项目专用文件夹等；

3）搭建沟通平台：发布团队联系方式、组建沟通群等；

4）向参会人员及其所在部门领导、项目干系人发布项目计划及下一步工作计划。

第 3 章
项目组织及团队建设

项目组织及团队建设包括依托企业组织架构和人力资源管理模式，组建项目团队、建设项目团队和管理项目团队的过程。项目团队由为完成项目而承担不同角色和职责的人员组成，项目团队成员具备不同的技能，可以是全职或兼职的，并随项目进入不同阶段增加和减少。本章主要讲述项目组织管理模式、项目团队过程管理、项目团队建设、项目绩效管理及项目团队激励。

3.1 项目组织管理模式

项目组织管理主要包含职能型、项目型及矩阵型（弱矩阵、平衡矩阵、强矩阵）三种模式。一个企业适合什么样的组织管理模式，与其项目的特征、企业所处的阶段密切相关。

3.1.1 职能型组织

职能型组织就是传统的按照专业分工形成的组织模式，将专业相近的人员整合在一起形成一个个职能部门，如采购部、质量部、研发部等，如图 3-1 所示。在职能型组织中，每位员工都有一位明确的上级，各部门成员之间的协调主要通过部门经理进行。即任务需要先由需求部门升级到本部门经理，再由本部门经理向对方的部门经理沟通协调，对方部门经理接受后再将任务下达至本部门的员工。

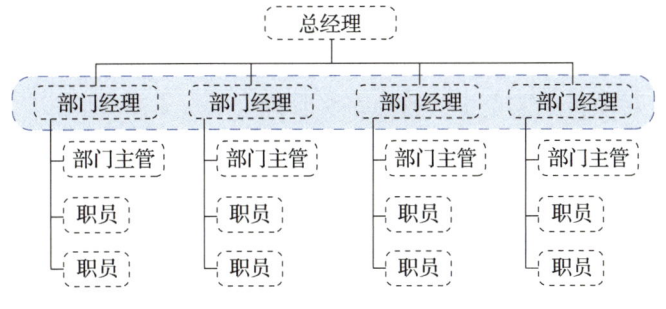

图 3-1 职能型组织

1）职能型组织的优点：
①利于技术积累。
②员工只有一个上司，汇报关系明确。
③职能部门作为承担项目的主体，利于项目资源保障及交付质量。
④员工在多个项目中共享，有效节省人力资源。

2）职能型组织的缺点：
①无明确的项目总监或项目负责人，各职能部门只对分配给自己的任务负责，而不是对项目最终结果负责。
②当客户利益和职能部门利益发生冲突时，职能部门会更关注本部门的利益而忽略客户的需求。

3.1.2 项目型组织

项目型组织如图 3-2 所示，它是以项目团队主体运行。项目总监拥有专有的项目资源，他对项目成员有管理权力，包括绩效评价、项目奖励等。在这种组织模式下，项目总监对项目有完全控制权，团队成员对项目的忠诚度高，这种模式可以有力地保障项目成功。

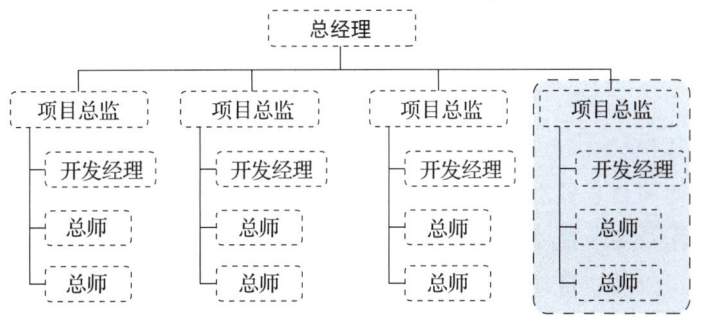

图 3-2 项目型组织

1）项目型组织的优点：
①目标单一，以项目为中心，决策效率高。
②项目成员对项目总监负责，避免多头管理。
③组织灵活性高，可根据项目的需求快速调整。
④及时响应客户要求，利于项目成功。
2）项目型组织的缺点：
①公共资源不能共享。
②更关注项目本身，不利于企业专业能力的提升。
③项目成员缺乏事业上的连续性和安全感。

3.1.3 矩阵型组织

矩阵型组织如图 3-3 所示，它是介于职能型与项目型之间的一种项目管理组织结构。在矩阵型项目组织结构中，项目总监来统筹协调项目资源，参加项目的人员由各职能部门推荐并在项目工作期间服从项目总监的安排，但人员的组织关系还在职能部门，是一种暂时的、半松散的组织形式。项目总监直接向公司领导汇报，项目团队成员之间的沟通也不需要通过职能部门领导。根据项目总监在项目中的权力，矩阵型分为弱矩阵、平衡矩阵、强矩阵。

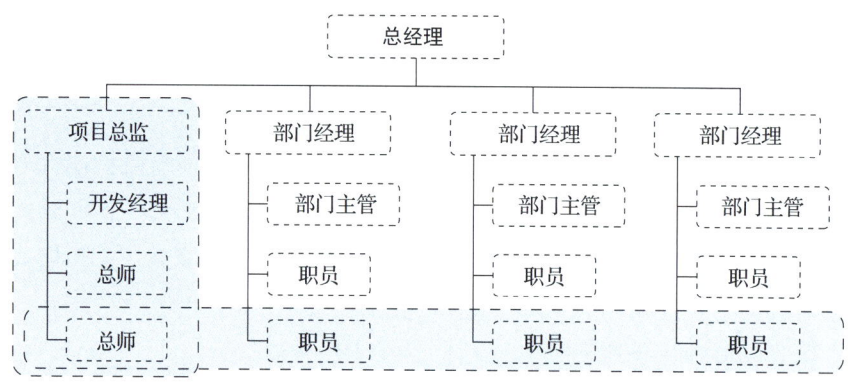

图 3-3 矩阵型组织

1）矩阵型组织的优点：
①有专职的项目总监对整个项目负责，能够快速解决项目问题。
②项目工作及专业技术积累均可兼顾。
③多项目可以共享资源，减少人员冗余。
④项目结束后，项目成员可以回到职能部门，减少顾虑。

2）矩阵型组织的缺点：

①项目成员面临多个领导，当项目总监与部门经理的命令发生冲突时，项目成员无所适从。

②项目总监与部门经理的权利不均衡，他们对各自成员的影响力不同，都会影响项目进度或职能部门的日常管理。

③项目总监只关注项目的成败，而不是以公司整体目标为努力方向。

根据上述项目组织管理模式的特点及优缺点，可以看出不同的组织模式，适用不同的企业。一般来说，职能型组织主要适用于产品品种比较单一、生产技术发展变化较慢、外部环境比较稳定的中小型企业；矩阵型组织是当下企业较多使用的组织结构，尤其是汽车企业，它可以满足企业竞争对效率的要求，所以适合组织结构规范、分工明确的公司或者跨部门的项目；项目型组织适用于比较大的项目，或进度、成本、质量等指标有严格要求的项目，如国家战略部署的军品项目，不适合人力资源匮乏或规模较小的企业。

3.2 项目团队过程管理

只有清晰的规则及合适的管理，才能将不同专业、不同性格的人凝聚在一起，共同完成项目任务。团队过程管理主要包含项目团队角色与职责、项目团队组建、项目团队运行三个方面。

3.2.1 项目团队角色与职责

1. 项目管理委员会组成与职责

为更好地管理所有项目，同时提升决策效率，企业会基于端到端的业务流，成立公司层面、事业部层面、产品线层面及项目层面的项目管理委员会，支撑项目过程开发。最顶层是公司项目管理委员会，其次是事业部项目管理委员会，再次是产品线项目管理委员会，最后是项目管理委员会，如图3-4所示。其构成及职责如下。

（1）公司项目管理委员会

委员会主任为公司总裁，委员为项目管理、策划、研发、采购、财务、质量、制造、销售等各领域分管副总裁。公司项目管理委员会主要负责产品及技术规划的批准，产品及重大技术的立项决策、重大投资决策，以及重大里程碑的决策。它对公司的市场、财务及经营成功负责。

（2）事业部项目管理委员会

委员会主任为产品品牌分管副总裁，委员为承研部门总经理、项目管理部门总经理及项目总监。事业部项目管理委员会主要负责该品牌下项目里程碑（除重大里程碑）的决策以及重大风险问题的决策。它对该品牌产品市场及业绩成功负责。

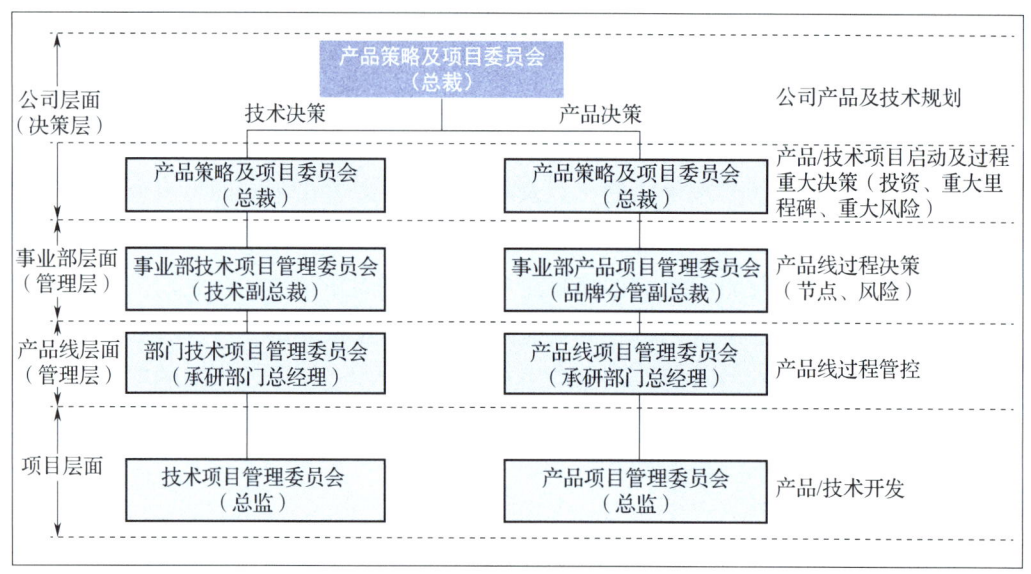

图 3-4　项目管理委员会

（3）产品线项目管理委员会

委员会主任为承研部门总经理，委员为项目管理部门总经理。产品线项目管理委员会主要负责产品线下所有项目进度监控、风险问题的协调解决以及里程碑评审。它对该产品线所有项目市场及财务成功负责。

（4）项目管理委员会

它主要负责项目具体的开发，以及进度、风险、资源等问题的协调及解决。

2. 项目团队组成及职责

为确保项目顺利推进，需成立项目团队，负责项目开发及过程管理。项目团队由项目总监、项目开发经理、项目制造经理、策划总师、造型总师、设计总师、智能化总师、动力总师、性能及试验总师、软件总师、采购总师、质量总师、财务总师、项目管理总师以及各业务副总师等组成，如图 3-5 所示。其中项目总监是项目的总负责人，对产品开发的进度、质量、成本全过程负责；开发经理是开发板块的负责人，负责零部件开发、性能集成、试验验证等业务的统筹与管理；总师是各板块的牵头人，负责本业务项目开发的所有工作的统筹管理，协助项目总监达成进度、质量、成本。其中，业务总师根据本业务的难度、工作量等，进一步下设副总师，负责该领域项目交付及问题解决，协助总师完成本业务所有交付。

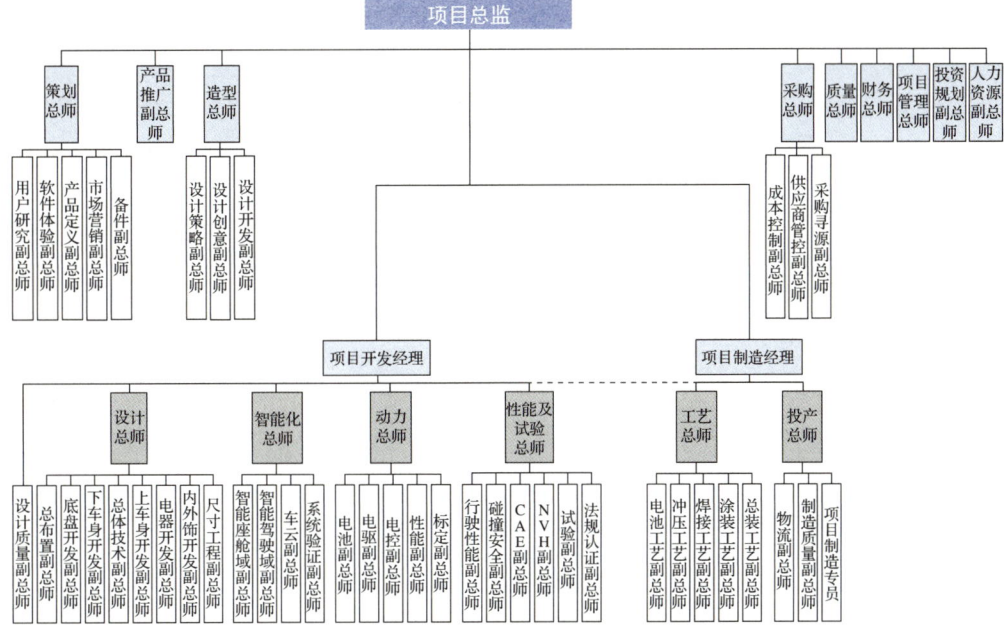

图 3-5 项目团队架构示例

项目角色的职能职责内容较多,每个企业也不完全相同,下面介绍部分角色具体职能职责,见表 3-1。

表 3-1 项目角色职能职责

项目角色	职能职责
项目总监	项目的总负责人,负责产品全生命周期、全价值链的管理,对产品开发的进度、质量、成本全过程负责,具体如下: 1)负责项目计划的统筹与管理 2)负责项目整车目标的平衡及分解 3)负责研发费用的统筹与管理 4)负责零部件定点定价的审批 5)负责项目团队日常管理及激励与考核 6)负责项目运行状态的监控,并向公司高层汇报 7)负责开发经理及总师绩效评价
项目开发经理	工程化开发业务牵头人,负责项目工程开发、性能开发、智能化开发、机车匹配业务领域的统筹与管理,协助项目总监对产品开发进度、设计质量、设计成本负责,具体如下: 1)负责工程开发板块计划及变更的统筹管理 2)负责工程开发板块目标的制定、平衡,供项目总监决策,并将其分解至各专业 3)负责工程开发板块技术路线、方案(整车级)的审核把关 4)负责工程开发板块平台、通用化、轻量化、新技术、新材料技术的应用 5)负责搭载的多个技术在产品项目中的应用 6)负责工程开发板块进度、质量、成本达成情况过程监控及风险管理 7)负责下设总师绩效评价

（续）

项目角色	职能职责
项目制造经理	项目制造业务牵头人，负责项目制造体系建设和项目制造过程控制，实现产品试制、爬坡上量的统筹与管理，对制造进度、制造质量等负责，具体如下： 1）负责新产品项目制造流程、标准、体系建设、管理及推广运用 2）负责新产品项目制造评价体系的制定与实施 3）负责新产品项目制造团队（非公司级）搭建及管理，明确团队成员与职责分工 4）负责新产品项目制造业务的时间与数据管理，以及日常运作统筹管控 5）负责新产品项目制造排产并按计划组织完成新品试生产交付 6）负责新产品项目制造过程中的重点、难点问题协调及解决 7）负责新产品项目制造板块节点审及推动问题整改 8）负责新产品项目制造进度、质量等达成情况过程监控及风险管理 9）负责下设总师绩效评价
项目管理总师	协助项目总监，统筹开展项目所有工作任务、指标、交付以及过程监控、风险预警与协调，负责开发范围、研发费用、业务计划、沟通机制等工作的统筹与管理，对项目风险暴露及推进解决的及时性和有效性负责，具体如下： 1）负责项目计划的编制及项目所有的变更（如计划、目标等）管理 2）负责项目开发费用的统筹与管理 3）负责各业务工作进度、交付、指标的跟踪检查、风险管理及跨部门协调 4）负责项目沟通平台的建立，确保问题和风险得到及时暴露与推动解决 5）负责项目交付及指标达成情况审查及评审组织
设计总师	负责总布置、底盘、车身、内外饰、电器系统、零部件开发的统筹与管控，对工程目标的实现、设计成本及设计质量负责，具体如下： 1）负责零部件技术方案完成情况的管控并组织评审 2）负责底盘、车身、内外饰、电器系统 2D/3D 图、DFEMA 等技术资料的审核 3）负责底盘、车身、内外饰、电器系统、成本等质量问题的解决及协调 4）负责组织各专业对市场方程式技术可行性进行分析（包含初步技术方案、成本、开发周期、费用、风险点、应对措施等） 5）负责零部件 2D、3D 数据发布情况的统计及检查 6）负责底盘、车身、内外饰、电器开发板块整体进度的督促、跟踪、检查，确保进度及质量满足项目要求 7）负责投产阶段技术板块卖点/亮点的梳理工作 8）负责下设副总师绩效评价
策划总师	产品策划业务牵头人，负责用户研究、产品定义、软件体验和市场方程式的统筹与管理，对产品效益及市场表现负责，具体如下： 1）负责产品系列全生命周期动作的统筹与管理 2）负责统筹系列产品生命周期目标达成统筹和管理 3）负责统筹产品定义及体验目标的制定 4）负责统筹产品系列市场方程式的制定 5）负责产品的定义目标达成与监控 6）负责产品全生命周期目标达成风险审视和管理 7）负责下设副总师绩效评价
采购总师	采购业务牵头人，负责零部件采购及质量管控的统筹与管理，对采购进度、零部件质量、及采购成本负责，具体如下： 1）负责采购板块计划及变更的统筹与管理 2）负责采购策略的制定及整车采购目标的制定并分解至各专业

(续)

项目角色	职能职责
采购总师	3）负责零部件的定点定价（含目标价）、样车样机、工装及国际采购的统筹管理，确保各项采购资源按时到位 4）负责新供应商引入的统筹管理及实施 5）负责采购板块进度、质量、采购成本达成情况过程监控及风险管理 6）负责下设副总师绩效评价
工艺总师	产品工艺牵头人，负责产品制造工艺（冲焊涂总）设计的统筹与管理，对工艺开发进度、制造质量、制造成本负责，具体如下： 1）负责工艺板块计划及变更的统筹与管理 2）负责工艺板块目标的制定并分解至各专业 3）负责制造方案可行性分析、工艺设计总体方案及精致工艺的审核把关 4）负责生产线工艺设计的统筹与管理 5）负责自制模具的统筹与管理以及辅料定额分析 6）负责工艺板块进度、质量、成本达成情况过程监控及风险管理 7）负责下设副总师绩效评价
质量总师	产品开发过程质量板块牵头人，负责开发全过程质量（设计质量、制造质量）的统筹与管理，协助总监对产品全过程质量管控，对产品交付质量负责，具体如下： 1）负责整车质量目标的策划、质量目标的确定及达成路径的制定 2）负责整车质量目标的分解以及过程达成情况监控 3）负责实物质量评审、试乘试驾评价、试销车评价 4）负责制造过程审核、法律法规一致性检查及初期流动管理实施 5）负责下设副总师绩效评价
财务总师	效益评估业务牵头人，负责开发过程中全成本监控以及产品效益评估，确保公司利润，对效益测算结果真实性、准确性负责，具体如下： 1）负责产品经济效益的统筹与管理，协助总监开展产品经济效益目标制定、分解及过程监控 2）负责及时评估各里程碑项目财务经济可行性，确保企业产品投资达到预期收益目标 3）负责提供全面的财务控制并协助团队达成成本目标

3.2.2 项目团队组建

1. 项目总监任命

项目总监是项目的总负责人，是项目团队中最重要的角色，一般由产品开发部门副总经理级以上人员担任，项目启动后，由人力部门进行选拔和任命。项目总监的选拔采用招聘的方式，一般通过资格审查、笔试、面试（述能）、组织考察、公司高层讨论、任前公示等进行层层筛选，最终确定项目总监人选。项目总监招聘条件与要求如下。

（1）基本资格条件

1）职级为高级经理及以上。职位聘任时，在符合任职条件的职级、职位上，一个评价周期内综合评价为良好及以上；优先从各单位综合排序前25%的人员中选拔。

2）原则上应具有两个高级经理职位的任职经历或在一个公司级重大项目担任项目高级经理的任职经历。要求其具备职位所需的知识技能、相关工作任职经历、业绩成果和领导力；优先从具有跨专业、跨业务领域任职经历的人员中选拔。

（2）知识技能、岗位能力、成功经验要求

1）知识技能：

①熟悉汽车产品结构和构造，熟悉汽车产品开发流程、运作模式、业务流程、项目管理体系等。

②熟悉产品成本和质量控制相关专业知识和工具方法。

③熟悉产品策划、采购、生产制造等基本业务。

④了解营销及品牌推广的基本知识，熟悉汽车产品市场信息和客户需求。

2）岗位能力：

①产品经营能力：具备较好的经营意识，能对产品开发的整体计划、进度、质量、风险、成本等目标设定进行整体把控，并对过程问题能做出有效判断决策，统筹和整合各种资源，促进产品开发有序地按计划推进落地。

②统筹协调能力：具备较强的跨部门、跨团队沟通协调能力，能够理解不同的业务需求，高效沟通，快速达成目标。

③项目管理能力：具有较强的项目管理能力，能够综合考虑多个专业的协同衔接，控制过程变化，强力推进。

④市场洞察力：能够深刻洞察和发掘客户需求，对产品市场表现具有敏锐的洞察力，并能快速反应和应对市场变化。

⑤成功经验：具有产品开发、项目管理等相关工作经验优先。

2. 项目开发经理任命

开发经理是技术板块的牵头人，负责进度、质量、成本之间的平衡以及开发问题的解决，所以由具有一定开发经验的人员担任。开发经理的选拔任命流程与项目总监基本相同，其招聘条件与要求如下。

（1）基本资格条件

1）职级为经理及以上。职位聘任时，在符合任职条件的职级、职位上，一个评价周期内综合评价为良好及以上；优先从各单位综合排序前25%的人员中选拔。

2）具备一年及以上营销一线岗位工作经历优先。

3）知识技能、岗位能力要求。

（2）知识技能

1）具备整车产品的相关知识和能力，如设计规范、生产工艺、性能开发、试验检测等。

2）熟悉公司经营情况、行业发展趋势及产品体系、国内外及行业标准及法律法规。

3）熟悉新产品开发流程体系。

4）熟悉产品开发岗位相关领域开发业务和流程，并具有较强的前瞻预见能力。

（3）岗位能力

1）洞察力和前瞻性思维能力：能够敏锐洞察本技术领域及市场、客户发展趋势，并能多角度、全方位的分析现状，对本技术领域未来发展具有较准确的把控和规划。

2）计划管理能力：能够制定清晰的目标，并能分解目标、及时纠偏、整合资源，保障计划目标达成。

3）风险管控能力：能及时准确识别、把控风险，并积极采取措施控制和规避风险。

3. 总师及副总师任命

项目总师是领域的牵头人，副总师是专业负责人，均负责项目具体交付物及指标的达成。项目启动后，项目管理总师组织各部门进行推荐，也可以进行招聘。项目管理总师根据推荐人员的职级、项目经历、目前承担的项目情况，对其工作能力及精力进行初评，向总监建议是否选用，最后由项目总监综合评估推荐人员的综合能力是否能支撑项目开发，最终确定总师及副总师，由项目管理部门以通知形式明确。总师及副总师招聘条件与要求如下。

（1）基本资格条件

1）总师职级为主任工程师/主任设计师及以上，副总师为资深工程师/资深设计师。要求其具备一定的开发经验。

2）总师具备2个及以上项目副总师的管理经验。

（2）知识技能、岗位能力要求

1）精通本专业业务，熟悉本业务设计规范、开发流程等。

2）具有牵头完成本专业全过程项目开发的能力，对本专业出现的相关问题进行分析、诊断和解决。

3）了解本专业行业发展趋势，能够为项目提供本专业前瞻性的客观的策略建议。

4）计划管理能力：基于项目总体计划，能够制定本专业清晰的目标并在内部分解，过程定期跟踪并及时纠偏，确保本业务计划按时达成。

5）风险管控能力：能及时准确识别、把控风险，并积极采取措施控制和规避风险。

4. 项目团队变更及解散

在项目开发过程中，因人员离职、岗位变动等不可抗因素导致的项目人员变更，由业务部门提出变更申请，项目总监进行评估并批准。同时针对项目成员能力不足或不履职，不能支撑项目正常开展，项目总监可向业务部门提出人员变更。

项目完成收尾或者项目终止后，项目团队即可解散。暂停或终止的项目，在完成资料归档、费用结算等相关工作后，经公司批准，由项目管理总师解散项目团队。

5. 项目人力资源模型

为促进项目人力资源的精益管理，企业根据产品开发流程，针对每项工作任务，结合历史项目人员投入，制定人力资源投入标准，项目组基于项目实际开发内容和范围，菜单式自主选择适用的模型，最终构成该项目人力模型，如图 3-6 所示。再通过预算编制、成本测算、人力实际投入核算三个步骤，完成项目人力成本的核算。通过人力资源模型，进一步强化项目团队的经营意识，同时管理者更清晰认识到人力投入“到哪里去了”以及“做了哪些工作”，指导企业资源精准投放。

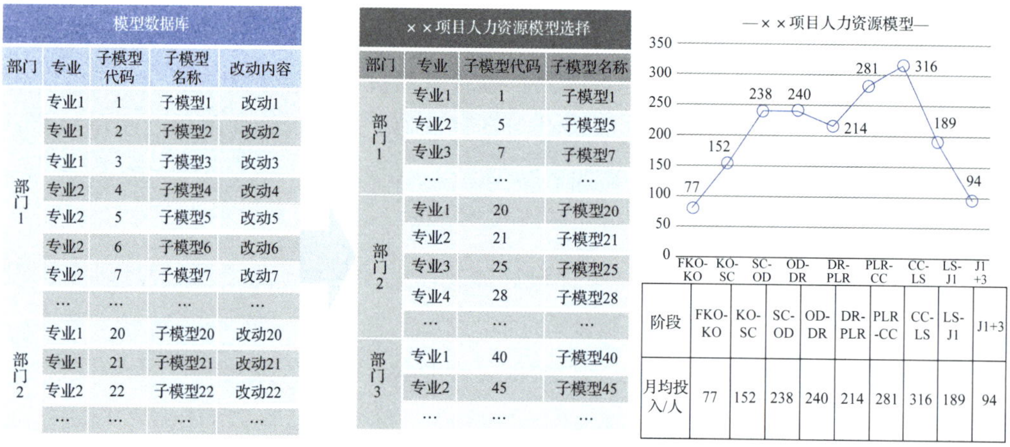

模型数据库

部门	专业	子模型代码	子模型名称	改动内容
部门1	专业1	1	子模型1	改动1
	专业1	2	子模型2	改动2
	专业1	3	子模型3	改动3
	专业2	4	子模型4	改动4
	专业2	5	子模型5	改动5
	专业2	6	子模型6	改动6
	专业2	7	子模型7	改动7
	…	…	…	…
部门2	专业1	20	子模型20	改动20
	专业1	21	子模型21	改动21
	专业2	22	子模型22	改动22
	…	…	…	…

× × 项目人力资源模型选择

部门	专业	子模型代码	子模型名称
部门1	专业1	1	子模型1
	专业2	5	子模型5
	专业3	7	子模型7
	…	…	…
部门2	专业1	20	子模型20
	专业2	21	子模型21
	专业3	25	子模型25
	专业4	28	子模型28
	…	…	…
部门3	专业1	40	子模型40
	专业2	45	子模型45
	…	…	…

阶段	FKO-KO	KO-SC	SC-OD	OD-DR	DR-PLR	PLR-CC	CC-LS	LS-J1	J1+3
月均投入/人	77	152	238	240	214	281	316	189	94

图 3-6 项目人力资源模型示意图

3.2.3 项目团队运行

1. 项目组与业务部门运行模式

汽车产品开发周期长，参与部门多，同时市场变化快，因此企业常采用矩阵式管理模式，如图 3-7 所示。

项目组与业务部门分工明确、各有侧重，其中项目组主要负责具体产品开发的相关工作，确保产品进度、质量、成本能够满足公司要求；业务部门主要负责能力建设与人员培养，向项目组提供合格的人员，并负责本业务技术方案的把关，确保为项目提供的是最佳方案，同时负责专业疑难技术问题的解决。

业务部门设置专职的 BP（Business Partner）经理，负责多项目重难点问题的推动与解决，向项目总监和业务总经理双线汇报，这样就形成了项目与业务部门的矩阵模式，如图 3-7 所示。同时项目总监对 BP 经理有部分绩效评价及激励权，即 BP 经理的绩效由项目总监和业务部门领导共同评价确定。

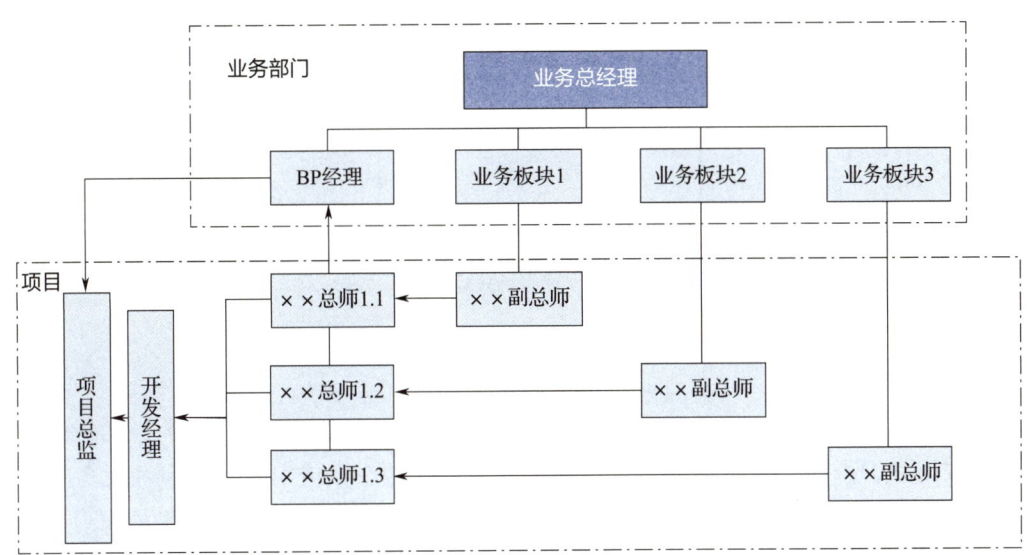

图 3-7 项目与业务部门的矩阵示例

2. 项目团队矩阵运行模式

项目与职能部门构成大的矩阵管理，项目组内部也有小的矩阵管理，如图 3-8 所示。以采购为例，采购总师拉动部门各处所资源，协助总监完成采购所有任务工作，向总监和 BP 经理双线汇报；副总师拉动处所内各个专业，协助总师完成相关工作，向职能领导及总师双线汇报。

3.2.4 项目相关方管理

项目相关方是项目是否成功的关键影响因素之一，他们可以对项目的进度、成本和质量产生直接或间接影响。项目相关方管理主要包含识别相关方、规划相关方参与、管理相关方参与、监督相关方参与共四方面内容。

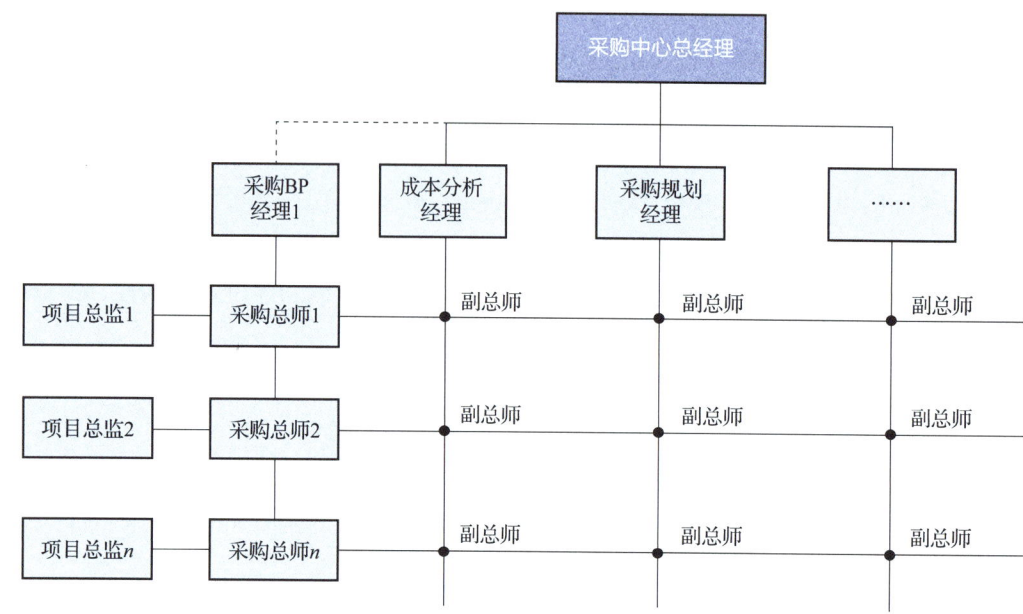

图 3-8 项目团队矩阵示例

1. 识别相关方

相关方是指受项目的积极或消极影响,或者能对项目施加积极或消极的影响的个人或组织,即对项目进度、成本、质量产生影响的个人或组织。识别相关方就是要将对项目有积极或消极影响的人梳理出来,包含但不限于项目发起人、客户、供应商、项目总监、各业务总经理、项目分管副总裁等。要利用权力利益方格、权力影响方格,或作用影响方格,对相关方进行分类。识别出相关方后,制定相关方登记册,用于对相关方进行清单式的记录,包括但不限于姓名、部门、职位、分管业务、职权、项目诉求等,详见表 3-2。同时根据相关人员调整或项目范围调整,不定期更新相关方清单。

表 3-2 相关方清单

序号	相关方	职权	态度	影响的阶段	项目需求	…
1	总裁(项目发起人)	项目启动/暂停/终止决策、重大投资决策	支持	全过程	按时交付、项目盈利、质量优于竞争对手	…
2	采购总经理	招标定点决策	支持	全过程	提前输入计划、减少变更	…
3	财务总经理	预算审批	支持	全过程	预算受控、项目盈利	…
…	…	…	…	…	…	…

2. 规划相关方参与

规划相关方参与是根据相关方的需求、期望、利益和对项目的潜在影响，制定与相关方互动的可行计划。下面以内部相关方沟通计划为例，在企业层面，通过产品策略及项目会、新品项目周例会、品牌运营会，及各业务领域专题会，与企业高层建立定期的沟通机制，确保重大风险及时得到高层的支持，同时确保项目结果是高层所期望的。企业高层沟通机制见表 3-3。

表 3-3 企业高层沟通机制

会议名称	参会人员	汇报内容	会议频次
产品策略及项目会	总裁、项目分管副总裁、业务分管副总裁、业务总经理、项目总监等	1. 项目进展、重大风险及资源需求汇报 2. 项目重大投资汇报 3. 项目重大里程碑评审/调整汇报 4. 项目重大目标及范围变更汇报 5. 项目启动/暂停/终止汇报 6. 上市价格汇报	1 次 /2 周
新品项目周例会	项目分管副总裁、业务副总经理、项目总监等	1. 项目进展、风险及资源需求汇报 2. 项目非重大里程碑评审/调整汇报 3. 项目非重大目标及范围变更汇报 4. 开发策略或技术方案审视汇报 5. 项目委外等研发费用需求汇	1 次 / 周
品牌运营会	营销分管副总裁、项目分管副总裁、项目总监、相关部门总经理等	1. 上市价格预汇报 2. 项目启动、暂停、终止预汇报	1 次 / 月
各业务领域专题会	业务分管副总裁、业务部门总经理、项目总监等	1. 业务进展、风险问题及资源需求汇报 2. 业务重大方案，策略选择等汇报	按需

在项目层面，制定各层级的沟通机制，确保项目工作顺利推进以及风险及时暴露。在行政层面，以部门领导为主，每周定期召开部门项目推进会，部门总经理、副总经理、专业处所经理参加，对部门承担的所有项目进度进行汇报，重点对存在的风险及问题进行协调解决。

企业内部相关方沟通内容呈"三角形"，即项目周例会、专业例会、部门项目推进会解决项目 85%~95% 的风险沟通问题，5%~15% 的风险会上升至公司层面。这样既可以确保项目问题高效解决，又能让相关方确认项目方向是否正确，确保相关方满意，尤其是公司高层，保障项目良性发展。

3. 管理相关方参与及监督相关方参与

管理相关方就是执行与相关方的沟通机制，这个过程一般由项目管理总师或项目管理部门负责。例如与企业高层的会议，由项目管理部门负责按期组织，同时当相关方有冲突时，可以一起召开会议，项目总监与相关方面对面沟通交流，争取相关方的支持，并尽可能消除相关方的顾虑。

监督相关方参与就是监督项目相关方关系，通过修订参与计划引导相关方合理参与项目。针对相关方提出的问题要进行闭环管理，如督办、KTM等，可通过邮件、微信等方式定期反馈，沟通频次、形式可根据相关方对项目的影响度制定不同的策略。

3.3 项目团队建设

项目团队成员来自各个部门，项目成立初期，大家相互不熟悉，性格也不尽相同，对于项目任务及目标分解分歧较大，项目绩效通常表现不太好。这就需要项目管理者做好项目团队建设工作，从而提升项目绩效，主要有以下几个方法。

1. 明确项目角色及职能职责

在前文中已经提到了项目已有明确的项目团队架构及职能职责，但在实际执行过程中，会涉及很多细枝末节的工作，经常会存在职责不清、相互推诿的现象。项目角色职责不清晰的本质是部门职责不清晰，这个时候一般是由项目管理总师协调解决；当问题不能解决时，上升矛盾，由人力部门协调并调整部门职能职责。

2. 明确团队日常管理要求

无规矩不能成方圆，团队成员日常管理是项目成功的保障。日常管理要求通常由项目管理总师制定、总监批准，包含会议纪律、督办完成情况考评、考评标准、风险问题上升要求、项目交付诚信要求及安全保密要求等。项目成员的日常表现按照管理要求由专人记录，结果应用在绩效评价中。

3. 鼓励横向沟通

在项目开展过程中，鼓励各个专业先横向协调，尤其是各业务总师要最大化发挥横向沟通的作用，当沟通无果时，可上升至总监进行协调，问题上升前，必须明确具体的分歧点、各专业的意见等。同时项目例会上一般协调整个项目组共同的事项，对于两个人之间的事情，尽量会下协商，不占用大多数成员的时间和精力。

4. 给予员工鼓励和支持

团队成员都希望被鼓励，尤其是做一件事情，可能会因为一些挫折而感到沮丧、气馁，这个时候就需要项目总监及时给予鼓励，耐心聆听员工倾诉。如果是行政部门与项目的冲突，导致员工左右为难，项目总监应主动与行政领导沟通，肯定员工工作，明确其面临的问题与难处，并帮其解决问题。

5. 项目管理能力赋能

项目团队成员来自于专业部门，主要负责本专业工作的统筹与管理。他们对专业知识比较熟悉，对于项目管理理论及相关的工具了解较少，此时需要对项目成员进行项目管理赋能，使整个团队能够运用统一的语言、思维和方法去管理其所负责的专业板块，同时也进一步提升团队成员的使命感及价值感。

6. 适时营造团队氛围

一个项目的开发时间长达 2~4 年，在此期间项目成员也会遇到重重困难，团队士气会有一定的波动，适时地营造团队氛围尤为重要。团队氛围的营造方法有很多种，一般分为两类：一是定期开展一些活动，如聚餐、娱乐性的团建活动等；二是不定期的茶话会、谈心谈话等。定期活动一般是项目取得重大成果交付时，例如项目通过某一里程碑，或者成功交付某项重大事项等情况下开展的，其频次需要根据项目规模和项目周期综合分析和规划。不定期的活动可按需开展，但不宜过多，例如团队之间协调不好时，选择一个适当的机会大家坐一起"聊一聊"，让大家发表自己的观点和看法，进行思想碰撞。

3.4 项目绩效管理

项目绩效管理是项目组织与人力资源管理的重要组成部分，也是项目管理的重要内容。项目绩效管理以项目目标为导向，在团队成员之间就目标及实现路径达成共识，进而形成利益与责任共同体，推动和激励成员实现预先设定的绩效，并实现项目目标的过程。

3.4.1 项目绩效挂钩与评价

就整车开发而言，其具有高复杂度、高协同度、高集成度的特征。为促进项目目标达成，规范项目里程碑过程评价与管理，通常情况下由项目管理部门牵头设置项目里程碑关键绩效目标，并根据项目优先级按照战略任务和经营目标实施绩效目标考核。本节重点介绍基于项目关键绩效目标达成，对项目开发强相关业务部门实施绩效考核评价的方式。

1. 业务部门绩效挂钩方式

基于公司战略，项目管理部门审视纳入公司战略管理的项目，将开发目标同步纳入相关业务部门年度战略任务。如企业存在多品牌项目，则基于项目优先级排序，选取各品牌排序靠前的项目进行绩效挂钩，详见表3-4。

表3-4 业务部门年度战略任务

序号	年度目标	权重	细分指标	计算单位
1	规划目标达成率			
2	材料成本占比目标达成率			
3	销量目标达成率			
4	质量目标达成率			
5	项目里程碑通过率			
6	…			

其余影响公司销量、经营利润以及中长期产品目标实现的项目，则选取重要项目里程碑纳入相关业务部门年度经营目标，实施绩效挂钩。项目里程碑目标按照当年度项目开发进度，在项目立项、批准、投产三个关键里程碑中进行选择。

2. 绩效评价方式

项目管理部门牵头确定业务部门绩效挂钩的项目里程碑目标及目标定义与考核标准，报送公司绩效管理机构审核后进行下发与运用，结合绩效评价周期（半年/年度）实施目标考评。评价标准结合项目进度、效益和质量进行制定。

1）里程碑按时通过公司级评审：按进度、效益、质量细分权重进行评价，通过计算加权后的完成率对承接绩效指标业务部门进行评价。

2）调整里程碑：主要指在里程碑到期前，完成调整相关手续的项目里程碑目标。由项目总监进行主次责任判定，明确主要责任单位（不超过三个）及次要责任单位，并给予主次责单位差异化评价。例如，主要责任单位完成率按50%计算得分，次要责任单位完成率按90%计算得分。

3）里程碑到期未通过（延期）：主要指里程碑到期未通过，对里程碑目标进行延期调整。由项目总监进行主次责任判定，明确主要责任单位（不超过三个）及次要责任单位，并给予主次责单位差异化评价。例如，里程碑延迟一个月以上，主要责任单位该条指标不得分，次要责任单位完成率按50%计算得分。

3.4.2 项目协同评价

绩效评价周期一般为半年和年度，为确保项目在过程开发中业务部门的持续关注，而设计项目协同评价。项目协同评价关注过程的同时，以结果为导向，以工作响应速度、工作任务达成、工作价值创造为评价标准，每月由项目组对支持业务部门开展评价，促进协同水平提升，达成项目开发目标。项目协同评价是业务部门绩效评价的一种补充，协同评价结果在绩效评价时按相应规则进行应用。

1. 评价对象与评价主体

1）评价对象：整车产品开发强相关业务部门，如产品开发、性能开发、采购、质量、产品策划、制造等。

2）评价主体：项目管理部门、各产品开发项目组。

2. 评价标准

协同评价包含两个维度，即项目月度运营结果评价与项目开发过程协同评价，权重各为50%。

1）项目月度运营结果评价：针对项目阶段处于预研启动至投产后3个月期间的项目，项目总监根据项目指标、交付物、任务、风险问题完成情况对相关部门给出排序意见。

2）项目开发过程协同评价：由项目总监对业务协同部门月度配合响应情况进行评价，从体验、质量、交付、价值、风险五个维度开展部门间评价，给出排序意见和对应维度的典型事件说明。部门协同评价表示例见表3-5，其中满分100分，任务到期未完成实施扣分，最终分值为负时，按0分评价。

表3-5 部门协同评价表

序号	被评价部门	排序	项目开发过程协同评价（占比50%）		产品月度运营结果评价（占比50%）	
			总监评价	典型事件说明（基于当月项目推进过程中问题说明）	结果评价	典型事件说明（基于项目月度推进状态评价中风险项说明）
1	研发部门	1	1	积极开展整车性能目标及达成路径制定工作，牵头梳理舆情问题及规避促使，审视验证体系等	1	工作正常推进，暂无风险
2	采购部门	2	2	积极推动专用件定点，定点率按期达成100%，支撑零部件按期开发和节点指标达成等	2	工作正常推进，暂无风险
…	…	…	…	…	…	…

3. 结果运用

根据协同评价结果，评定红黑榜部门，并在半年/年度绩效评价时应用到部门组织绩效中，红榜给予加分，黑榜给予扣分。

3.4.3 项目人员绩效管理

项目人员绩效管理应坚持以结果为导向，从关注结果到关注过程，通过过程管理的改善，确保持续达成结果。其主要包括绩效目标设定、绩效评价、绩效面谈及改进等内容。

1. 绩效目标设定

项目团队承载着落实企业战略的重要责任，一般而言，项目团队绩效指标要考虑项目的开发目标、项目成员角色职能与岗位职责等因素。项目人员绩效考评指标围绕项目进度、质量、成本、销量、技术先进性等关键要素展开，通过层层分解，形成具体可执行、可评价的任务，细分为更为具体的业绩衡量指标，体现不同角色对项目总体目标达成的支撑性。汽车行业常用的绩效考评指标设计方法主要有关键绩效指标（Key Performance Indicators，KPI）、目标和关键结果法（Objectives and Key Results，OKR）等。

2. 绩效考评

（1）考评维度

员工绩效主要从业绩和能力两方面进行考评。业绩考评主要对项目成员绩效目标以及业绩的达成情况实施评价；能力考评主要对达成业绩过程中，项目成员所展现出的能力、态度实施评价。员工绩效考评维度见表3-6。其中业绩通常以半年为周期实施评价，能力通常以年度为周期实施评价，业绩和能力档次分别设置A档（优秀）、B档（良好）、C档（合格）、D档（不合格）、E档（不胜任岗位）五个等级。

表 3-6 员工绩效考评维度

项目	业绩考评	能力考评
考评内容	1. 绩效目标完成情况 2. 从体验、质量、价值、交付、风险等方面开展评价，引导员工在关注结果的同时兼顾过程	1. 结合任职资格、岗位标准开展评价 2. 按照企业发展与文化，开展负面行为考核（文化践行、应对突发事件等）
结果应用	薪酬兑现、职业发展	

（2）考评方式

随着团队向开放性、灵活化和虚拟型发展，团队间协作加强，团队运作方式也多种多样。为提升项目总监对参与项目开发人员的影响力和业绩评价权，基于不同的团队运作方式，绩效考评方式也存在差异。

1）强矩阵式项目：在考评周期内，项目总监针对工作量主要投放人员实施绩效评价。由项目组对被评价人员在同类型人员中进行业绩拉通排序，业务部门结合项目组排序与部门内部排序测算员工绩效综合得分，项目组与业务部门的排序分值权重占比为 7 ∶ 3（权重占比结合各企业实际情况设定）。业务部门根据员工绩效综合得分初评员工绩效档次，并将评价结果反馈至项目组，与项目组达成一致意见。对于项目组排名靠前的高绩效人员，员工所属行政部门不得给予低绩效。

2）项目型项目：项目团队成员比较固定，且基本为专职化人员。其绩效由项目总监结合项目角色、业绩等维度直接评定。

3. 绩效结果反馈与面谈

绩效结果反馈与面谈在项目绩效管理中具有着非常重要的意义。考核评价结束后，项目型项目参评人员，由项目领导对考评人员进行绩效面谈；强矩阵式项目参评人员，由考评人员所属业务部门主管对考评人员实施绩效面谈。面谈内容包含考核结果、达成目标过程中的关键行为展现、绩效改进建议等。通过创造一种开诚布公的交流环境和氛围，对员工的绩效考评结果予以反馈，深度有效地帮助员工更好地了解自己的优劣势，促进员工绩效持续改进。

4. 考评结果应用

项目员工绩效评估能否成功实施的一个关键因素在于绩效考评的结果如何运用。评价的结果通常用于人岗匹配、薪酬兑现、职业发展等。

（1）人岗匹配

基于"岗得其人"和"人适其岗"原则，结合绩效评价结果，开展人岗匹配审视。对绩差人员通过提醒谈话、辅导提升、补差培训等方式，帮助员工及时做出调整，弥补员工短板和不足，以适应岗位要求。如果绩效评价的结果体现出某些员工无法胜任现有的工作岗位，就需要查明原因并果断地进行岗位调整，甚至淘汰。

（2）薪酬兑现

这是绩效考评结果最主要的一种用途。对于低绩效员工，降低其绩效工资，促进其尽快改善业绩；对于绩优员工，则给予更高的绩效工资，激励其创造更大价值。不同的绩效评价结果对应不同的绩效工资额度或系数，并与员工的年终奖励、递延奖金、股权激励等挂钩。

（3）职业发展

员工绩效评价结果是员工职业发展的重要依据。根据绩效评价结果，员工可以在职业通道中得到晋升，或者是受到降职、岗位调整等处理。

3.5　项目团队激励

激励是通过满足个体的特定需求，促使个体付出高水平努力以实现组织目标的重要管理工具。对项目成员的激励将形成"指挥棒"的效果，通过激励措施来刺激项目成员，借助相应的行为规范来激发员工的行为动机，形成内在驱动力，令成员积极投身于组织目标实现的过程之中，并引导和保持项目成员的行为，达成组织目标，营造更为进取的文化氛围。

1. 物质激励

物质激励是最直接的一种激励方式。其方式有多种，如节点奖励、专利奖励、年终奖励和其他福利等。另外，建立合理的薪酬体系也非常重要，应体现多劳多得、赏罚分明的原则。

2. 项目跟投

项目跟投是指对企业所拥有的项目，项目成员以自有资金与所在企业共同投资项目，实现风险共担、利益共享的一种中长期激励方式。参与跟投的员工根据出资额度和所占比例获取收益或承担有限责任。企业基于项目不同阶段设置考核指标，阶段审视目标达成情况。考察目标设置为项目关键里程碑、效益、效率等指标，不同阶段目标维度与指标不同。达成目标则返还员工本金、给予激励，未达成目标则不予返还本金、无激励。项目跟投可以将员工与项目紧密捆绑，聚焦项目实现，实现企业与员工在具体项目上的风险和收益共担，提升项目成功概率。

3. 无形激励

（1）目标激励

目标是项目组的行动指南，对项目成员具有引发、导向和激励的作用，可进一步激发斗志、内驱力。目标的设置要适当，目标过高或过低都不利于项目达成更好的绩效。

（2）成长激励

通过项目开发的历练，项目成员可以进一步发展技术专业水平、管理能力，从而获得职业晋升机会，进一步规划职业目标，并通过考核进入更高的职位领域，获得更大的成长空间。

（3）荣誉激励

人人都有自我肯定、争取荣誉的需要。及时肯定项目成员的做法、成绩并给予必要的精神奖励，从而让员工感到自豪、受重视，是使员工持续保持活力和积极性的好方法。不论采取什么物质激励方式,首先要做的是肯定和表扬,因为肯定和表扬本身不需要成本,而效果却很大。

(4)信任激励

信任是项目团队强大的精神力量,它有助于项目组的同频共振、团队精神和凝聚力的形成。信任可以缩小项目成员与项目管理者之间的距离,使项目成员充分发挥主观能动性,使项目推进获得强大的原动力。

第 4 章
项目范围管理

项目范围管理是指对项目及其相关工作的边界进行明确，并进行监控和控制、变更管理等一系列活动，确保项目做且只做所需的全部工作。整车开发项目最大的范围管理主要围绕项目设计任务书（质量、成本、进度、市场方程式等）的编制、发布、执行、监控、变更等开展，其中整车配置是整车设计任务书的重要组成部分。部分企业也通过蓝皮书（营销可行性）、红皮书（技术可行性）、绿皮书（商务可行性）来进行项目的范围管理。

4.1 概述

4.1.1 项目范围

项目范围指对项目所设定的最终产品和可交付成果，以及为实现该产品和可交付成果所需各项具体工作的简明描述。项目范围的确定为成功实现项目目标明确了方向，可有效地控制具体项目。恰当的项目范围划定对于项目成功十分重要，项目的相关方必须在项目将产生什么样的产品达成共识，同时须在如何开发这些产品的过程路径上再一次形成共识。

在项目实际开展的环境中，范围这一术语有两种含义，一种是项目范围，另一种是产品范围。

1）项目范围：在有限时间周期内，且在一定环境和资源限制下，为交付具有规定特性和功能的最终产品和可交付成果而必须完成的工作。

2）产品范围：客户对最终产品和服务所期望包含的特征和功能的总和。

4.1.2 项目范围管理

项目范围管理是对项目所要完成的工作范围进行管理和控制的过程和活动。简单理解，项目范围管理也就是对项目应该包括什么和不应该包括什么进行相应的定义和控制。项目范围管理包括用以保证项目能按要求的范围完成所涉及的所有过程，即规划项目的范围、定义项目的范围、项目范围的确认、范围的变更控制管理等。

众所周知，项目的范围对质量、成本和进度这三个维度在一个项目中是相互影响、相互制约的，但往往是由于范围影响了进度和成本或质量。项目一开始确定的范围小，那么它需要完成的时间以及耗费的成本必然也小，反之亦然。很多项目在开始时都会粗略地确定项目的范围、时间或进度以及成本，然而在项目进行到一定阶段之后往往会变得让人感觉到不知道项目什么时候才能真正结束，以及要使项目结束到底还需要投入多少人力和物力，整个项目就好像一个无底洞，对项目的最后结束谁的心里也没有底。对于公司的管理层来说，最不希望看到这种情况出现。造成这样的结果就是由于没有控制和管理好项目的范围，可见项目的三个约束条件中最主要还是项目范围的影响。

既然项目范围管理如此重要，那么应该怎样才能管理好项目的范围呢？答案就是必须做好项目范围管理过程中的每一步。

（1）规划项目范围

一个项目得以批准启动，会初步给项目确定一个交付目标、限定开发周期、最大资源投入，以及投入运营后的质量和效益假设。

（2）定义项目范围（PBS&WBS）

基于项目范围的设定，进一步形成各种文档和产品细分结构，这些文档中包括用以衡量一个项目或项目阶段是否已经顺利完成的标准等，以及各专业按职责分工同步完成产品细分结构开发，最终实现产品集成。对象分解结构（Project Breakdown Structure，PBS）可以明确定义到底交付什么，整车产品开发常用到的是产品配置组合和 BOM 表。PBS 确定后，项目管理者应关注的问题是如何实现，因而需要对工作任务进行系统规划和分解，建立工作分解结构（Work Breakdown Structure，WBS）。WBS 的建立对项目来说意义非常重大，它使得原来看起来非常笼统、非常模糊的项目目标一下子清晰起来，使得项目管理有依据，项目团队的工作目标清楚明了，每下降一层代表对项目工作有更详细的定义。

（3）确认项目范围

先自上而下进行项目目标分解，再自下而上进行目标达成路径和目标兼容性评估，最终在项目团队成员间达成高度共识，并将项目目标提交获得批准。

（4）范围控制与变更管理

在项目开发过程中建立时间数据管理机制，对项目范围进行监控，确保项目不偏离原定的目标和范围，对有项目范围的变更实施管理，及时进行纠偏或变更管理，以避免对项目的进度、成本和质量造成不利影响。其主要的过程输出是范围变更、纠正行动与教训总结。

综上所述，通过项目范围管理可以帮助项目管理人员有效地规划和管理项目，防止项目开发出现偏差的情况，提高项目管理效率和成功率。通过明确项目的范围、目标和可交付成果，可以更好地控制项目进度、成本和风险，从而提高项目的成功率。

4.1.3 整车项目范围主要内容

整车产品开发是以用户需求为牵引，结合市场竞争环境、法律法规要求等因素来组织产品开发工作，其本质就是既要基于质量、成本约束开发出满足甚至超越客户预期的品质及功能特性要求的产品，又要保证该产品能在复杂的市场竞争中立于不败之地，同时还要满足支撑企业可持续发展需要的经济效益要求。从这个本质上来看，整车项目范围管理在规划项目范围、定义项目范围、确认项目范围、范围控制与变更四大过程所采用的工具方法、流程制度与传统意义上项目范围管理就必然会存在一定的差异。这个差异不仅体现在项目范围这个层面，更重要的是过程管理的好坏，将直接决定开发出来的整车产品能否支撑企业的产品战略、满足用户需求、实现企业的商业诉求。

基于整车产品开发流程，整车产品开发项目从前期的企业战略拆解、用户需求收集，到具体的产品定义、可行性论证，再到中期详细的技术方案设计、验证，以及后期的产品试制、投产管理、营销推广等，都是一个渐进明晰的过程。其过程的复杂性和系统性都极具挑战，从而对企业的项目范围管理的体系能力也提出了很高的要求，因此针对如此复杂的一个过程，需要通过系统性的管理方法以及工具作为载体进行管理，如项目开发级别、PBS、WBS、蓝皮书（市场可行性分析）、红皮书（技术可行性分析）、绿皮书（商务可行性分析）、里程碑交付清单、里程碑指标、设计任务书、专业目标书等。

用项目开发级别来标定产品要实现的开发范围大小，进而通过PBS（主要是指产品的配置组合以及 BOM 表）使整车产品范围更加具象化。再进一步应用 WBS 的方法，结合整车开发流程的裁剪，对项目的工作范围进行分解，指导我们应该做什么、交付什么、重点关注什么，如图 4-1 所示。

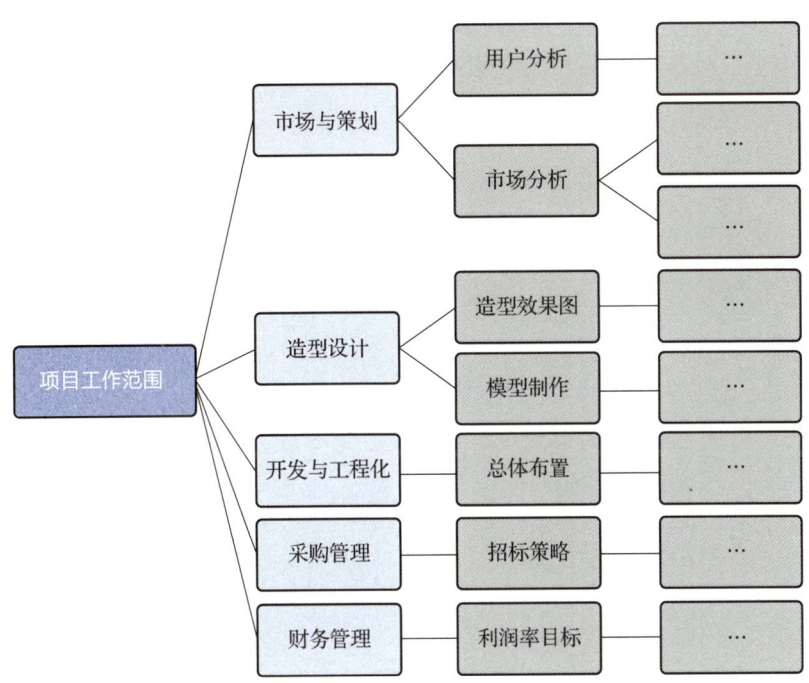

图 4-1 运用 WBS 界定项目的工作范围

任务最终是需要通过一系列的目标来进行验收，项目目标通过论证可行性到彼此可兼容，再到收敛和可量化，以及分解可跟踪的全过程闭环管理，保证各专业在长周期的开发工作中目标一致、目标兼容、目标清晰可量化。汽车产品项目结构化采用蓝皮书、红皮书和绿皮书，作为目标收敛的工具。

（1）蓝皮书

蓝皮书即市场可行性分析。它从产品基本假设、参与的市场、市场分析、竞争分析、目标用户、产品开发定位与策略等九大维度共 51 个方面对客户需求和产品市场假设进行定义及目标设定，同时从产品营销推广的维度，对产品命名、推广宣传策略、售后服务策略等多个方面进行策划及目标设定，如图 4-2 所示。

（2）红皮书

红皮书即技术可行性分析。它是基于市场需求所做的系统性技术论证，从几何目标与相容性、产品属性目标、系统选型、质量、对标分析等维度的多个方面对技术路线进行系统的可行性分析论证及指标设定，如图 4-3 所示。

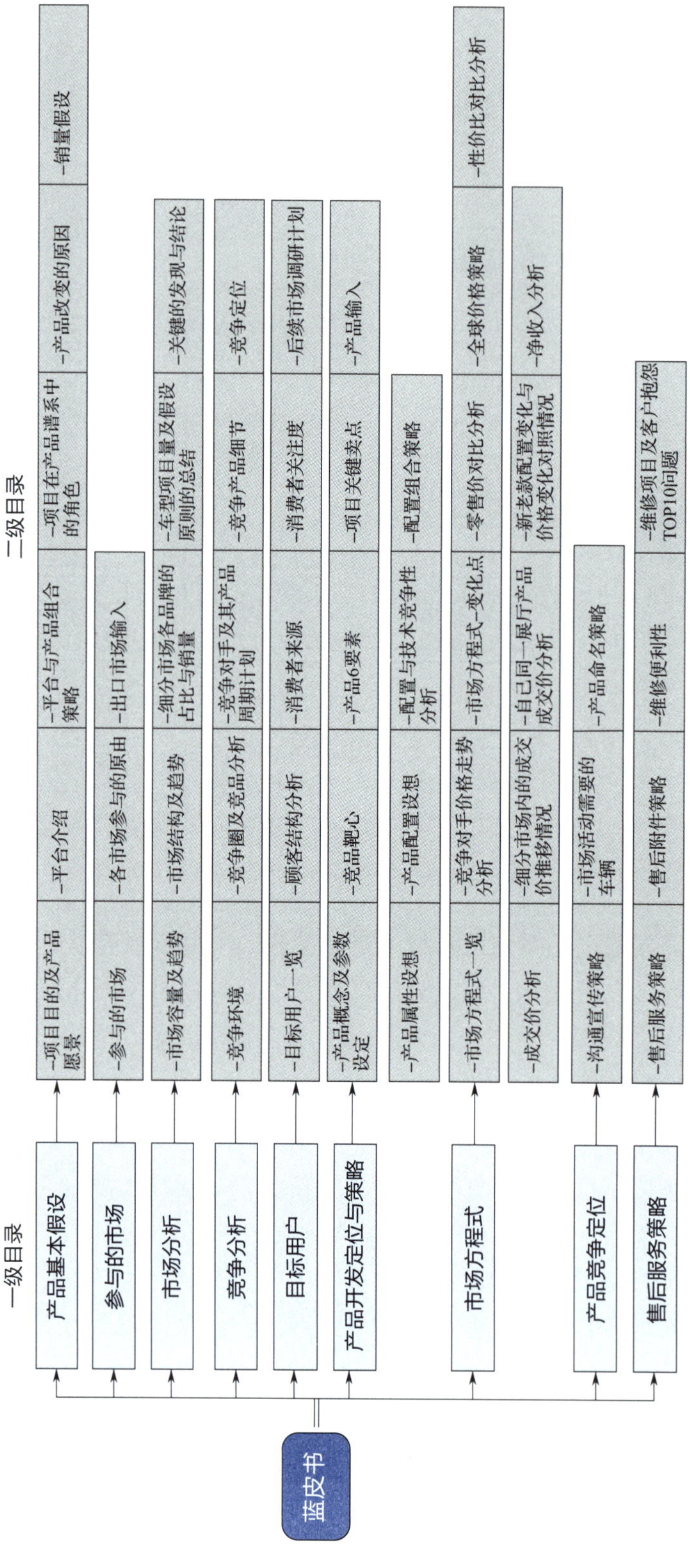

汽车整车开发项目管理及实践

蓝皮书目录结构

一级目录 → **二级目录**

产品基本假设
- 项目目的及产品愿景
  - 项目在产品谱系中的角色
  - 产品改变的原因
  - 销量假设
- 平台与产品组合策略
  - 平台介绍

参与的市场
- 参与的市场
  - 各市场参与的原由
  - 出口市场输入

市场分析
- 市场容量及趋势
  - 市场结构及趋势
  - 细分市场各品牌的占比与销量
  - 关键的发现与结论

竞争分析
- 竞争环境
  - 竞争圈及竞品分析
  - 竞争对手及其产品周期计划
  - 竞争产品细节
  - 竞争定位

目标用户
- 目标用户一览
  - 顾客结构分析
  - 消费者来源
  - 消费者关注点
  - 后续市场调研计划

产品开发定位与策略
- 产品概念及参数设定
  - 竞品靶心
  - 产品6要素
  - 项目关键卖点
  - 产品输入
- 产品属性设想
  - 产品配置设想
  - 配置组合策略

市场方程式
- 市场方程式一览
  - 竞争对手价格走势分析
  - 市场方程式-变化点
  - 零售价对比分析
- 成交价分析
  - 细分市场内的成交价推移情况
  - 自己同一展厅产品成交价分析
  - 新老款配置变化与价格变化对照情况
  - 全球价格策略
  - 净收入分析

产品竞争定位
- 沟通宣传策略
  - 市场活动需要的车辆
  - 产品命名策略
  - 性价比对比分析

售后服务策略
- 售后服务策略
  - 售后附件策略
  - 维修便利性
  - 维修项目及客户抱怨TOP10问题

↑ 蓝皮书

图4-2 蓝皮书示意图

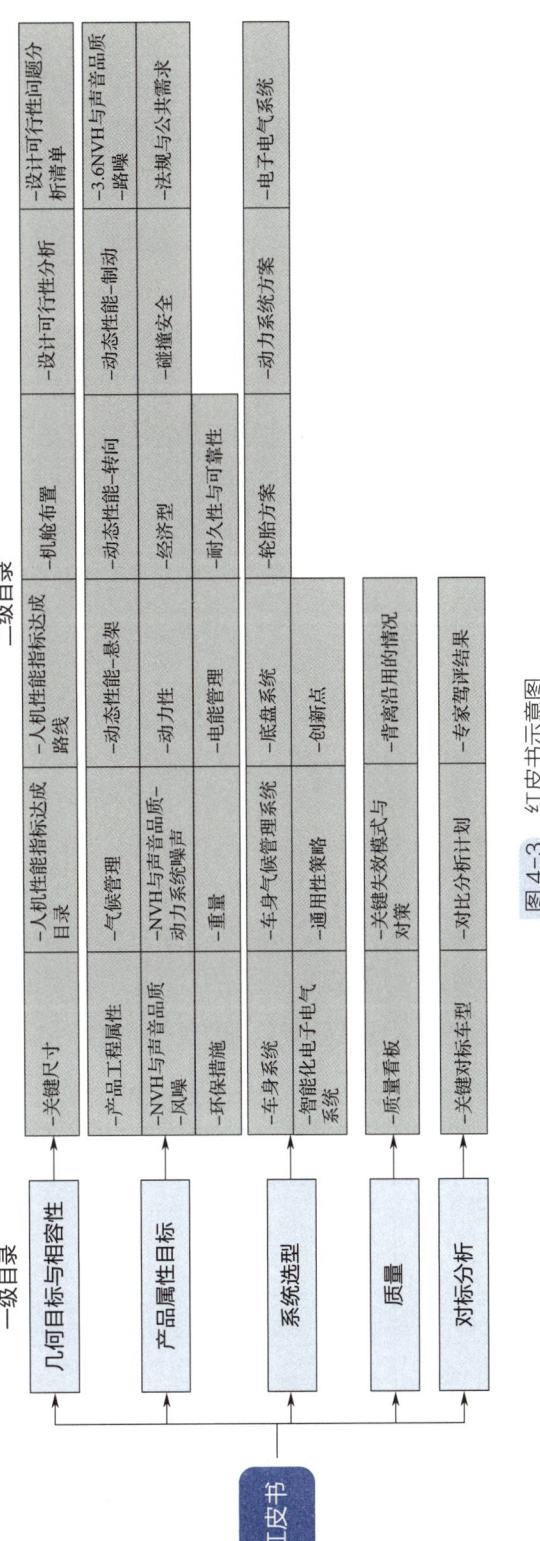

图 4-3 红皮书示意图

(3) 绿皮书

绿皮书即商务可行性分析。它是基于项目整体情况，对项目基本假设、创新点、产品策略、财务分析、选点策略、制造策略、项目管理等多方面进行的兼容性假设，如图4-4所示。

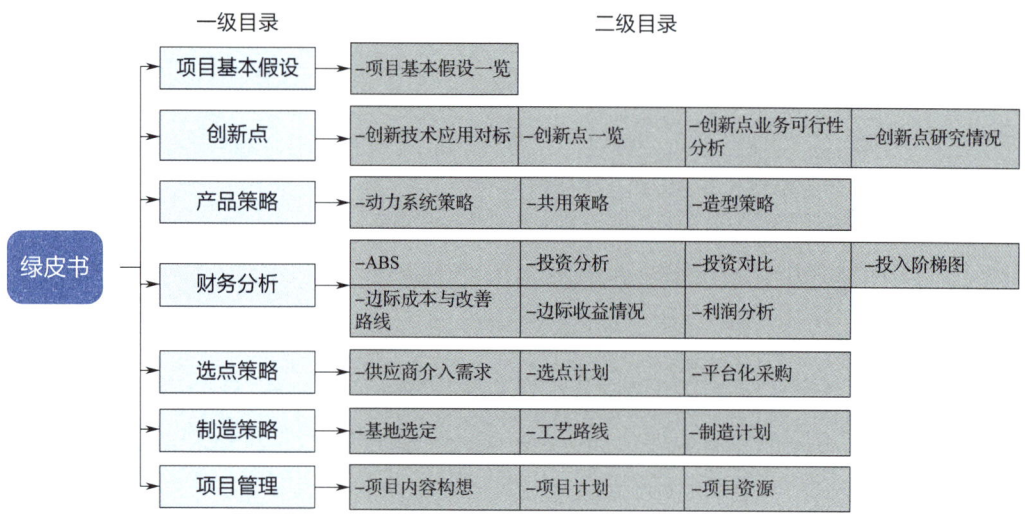

图 4-4　绿皮书示意图

通过以上市场、技术、商务等方面的可行性分析，可以得出最终项目验收时需要考核的指标项和指标值，很多车企都是以项目设计任务书为载体，将这些指标明显纳入，审批发布后进行监控管理。它主要是对项目任务来源、产品型号、功能属性、质量、成本效益、进度、资源等进行收敛、明确。它既可指导项目团队进行产品开发，也可作为项目监控和验收的管理依据，主要内容见表4-1。

表 4-1　设计任务书主要内容

领域	目标要素	领域	目标要素	领域	目标要素
市场	产品定位	价值	税前利润率	交付	生产基地
	产品使命		投产日材料成本占比		基础平台
	产品序列		材料成本		动力选型
	细分市场		上市年边利率		平台关键参数
	目标用户群		项目投资		平台化率
	竞品（1+2+1）		研发投资		价值通用化率
	EATP		固定资产投资		平台价值变动率
	LACU 产品定义		固定市场投资		L/A 工程属性
	售价（主力款）		变动市场投资		C/U 工程属性
	周期销量		项目现金流		0—100km/h 加速时间

（续）

领域	目标要素	领域	目标要素	领域	目标要素
市场	市占率	价值	盈亏平衡保本量	交付	100km/h 初速制动距离
	年均销量		价值通用化率		油耗
	上市一周年销量	质量	R/1000@3MIS		碰撞安全
	进度（J1/VS）		CPU@3MIS		整备质量
			TGW/1000		整车气味等级

专业目标书是基于设计任务书，系统性开展项目目标的分解，并建立质量、成本、效益、进度、资源、属性领域专项载体进行管理，支撑项目目标的达成。其内容包括进度计划、质量目标书、研发投入目标书、性能目标书、重量目标书、效益目标书、市场方程式等。

4.2 整车产品项目范围管理

中国自主品牌车企通过多年的产品开发实践，已将产品项目范围管理完全融入到整车产品开发流程中。范围管理的主要过程包括规划项目范围、定义项目范围、确认项目范围、范围控制与变更管理，与项目的方案策划、概念开发、工程设计、样车试验、投产上市各阶段有机结合起来，在各里程碑过程管理和阶段验收时，顺理成章地完成了项目范围管理。以下是某车企在产品开发中进行范围管理的实践过程。

4.2.1 规划项目范围

规划范围在 FKO~KO 里程碑期间，整车范围管理的规划过程主要包括以下几个步骤：

1）结合市场需求，确定项目初步目标、开发范围、交付要求、时间进度等。

2）基于项目定义，初步确定项目范围，也就是围绕项目范围必须开展的主要业务活动。

3）基于项目时间进度、质量、成本约束边界和项目范围，开展项目所需的资源盘点分析，主要包括人、财、物等。

通过先期产品研究，目标市场和人群已基本锁定，要开发一个什么样的整车产品已经得到了不断收敛，可以通过 FKO 里程碑得以立项，同时为项目初步设定了产品范围，也基本确定了该产品的开发级别（详见本书第1章）。项目开发级别仅能体现项目开发范围的大小和难度的高低，为了让项目团队每一个成员对找到自己对应的产品开发内容，还需要采用 PBS 方法，将整车产品往下拆分成配置组合，见表 4-2，以及形成最终的产品 BOM 表，见表 4-3，从而支撑工程师们开展零部件级的开发任务。

表 4-2 整车项目配置组合（示例）

\<td colspan="6"\>×× 车型配置表						
\<td colspan="2"\>配置级别		××× 标准版	××× 两驱版	××× 四驱高性能版	××× 四驱大成版
\<td colspan="2"\>MSRP（万元）		—	—	—	—
基本参数	续航	CLTC 续驶里程 /km	550	650	600	600
		NEDC 续驶里程 /km	—	—	—	—
	性能	0—100km/h 加速时间 /s	≤ 7.9	< 7	< 5	< 5
	电池	电池类型	磷酸铁锂电池	三元锂电池	三元锂电池	三元锂电池
		电量 kW·h	70.54	89.98	89.98	89.98
	电机	电机最大功率 /kW	160	230	420	420
		前电机功率 /kW	—	—	190	190
		后电机功率 /kW	160	230	230	230
	充电	慢充时间 /h	13	16	16	16
		快充时间（电量从 30%~80%）/min	≤ 25	≤ 15	≤ 15	≤ 15
	车轮	轮胎尺寸	255/55 R20	255/55 R20	255/55 R20	265/45 R21
		轮胎品牌	—	—	—	某品牌
	基础功能（C2L 小域控）	全速自适应巡航（ACC）	—	—	●	●
		智能巡航限速（CSL）	—	—	●	●
		车道对中 (LCC)	—	—	●	●
		驾驶员触发换道（UDLC）	—	—	●	●
		单车道交通拥堵辅助（TJA）	—	—	●	●

表 4-3 整车项目 BOM 表示例

No	模块			中文名称	装配层次	供货状态	进厂状态	目标质量 /kg	设计质量 /kg
	大模块	中模块	小模块						
1	新能源系统	动力电池系统	动力电池总成	动力电池总成	01	*	供货到总装车间		
2	新能源系统	动力电池系统	动力电池总成	动力电池总成	01	*	供货到总装车间	530	524

（续）

No	模块			中文名称	装配层次	供货状态	进厂状态	目标质量/kg	设计质量/kg
	大模块	中模块	小模块						
3	新能源系统	动力电池系统	动力电池总成	动力电池总成	01	*	供货到总装车间	534	508
4	新能源系统	动力电池系统	动力电池总成	六角法兰面螺栓组合	01	*	供货到总装车间		
5	新能源系统	动力电池系统	动力电池总成	六角法兰面螺栓组合	01	*	供货到总装车间		
6	新能源系统	动力电池系统	动力电池总成	六角法兰面螺栓组合	01	*	供货到总装车间		
7	新能源系统	电驱动系统	电机系统	电驱动系统总成Ⅰ	01	*	供货到总装车间	103	100
8	新能源系统	电驱动系统	电机系统	电驱动系统总成Ⅱ	01	*	供货到总装车间	85	86
9	新能源系统	电驱动系统	电机系统	电感总成	01	*	供货到总装车间	11	9
10	新能源系统	电驱动系统	电机系统	六角法兰面螺栓	01	*	供货到总装车间	0.01	0.01
11	…	…	…	…	…	…	…	…	…

同时，整车产品开发流程已将WBS分解进行结构化，形成具象化的任务和交付物及指标，详见本书第1章内容。

4.2.2 定义项目范围

定义项目范围在KO~PTC里程碑之间。在整车产品开发流程中，KO里程碑前已完成了项目范围规划，随着项目不断推进，产品定义和造型模型也进一步在收敛。项目团队成员分别根据红/蓝/绿皮里的内容（共计21个维度、132个方面），开展项目的市场、技术和商务的可行性分析。有效的项目需求分析是产品开发范围的重要支撑，也是项目范围管理的重要基础，这是项目可交付产品是否能满足客户需求、赢得市场竞争、支撑公司商业诉求的关键和核心。具体包括以下工作事项。

（1）收集需求

在进行项目需求分析之前，首先需要收集需求信息。基于红/蓝/绿皮书架构，通过与客户沟通、调查问卷、市场调研等方式获取项目需求。在收集需求信息的过程中，应保持开放的心态，尽可能收集全面、详细的信息。

（2）识别需求

收集到需求信息后，对需求进行识别，找出项目的关键需求。识别需求的过程中，应关注需求的实际性、可行性、明确性和一致性，确保其能够满足项目的实际需求。

（3）分析需求

对识别出的需求进行分析，了解需求之间的关系和优先级。可以通过需求分解、关联分析、风险评估等方法对需求进行深入分析。分析需求的过程中，应关注需求的可实现性、影响范围、紧迫性等因素，确保项目能够高效地满足需求。

（4）优先排序

在分析需求的基础上，需要对需求进行优先排序。通过权衡需求的重要性、紧迫性、实现难度等因素，确定需求的优先级。优先排序有助于合理分配资源，确保项目按照重要性和紧迫性有序推进。

（5）编写红/蓝/绿皮书

根据需求分析和优先排序的结果，编写红/蓝/绿皮书，其中应包括需求的描述、优先级、验收标准等信息。编写红/蓝/绿皮书的过程中，应保证文档的清晰、准确、完整，便于团队成员理解和执行。

（6）确认需求

在编写红/蓝/绿皮书之后，需要与客户确认需求。通过与客户和用户沟通，确保红/蓝/绿皮书能够准确地反映项目的需求。确认需求的过程中，应关注需求的一致性、可行性和完整性，确保项目能够满足客户的期望。

特别需要关注的是，红/蓝/绿皮书编写完成后，需要组织项目团队对其进行详细评审，确保项目范围的准确性，以及技术实现可行性、项目目标之间的兼容性等，尤其是质量、成本及进度三者之间的平衡性。

在范围定义的过程中，项目管理团队要根据红/蓝/绿皮书，将整个项目分解成可管理的工作包，对于每个工作包，项目管理团队要明确可交付成果的目标和详细说明。PTC里程碑评审通过后，15个工作日内完成红/蓝/绿皮书中项目功能属性、质量、成本效益、进度、资源等目标的整理，将总体目标在纵向、横向或时序上分解到各层次、各部门乃至具体人，形成目标体系的过程。目标分解是明确目标责任的前提，使得总体目标得以实现。

同时从E（体验）、Q（质量）、V（价值）、D（交付）几个维度将项目目标形成条目化、量化的项目目标，此时红/蓝/绿皮书将正式转化为项目设计任务书（示例见表4-4），并予以审批、发布，作为项目范围及项目目标管理的主要依据，以支撑后续高效的范围管理。

表 4-4 整车项目设计任务书示例

领域	目标要素	目标定义	目标示例	分级	业务单元
市场假设	产品定位	车型在车企战略中的地位和作用	15万~19万元中型SUV产品	一级	市场与策划
	产品使命	车型需要达成的使命和目标	焕新产品,提升销量	二级	市场与策划
	产品序列	车型在整个产品组合中的位置	UNI序列	二级	市场与策划
	细分市场	所属外部市场的级别	紧凑型SUV市场	二级	市场与策划
	目标用户群	所属核心目标用户群	现代乐活族	二级	市场与策划
	竞品(1+2+1)	竞争圈的核心竞品1+主要竞品2+合资竞品1	GS4+H6、大狗+CR-V	二级	市场与策划
	EATP	可视化价格比	11%	二级	市场与策划
	LACU产品定义	产品的功能属性在竞争圈中的竞争力所处的水平 L:显著超越所有竞品 A:数一数二,且不低于核心竞品 C:平均水平 U:低于平均水平	L:外观、智能化 A:动力、舒适性	二级	市场与策划
	售价(主力款)	产品的预算标准价	16.38万元	一级	市场与策划
	周期销量	产品生命周期的销量总和	30万辆	一级	市场与策划
	市占率	产品在所属市场的销售占比	5%	二级	市场与策划
	年均销量	产品生命周期的年度平均销量	10万辆/年	二级	市场与策划
	上市一周年销量	产品上市一周年的销量目标	10万辆	二级	市场与策划
	进度(J1/VS)	项目量产签署时间	2021年12月31日	一级	项目管理
效益	税前利润率	—	3%	一级	财务管理
	投产日材料成本占比	—	70%	二级	财务管理
	材料成本	—	79548元	二级	财务管理
	上市年边利率	—	10%	二级	财务管理
	项目投资	—	8000万元	二级	财务管理

4.2.3 确认项目范围

确认项目范围在 PA 里程碑。通过 PTC 里程碑并发布项目设计任务书后，还需要以设计任务书为基础，将项目范围及项目目标进行再次分解并细化至更小单元。同理，分解过程中也须不断审视目标实现的可行性及目标之间的兼容性，自下而上充分论证项目整车级、系统级和零部件级的目标。这个过程既是目标分解的过程，也是确认各级最终目标的过程，在 PA 里程碑评审时完成项目设计任务书中各目标值的批准，同时形成专业目标书。专业目标书包括市场方程式/市场方案、VPP（整车开发计划）、质量目标书、效益目标书、性能目标书等，如图 4-5 所示。

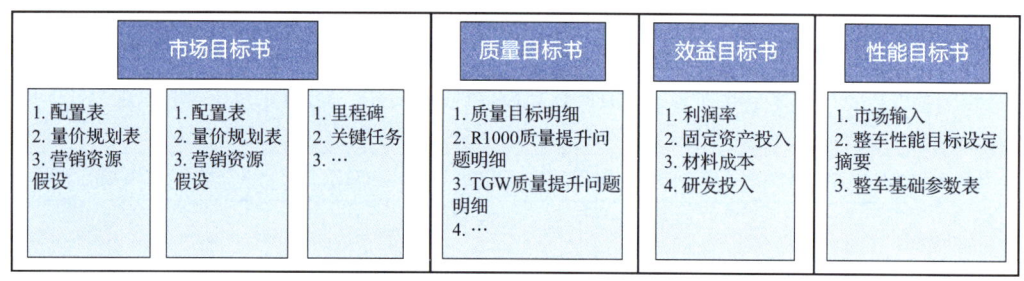

图 4-5 整车产品开发专业目标书

4.2.4 范围控制与变更管理

范围控制与变更管理在 PA~CC 里程碑。范围控制是确保项目可交付成果经过验证，并被相关方接受。在范围控制的过程中，项目管理团队将准备好的可交付成果提交给相关方进行评价，以确保其符合相关方的期望和要求。项目范围的控制分为阶段性控制和验收，其中阶段性控制是在项目过程里程碑中对项目目标的阶段目标进行监控，不仅可以监控项目范围计划，还可以不断审视项目范围的偏差，并及时纠偏；验收就是项目最终交付，即整车上市或项目验收时，对项目的项目目标和产品目标进行评价，同时检查相关项目范围相关交付要求。项目范围控制具有一定的严肃性，项目相关方在对项目范围进行验收时，在每个阶段中，有必要说明最重要的目标，但没必要过分强调所涉及的细节。项目相关方在进行范围验收时，一般需要检查如下内容：

1）可交付成果是否可确认或者可核实。
2）每个交付成果是否有明确的里程碑，里程碑是否明确可辨别。
3）是否有明确的验收标准。
4）项目范围是否覆盖了项目需要完成的产品或服务进行的所有活动。

5）项目范围的风险发生概率，管理层是否能够降低可预见性的风险对项目的影响。

为了确保项目范围一直处于受控状态，就需要将项目范围控制纳入项目日常时间数据管理和里程碑评审中。因此，范围控制是项目管理日常工作中投入工时最多的工作之一。其结构化程度高、项目目标数据化，比较容易实现系统在线管理，在减少项目管理工时投入的同时，还能提升范围控制的及时性。以某车企为例，已经在自研的项目管理在线系统中，集成了项目设计任务书目标监控、里程碑交付物和指标的过程管理，实现了整车产品开发项目范围的全过程管理监控，如图4-6所示。

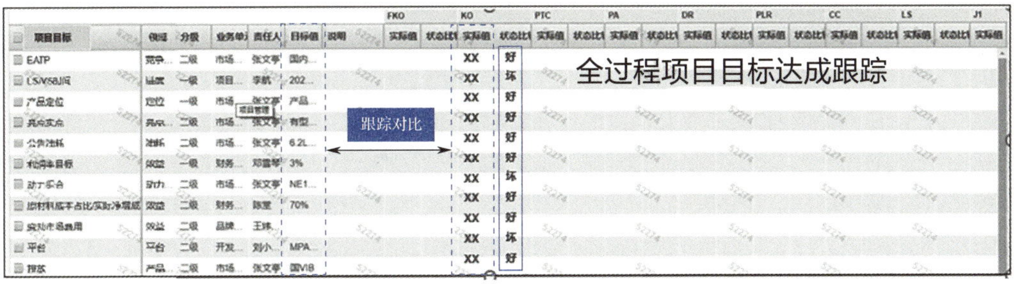

图4-6 某车企项目目标过程在线监控

再好的计划也不可能做到一成不变，因此项目范围变更是不可避免的。例如在整车产品开发过程中，由于市场方案、技术方案、产品效益等必定会导致项目范围或项目目标变更，需要及时对有关项目范围的变更实施管理，输出范围变更、纠正行动与教训总结。关键问题是如何对变更进行有效的控制，做好变更必须有一套规范的变更管理过程，在发生变更时遵循规范的变更程序来管理变更。

通常对于发生的变更，需要识别是否在既定的项目范围之内，如果是在项目范围之内，那么就需要评估变更所造成的影响，以及制定如何应对的措施，受影响的各方都应该清楚明了自己所受的影响；如果变更是在项目范围之外，那么就需要审视是否增加费用，还是放弃变更，并到对应决策层级完成批准。因此，项目所在的组织（企业）必须在其项目管理体系中制定一套严格、高效、实用的变更程序，如图4-7所示。

项目范围的变更应按如下步骤有序开展。

（1）提出变更申请

项目设计任务书发布后需变更的，由目标要素责任人发起变更申请，变更申请须明确变更的目标要素、变更原因、变更前内容、变更后内容及变更影响的业务。并且要清晰展示变更源、变更点及变更影响，为后续审核、评审、决策提供数据支撑。

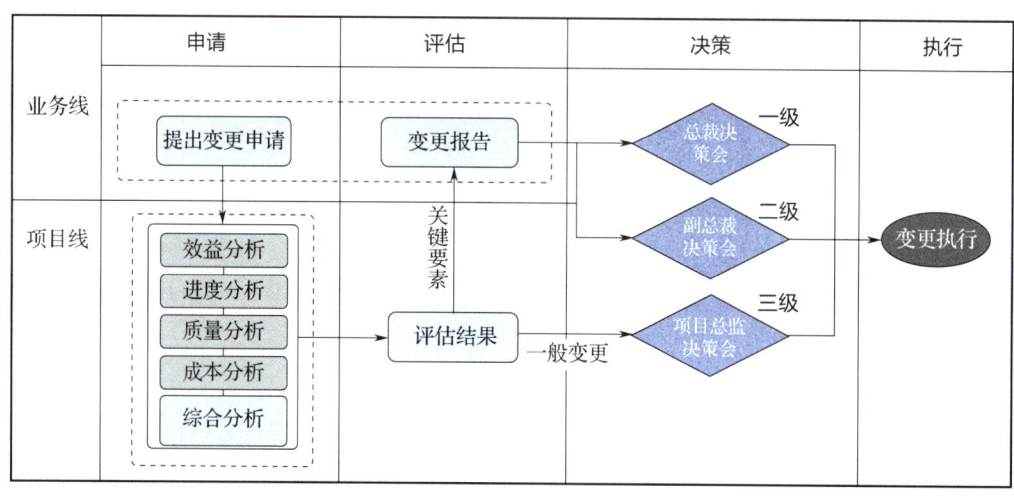

图 4-7 范围变更管理流程

(2) 变更确认

目标要素变更申请发起后，由各自对应业务领导或项目总监对变更申请完成审核，审核内容见表 4-5。

表 4-5 整车项目范围审核内容

审核者	审核内容	判定标准
业务领导/项目领导	审核变更的目标要素、变更原因、变更前内容、变更后内容及变更影响的业务	1. 变更的目标要素是否准确 2. 目标要素变更前后的内容是否准确 3. 目标要素变更影响的业务是否评估全面

(3) 变更评估

由项目管理人员负责牵头，根据变更的目标要素，组织所有目标要素责任人评估是否对各自负责的目标要素有影响。如果有影响，则明确影响的目标要素，并评估对该目标要素影响的内容。

(4) 变更评审

由项目管理人员负责根据目标要素的评估结论，组织项目组及业务领导进行评审会议。各审核人员对所有需变更的目标要素进行逐一讨论，明确变更结论及变更层级，并出具评审纪要。最后，项目总监根据评审结论确认修订目标要素变更结果。

(5) 变更决策

修订目标要素变更结果确认后，根据变更目标要素的层级提交对应层级进行决策批准。

(6）执行变更

根据最终决策的变更，及时更新设计任务书，在项目组范围内发布。同时，受影响的专业及时更新相关专业目标书，并在项目组范围内发布。

在实际的项目范围管理中，这个阶段是最难以控制的，因为随着市场的发展及用户需求的变化，即使在通过 PA 里程碑之后还是会不停地新增、不停地变化。为了使项目范围受控，必须严格遵照设计任务书中的一级、二级目标去识别每一次的需求变更会不会导致目标的改变，并按照范围变更流程严格进行变更以及记录，见表 4-6。

表 4-6　整车项目范围变更登记表

序号	变更原因	变更范围	所处里程碑	应对举措	变更批准层级	获批时间
1	技术能力提升，百公里电耗下降	调减电池包电量	PA		总裁级	
2	由于市场的快速变动，项目的开发范围已不能适应市场	产品定位、年销量、LACU 目标、动力组合	DR	结合最新市场需求对项目的开发计划进行审视	副总裁级	
…	…	…	…	…	…	…

Chapter Five

第 5 章
项目进度及控制

项目进度管理是指在项目实施过程中,对各阶段的进展情况和项目最终完成的时间期限所进行的管理。项目进度管理包括两大部分的内容,即项目进度计划的制定和项目进度过程监控与变更管理,通过规范新产品开发项目进度计划的编制、发布、监控、分析、变更等过程管理,确保项目进度管理的有效性。整车项目进度管理主要通过编制项目同步图,确认各专业之间工作开展的同步关系和时间计划;通过 KTM 管控和里程碑评审,对各业务单元指标、交付物及工作任务完成情况进行监控,并做好变更管理,保证项目按时交付。项目进度管理简单来说也就是制定计划、执行计划、监控计划的过程。

5.1 项目进度计划制定

项目进度计划是指为各个相互关联的活动标注计划日期、持续时间、里程碑和所需资源等系列图表,它包含项目任务名称、具体描述、起止时间、使用资源、交付及交付标准等一系列要素。制定项目进度计划是项目管理至关重要的一步,因为它可以帮助项目管理团队在项目周期内控制时间、掌握进度,以确保项目顺利完成。进度计划的主要作用如下:

1)确定项目目标和里程碑。项目进度计划可以帮助团队明确项目目标和计划中的关键里程碑,细化各业务单元的工作任务,明确各业务单元之间的工作同步关系,知晓任务完成时间的顺序和依赖关系。

2）优化资源分配。项目进度计划可以帮助团队识别和优化资源分配，确保每个任务都有合适的资源分配，从而在项目周期内达成目标。

3）识别项目风险。项目计划是整个团队共同讨论出来的结果，在讨论过程当中，能识别出相关的风险，对风险有更深的认识，进而采取相关的措施，更好地去满足目标，提高项目成功的概率。

4）促进项目团队沟通。在计划过程中，团队间需要经过多次深入讨论，详细地分析风险，上下游充分沟通，达成共识，形成分层分级的项目计划，确保项目计划顺利推进。

5）监督和控制项目进展。项目计划是项目得以运作和展开的基础，是规定项目发展轨迹的重要指示性文件，帮助团队明确任务和时间的要求。进而团队能更好地规划和分配资源，及时发现和解决问题，清晰地反映产品状态信息。

在整车产品开发项目中，涉及的业务领域较广，包括市场研究、造型设计、开发与工程化、工艺及制造、采购及供应等多个业务板块，且开发周期较长。一个全新的产品，从预研到上市可能要3~5年的时间，如果没有进度计划来明确里程碑、同步关系、业务工作，没有渐进明晰的计划管理模式，很有可能出现项目延期乃至失控、产品缺乏市场竞争力、交付质量不理想、频繁的变更、成员协同困难等现象，导致项目难以成功。

5.1.1 进度计划制定步骤及要求

项目进度计划包括项目的目标、任务、时间表等，必须以项目开发范围为基础，针对开发内容要求，有针对性地安排项目活动。完成项目进度计划的编制，关键有以下几个步骤：

1）确定项目目标和范围。在产品项目中，首先基于市场需求、技术现状及规划、资源约束及开发要求，初步明确项目目标及范围。确定关键交付指标及交付物，以及关键里程碑时间点。

2）分解工作任务包。对工作任务进行具体描述，分解、定义并列出清单，将任务逐级分解，确定各项活动的基本时间。调整活动时间与顺序，以满足交付期限，并注意风险时间的储备。

3）输出进度计划表。细化各业务单元的工作任务，明确输入输出关系及进度要求，确定各项目活动所需要的时间、人力、物力，明确业务之间的逻辑关系，并落实到具体项目角色。

4）项目计划的确认。与各项任务责任单位、责任人及相关方进行确认，有争议的地方要共同协商调整达成一致，并通过项目负责人审批。审批后的项目计划才能作为进度管理的基线。

项目的特殊性决定了项目中必然包含种种相互关联的任务和不可预知的风险，因此计划的完善是一项贯穿于整个项目开发周期的持续改进过程，确保项目计划的合理性、完整性、层次性。具体要求如下：

1）合理性。进度计划要与成本、质量等目标相协调，充分考虑客观条件和风险预计，确保项目目标的实现。要充分审视进度计划是否符合市场需求，技术难度及解决情况是否支撑，各阶段、步骤、任务的时间安排是否合理，关键物料的到货时间是否影响计划，以及是否符合流程等。

2）完整性。项目计划必须包含配置版本及所有特性的计划，要包含项目全流程的计划。例如产品开发项目进度计划里，要包含硬件开发、软件开发、性能测试、试验验证、供应商采购、生产制造、质量验证、产品交付等，同时要包含产品营销计划（如产品说明书等资料准备、营销推广宣传、销售渠道准备、操作指导培训等）。

3）层次性。编制进度计划前要进行详细的项目结构分析，根据产品的特点，系统地剖析整个项目结构构成，包括实施过程和细节，系统规则地分解项目。要将项目分解到相对独立的、内容单一的、易于成本核算与检查的项目活动。项目计划的制定是由上往下制定、由下往上修改的过程，在制定每一层计划时都要充分考虑上下层计划的约束关系，与关联部门充分沟通和协调，确保各层次进度计划之间配合关系明确清晰。

5.1.2 进度计划制定工具及方法

项目进度计划有不同的表现形式，可根据使用环境的需要或组织的习惯进行选择，总体可以分为同步图计划、列表计划、网络图计划、甘特图计划。根据计划的形式，制作的工具主要有 Project、Excel、Word、PPT 等。

1. 同步图计划

同步图计划是以时间为轴线将项目周期分为若干份，将项目工作项以点的形式进行标记，纵向对应相应的职能，横向对应工作发生的时间，时间可以标记为开始某项工作或完成某项工作。它能够直观展示项目工作全貌，展示任务的前后关系，是整车开发进度管理最常用的表现方式。这类图主要用 Excel 制作，用一格宽度表示一个时间单位（一个月、半个月、一周或一天等），将项目工作项以条形的形式标记在表格里。

图 5-1 所示为项目同步图计划，它直观展示了产品开发业务单元主要业务活动，

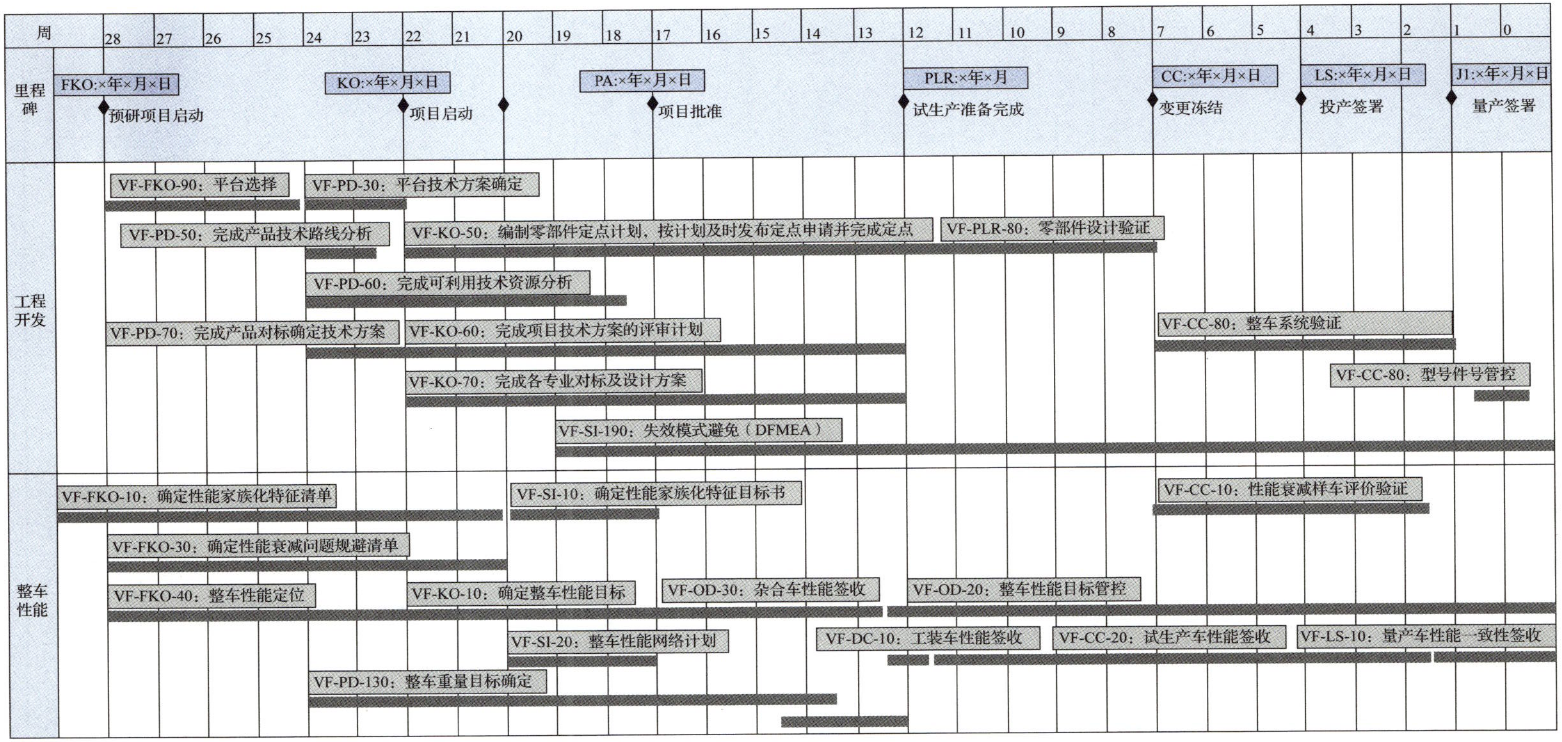
周
28
27
26
25
24
23
22
21
20
19
18
17
16
15
14
13
12
11
10
9
8
7
6
5
4
3
2
1
0
里程碑
FKO:×年×月×日
预研项目启动
KO:×年×月×日
项目启动
PA:×年×月×日
项目批准
PLR:×年×月
试生产准备完成
CC:×年×月×日
变更冻结
LS:×年×月×日
投产签署
J1:×年×月×日
量产签署
工程开发
VF-FKO-90：平台选择
VF-PD-30：平台技术方案确定
VF-PD-50：完成产品技术路线分析
VF-KO-50：编制零部件定点计划，按计划及时发布定点申请并完成定点
VF-PLR-80：零部件设计验证
VF-PD-60：完成可利用技术资源分析
VF-PD-70：完成产品对标确定技术方案
VF-KO-60：完成项目技术方案的评审计划
VF-CC-80：整车系统验证
VF-KO-70：完成各专业对标及设计方案
VF-CC-80：型号件号管控
VF-SI-190：失效模式避免（DFMEA）
整车性能
VF-FKO-10：确定性能家族化特征清单
VF-SI-10：确定性能家族化特征目标书
VF-CC-10：性能衰减样车评价验证
VF-FKO-30：确定性能衰减问题规避清单
VF-FKO-40：整车性能定位
VF-KO-10：确定整车性能目标
VF-OD-30：杂合车性能签收
VF-OD-20：整车性能目标管控
VF-SI-20：整车性能网络计划
VF-DC-10：工装车性能签收
VF-CC-20：试生产车性能签收
VF-LS-10：量产车性能一致性签收
VF-PD-130：整车重量目标确定

图 5-1 项目同步图计划

并通过细化到周的时间关系明示各项业务起止时间,是产品开发业务的总览,是产品开发计划和资源配置的指导性文件。

2. 列表计划

列表计划以工作表的形式,用文字逐条描述任务、时间与工期、匹配的资源等,制作比较简便,但不够直观,可用于细分专业内部的工作计划管控。这类计划比较简单,可以用 Excel、Word、PPT 制作。

项目任务及交付计划见表 5-1,它通过对各项任务的交付内容和要素、交付时间等进行明确,支撑每项项目业务达成,有效管控对应专业按时保质交付。

表 5-1 项目任务及交付计划(示例)

任务开始阶段	业务单元	任务名称	任务开始时间	任务结束时间	交付物名称	责任角色
FKO-KO	市场与策划	KO 产品概念策划研究	2024 年 3 月 6 日	2024 年 4 月 15 日	预研项目启动技术通知	产品策划总师
FKO-KO	开发与工程化	FKO 阶段配置可行性分析	2024 年 5 月 15 日	2024 年 5 月 25 日	配置可行性分析报告(FKO)	总体副总师
FKO-KO	开发与工程化	FKO-EBOM 发布	2024 年 6 月 1 日	2024 年 6 月 20 日	EBOM(FKO)	总体副总师
FKO-KO	开发与工程化	FKO 阶段新技术应用研究	2024 年 3 月 1 日	2024 年 3 月 30 日	××车型新技术应用分析报告(初版)	设计总师
FKO-KO	开发与工程化	整车初步硬点布置图设计	2024 年 2 月 7 日	2024 年 4 月 11 日	整车初步硬点布置图	总布置副总师
FKO-KO	开发与工程化	全生命周期样车样机需求及生产计划制定	2024 年 3 月 30 日	2024 年 4 月 15 日	全生命周期样车样机需求及生产计划	总体副总师
FKO-KO	开发与工程化	产品初步技术方案制定	2024 年 2 月 26 日	2024 年 4 月 15 日	产品初步技术方案	开发经理
FKO-KO	开发与工程化	平台技术方案制定	2024 年 1 月 4 日	2024 年 3 月 20 日	平台技术方案	开发经理
FKO-KO	开发与工程化	产品开发技术路线编制	2024 年 2 月 26 日	2024 年 4 月 10 日	产品开发技术路线	开发经理
FKO-KO	开发与工程化	车身系统开发技术路线编制	2024 年 3 月 2 日	2024 年 3 月 30 日	车身系统开发技术路线	车身副总师
FKO-KO	开发与工程化	底盘系统开发技术路线编制	2024 年 3 月 2 日	2024 年 3 月 30 日	底盘系统开发技术路线编制	底盘副总师

3. 网络图计划

网络图计划是用任务代号和箭头连线来表示活动之间的网络关系的图形。这些图能显示出工作项之间前后次序的逻辑关系，同时也显示了项目关键路径与相应的活动。其优势在于直观、逻辑清楚，但制作起来比较复杂，需要使用比较专业的工具 Project。图 5-2 所示为项目网络图计划。

4. 甘特图计划

甘特图也称横道图、条形图，是对任务的一种罗列，标明了任务名称、开始时间、完成时间、工期、资源名称等，可使进度计划较直观，并可显示活动间的逻辑关系。甘特图既有同步图计划的功能，又有列表计划的特征，还兼具网络图的风格，也需要用专业的工具 Project 进行制作。甘特图在制作完成后可以按需转化为同步图、列表、网络图三种计划形式。图 5-3 所示为项目甘特图计划。

因为 Excel 比较好用且受众较广，所以项目计划使用最多的工具是 Excel。

在整车开发项目中，制定进度计划使用最多的方法有两种，即关键路径法和参照法。关键路径法是一种网络图方法，其所含的关键任务决定着项目的最终完成日期。对于一个项目而言，只有项目网络中最长的或者最多的活动完成之后，项目才能结束，所以最长的活动路线就是关键路径。关键路径是相对的，会随着项目计划的进展不断更新。

关键路径法是沿着项目时间进度进行正向与反向分析，列出所有的计划活动，不考虑任何资源限制，指明计划活动持续时间、逻辑关系，以及其他已知制约条件下应当安排的时间周期，然后根据实际情况对任务进行调整和优化。

在项目管理中，编制网络图计划的基本思想就是在一个庞大的网络图中找出关键路径，并对各关键活动，优先安排资源，挖掘潜力，采取相应的措施，尽量压缩需要的时间。对于非关键路径的各个活动，可以在不影响工程完工时间的条件下，抽出适当的人力、物力和财力等资源，用在关键路径上，以达到缩短项目工期、合理利用资源等目的。在项目推进过程中，要明确工作重点，对各个关键活动加以控制和调度。项目团队共同对关键路径进行可行性分析和风险评估，及时发现问题并进行调整，采取相应措施来最大限度地减少潜在风险对项目进度造成的影响，从而提高项目进度计划的准确性和可靠性，缩短整车开发项目周期。

参照法也称类比法，即整车开发项目一般会找一个类似的项目计划做基础，然后在此基础上做补充或删减，共同讨论形成适应本项目的计划。这种计划制定方法比较依赖于基础项目与新项目的相似程度和基础计划的水平，由于每个项目的独特性，不能完全参照，仍然需要项目团队投入时间和精力对新项目计划做详细的评审，

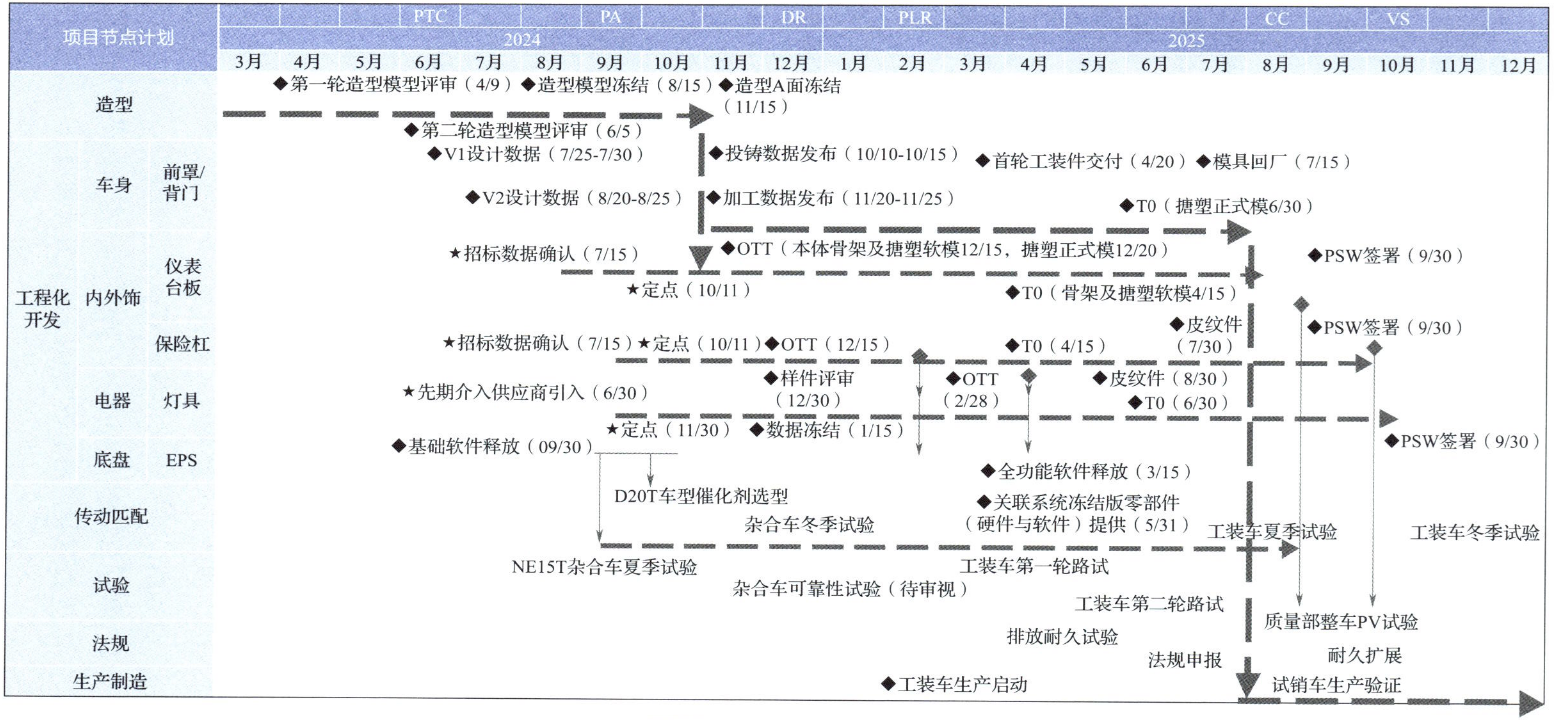

图 5-2 项目网络图计划

注：4/9 表示 4 月 9 日，其余类推。

任务名称	所属里程碑	关键任务	2023年 季度3	2023年 季度4	2024年 季度1	2024年 季度2	2024年 季度3	2024年 季度4	2025年 季度1	2025年 季度2	2025年 季度3	2025年 季度4	2026年 季度1	2026年 季度2	2026年 季度3	2026年 季度4
■ KO-PTC																
产品标准化综合要求制定	PTC	否				产品标准化综合要求制定										
工艺标准化综合要求制定	PTC	否					工艺标准化综合要求制定									
PTC里程碑评审	PTC	否					PTC里程碑评审									
专利申请策划	PTC	否					专利申请策划									
PTC里程碑市场方案审视	PTC	否						PTC里程碑市场方案审视								
首次模型测试完成	PA	否					首次模型测试完成									
设计任务书编制、发布	PTC	否							设计任务书编制、发布							
售后备件需求初步确认	PTC	否					售后备件需求初步确认									
PTC阶段财务分析	PTC	否						PTC阶段财务分析								
CMF设计方案初定	PTC	是						CMF设计方案初定								
第一轮内、外造型模型评审	PTC	是						第一轮内、外造型模型评审								
第二轮内、外造型模型评审	PA	是						第二轮内、外造型模型评审								
碰撞安全性能方案制定	PTC	否					碰撞安全性能方案制定									
PTC阶段碰撞安全性能目标CAE分析达成管控	PTC	否						PTC阶段碰撞安全性能目标CAE分析达成管控								
整车NVH性能目标确定	PTC	否						整车NVH性能目标确定								

图5-3 项目甘特图计划

确保计划的合理性。

一般整车企业会基于产品开发的基本业务逻辑，参照以往成功的项目开发经验，或者借鉴行业其他企业的经验沉淀，建立适用本企业的一套完整的产品开发流程，各项目可以参照流程规定的步骤进行产品开发。开发流程体系会根据不同的开发范围和内容对项目进行级别划分，不同级别的项目对应不同的时间周期并匹配对应的资源，按照一定的规则对流程进行裁剪，形成对应的计划。项目根据自身的开发范围，可以直接借鉴和参考其对应的整车开发计划。

5.1.3 项目进度计划编制实例

企业不同层级的人员对项目的关注内容不同，因此会对项目计划分层编制、分级管理。通过分层级的计划对项目涉及的所有业务活动进行统筹管理，并按照逐级展开，相互衔接与匹配，确保力出一孔。如图 5-4 所示，以产品开发流程为指导，建立产品项目四级计划管理体系，通过将开发任务层层分解至每一位工程师，确保开发任务由上至下有效覆盖，高效协同。

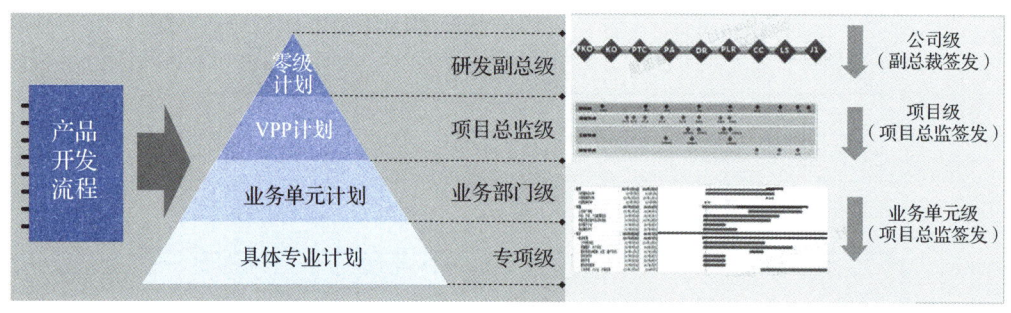

图 5-4 四级计划逻辑示意图

里程碑计划，也被称为零级计划，只表现项目里程碑，没有具体的内容，明确项目各阶段标志性时间进度目标，主要利于公司领导层关注和了解项目进展。

一级计划即 VPP（Vehicle Program Plan，项目开发）计划，明确项目里程碑及关键任务进度目标。它包含项目各职能领域主要工作内容，显性化展示产品开发过程关键路径，是指导产品开发主体计划制定的重要参考文件。

二级计划明确各业务单元的工作任务，同时明确各业务单元之间工作的同步关系，明示各项业务起止时间，并作为各业务单元工作计划的纲领，指导项目开发工作。

对二级计划再往下可细分到业务板块的三级计划，如造型计划、工程开发计划、性能及验证计划、试生产计划等。当然计划还可以根据专业的细分再往下分层级，细化到具体的责任单元或责任人，确保项目整体计划有序落地执行。

基于产品开发流程的编制方法愈发成熟，可以参照产品开发流程里规定的任务、交付、指标、责任角色进行计划编制。流程中的所有里程碑、任务、交付、指标组成项目二级计划（同步计划），部分关键任务组成项目一级计划（VPP）。按照"由上往下细化，由下往上论证"的逻辑，先初定零级计划、讨论一级计划，然后编制二级计划进行论证。

1. 项目里程碑计划编制

里程碑是达成阶段目标的象征，标志着项目某一阶段的结束。在制定项目进度计划时设立关键节点，以便项目执行过程中对项目的进程进行检查和控制。通过里程碑计划对项目开发进行分阶段过程管控，并通过明确各里程碑交付及评价指标为里程碑评审提供评估标准，为管理层决策里程碑是否通过、项目是否继续推进提供判定依据。

里程碑计划编制一般用参照法或类比法。基于企业建立的典型开发级别的里程碑计划模型，根据项目目标，初步评估上车身、下车身、动力总成、智能化的开发范围，以及时间进度、技术性能和质量标准等，明确整车开发级别，可以直接借鉴和参考其对应的整车里程碑计划及开发周期。在此基础上，结合项目启动与上市时间、夏季/冬季试验、开发范围及目标，对项目具体计划做适应性调整，并对开发计划内容进行适应性裁剪，从而提高计划制定的效率。

当然，不同的企业在里程碑的划分上可能有比较大的差异，这种差异也让不同整车企业的产品开发流程在表面上看是显著不同的。但不论哪个车企，都会有比较关键的里程碑。

某汽车企业通过几十年的整车开发经验，形成了非常成熟的管理体系，根据项目阶段（里程碑）、任务、步骤三层级流程，对项目涉及的所有业务活动进行统筹管理，实现由计划指导产品开发、从计划发现问题和风险的"主动"管理机制。其产品开发流程设置了预研项目启动、项目启动、目标兼容、项目批准、数据发布、试生产准备完成、设计变更冻结、投产签署、量产签署、项目总结共10个里程碑，覆盖从产品需求提出到产品量产上市、项目总结的全过程。同时，推行项目分层级管理，根据各系统开发内容，参考分级标准，确定产品开发级别，从而设定里程碑计划。某项目根据项目初定改动内容，项目开发级别6435，典型开发级别6435，参考开发周期6+22+2个月。根据产品开发范围及投产上市要求，项目周期6+21+2个月，开发计划分解项目里程碑时间设置，如图5-5所示。

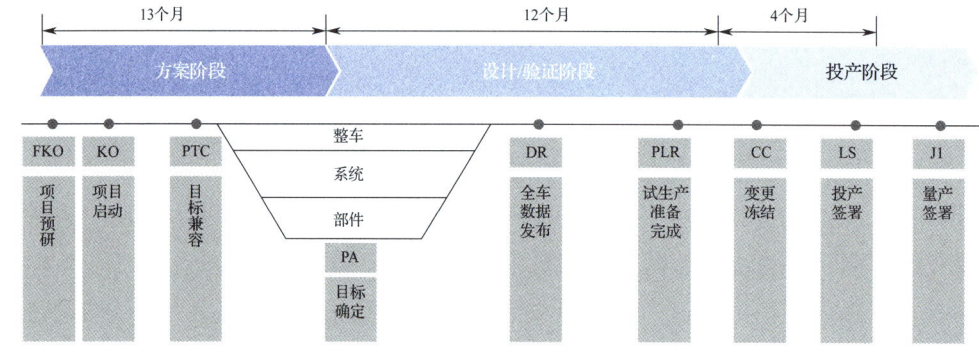

图 5-5 项目里程碑时间设置（示例）

2. 项目一级计划编制

将初步确定的里程碑计划作为开发基础，开展一级计划的编制。一级计划主要采用关键路径法编制，也可以用参照法。参照法就是在产品开发流程里，基于对应的开发级别，有对应的业务逻辑图参考，基于此代入初定的里程碑计划时间，对相应的任务进行调整确认，就可以作为项目一级（VPP）计划，如图 5-6 所示。

产品开发流程是最佳实践的总结，但每个产品的开发范围、立项、上市的时间不同，且季节性验证需求不同，所以按此制定的计划可能未识别出关键管控点。很多项目会采用关键路径法制定适用本项目的一级计划。

首先梳理关键任务项，排出时间计划。比如造型设计需要经过草图、效果图、造型模型、验证模型，造型模型冻结后进行模具投铸，验证模型冻结后进行模具机加工。通过几个月的设计验证后制造出符合要求的零件，同时生产线设备入场调试，开启试生产。试生产车辆进行对应的试验，试验验证结束后设计冻结，再进行小批量生产验证，验证通过后进行量产。中间的各项任务时间周期可以参照以往的周期进行估算，从而顺推出项目计划。

然后，根据各板块的计划，找出关键路径。因为关键路径是项目进度计划中耗时最长的路径，所以可以找出最长周期的零部件，比如车门、翼子板、仪表板、车机、底盘系统等。以长周期零部件的开发周期进行估算，得出第一辆工装样车出来的时间，然后样车必须经过冬季验证、夏季验证、可靠性道路试验、适应性道路试验、排放耐久试验、法规试验等各项验证。零件级、系统级、整车级各项试验验证

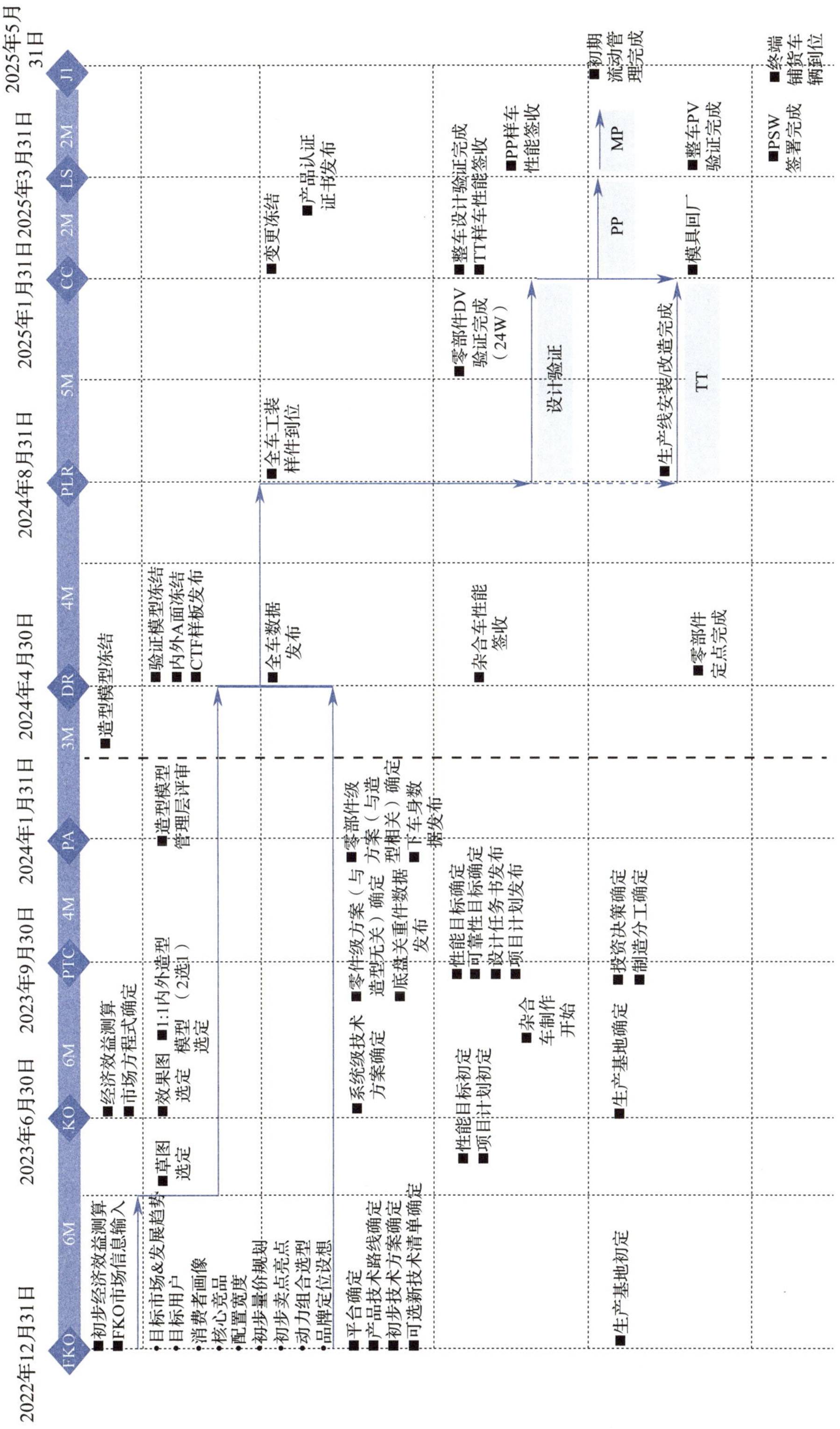

图 5-6 项目一级（VPP）计划

完毕,相应的设计问题解决后进行设计冻结。完成整车公告申请及发布后,可以生产小批量的车辆,进行用户工况验证,得出对应的关键路径图。项目开发关键路径如图5-7所示。

另外,评审计划也是计划制定过程中的重要环节,是保证计划能有效推进、顺利达成目标的前提。项目各项任务关联复杂,多方相互影响,关键路径上的输入、输出点如果未达成共识,会导致后续项目结果很难认定,责任难以明确。

项目经理要将制定的项目计划表分发项目相关方确认,组织多轮评审讨论达成一致。评审内容包括:各业务单元开发范围及目标;各项子任务开展顺序、开始时间、完成时间及相互依赖关系的计划;关键时间点上各个干系人及其关联的任务输入输出时间;关键时间点上资源的投放。通过各业务单元充分审查和评估,不断对其优化与调整,以确保其符合实际情况和需求,直到各业务单元充分讨论达成共识。

在一级计划专题评审过程中,项目组也同时会进行资源平衡投入的充分论证。例如,在整车项目开发中往往遇到项目周期压缩,导致夏季高温/高原试验或冬季试验工装车辆状态无法及时完成的问题,往往采用制作软模样车进行应对和解决。软模样车制作根据各项目具体时间差异需求必须进行专题评估,整车软模样车费用投入高达上千万元,在此关键路径上的各业务单元务必结合整车开发计划认真、反复审视与评估,给出资源平衡的统一意见,由项目负责人或公司领导进行资源投入评审决策。

评审发布后的一级计划具有严肃性,也同时将整车团队各业务单元链接在一起,作为项目进度计划管理的基准,也是后续各业务单元的计划执行与变更的基准,是项目进度管理的核心。

3. 二级同步计划编制

二级计划是基于一级计划的分解及细化,是业务单元内部制定与管理的计划。二级计划更专注于本业务单元内部的关键时间计划制定,及业务单元内部的输入输出关键时间点的确定,可以更好地指导专业内部计划的实施。通过计划分解与制定,将一级计划、开发目标与范围、资源层层分解,保证执行能有效落地。二级计划可以直接在一级同步图的基础上进行专业细化,也可以改为比较直观的列表形式。图5-8所示为项目开发板块二级计划节选。

各板块同步计划编制过程中应该注意几个问题:

1)对编写计划的过程在思想意识上重视。计划的制定不仅仅是写一份文档,通过制定计划的过程,可以厘清项目目标、项目范围、项目所需资源,制定合理的项目进度,制定完成项目所需的各种约定(沟通和变更)和制定应对风险的有效对策。

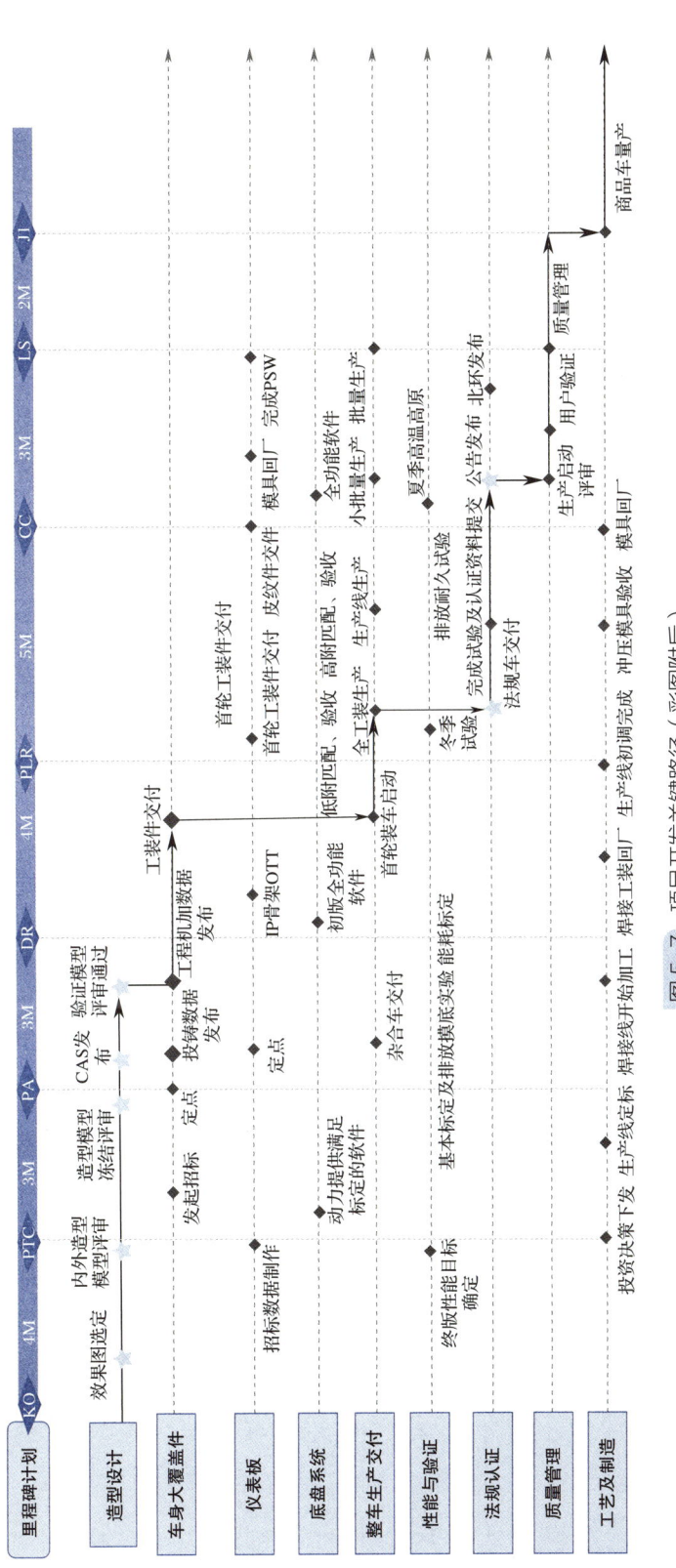

图 5-7 项目开发关键路径（彩图附后）

业务单元	任务名称	任务开始时间	任务结束时间	交付物名称	交付物所属阶段	交付物完成时间	责任角色	责任部门
开发与工程化	设计性检查	2024年1月14日	2024年2月3日	设计检查清单（CC）	CC	2024年2月3日	开发经理－设计总师	产品开发部门
开发与工程化	整车材料成本可行性分析	2024年1月14日	2024年2月3日	整车材料成本可行性分析报告（CC）	CC	2024年2月3日	开发经理－成本控制总师	产品开发部门
开发与工程化	模块化通用化管控分析	2024年1月14日	2024年2月3日	模块化通用化管控报告（CC）	CC	2024年2月3日	开发经理－成本总师	产品开发部门
开发与工程化	整车重量目标达成评估	2024年1月14日	2024年2月3日	整车重量目标达成评估报告（CC）	CC	2024年2月3日	开发经理－性能总师	产品开发部门
开发与工程化	编制零部件定点计划，按计划及时发布定点申请并完成定时	2024年1月14日	2024年1月29日	零部件定点计划（CC）	CC	2024年1月29日	开发经理－设计总师	产品开发部门
开发与工程化	失效模式避免（FMA）	2024年1月14日	2024年1月29日	失效模式避免（CC）	CC	2024年1月29日	开发经理－设计总师	产品开发部门
开发与工程化	整车、系统开发	2024年1月14日	2024年1月29日	项目失效模式避免报告（CC）	CC	2024年1月29日	开发经理－设计总师	产品开发部门
开发与工程化	验证	2024年1月14日	2024年2月3日	试验计划管控表（整车、系统）（CC）	CC	2024年2月3日	开发经理－试验总师	产品开发部门
开发与工程化	NVH性能匹配及验收	2024年1月14日	2024年2月3日	工装车NVH子系统性能目标管控报告（CC）	CC	2024年2月3日	开发经理－性能总师－NVH副总师	产品开发部门
开发与工程化	根据市场配置需求，并结合参考车对标数据，确定和发布整车电器功能	2024年1月14日	2024年2月3日	工装车NVH关重问题解决方案	CC	2024年2月3日	开发经理－性能总师－NVH副总师	产品开发部门
开发与工程化		2024年1月14日	2024年2月3日	项目整车电器功能说明文档（CC）	CC	2024年2月3日	开发经理－设计总师－电装副总师	产品开发部门

图 5-8 项目开发板块二级计划

2）项目任务分工或进度计划表的颗粒度细致入微。根据项目管理计划渐进明晰的特点，在需求调研分析阶段后、需求成果清晰时，及时细化项目管理计划；在设计方案逐步完成时，要更进一步地细化后面测试及验证阶段的详细计划。我们要知道计划是逐步细化的过程。

3）不要遗漏重要的假设或约束条件。在项目的实施过程中，当项目管理计划需要细化和调整时，就应该考虑到事先编入计划文档的假设和约束条件，而不是以一种"无限资源"的方式做计划。一般来说，假设、约束与风险的区别是假设、约束是一些比较明显、明确、已经发生或肯定会发生的情况，而风险不一定会发生，具有不确定性。

4. 分层级计划编制

整车汽车开发分层级计划制定是根据整车项目分层级团队成员的权责范围，将项目计划进行相应的分解，各层级分别负责其对应计划的制定，层层聚焦，分解管理难度。通过多层次的计划分解与制定，将一级计划、开发目标与范围、资源层层分解，保证执行能有效落地。

一级计划作为各业务单元层级的管理基准；二级计划是基于一级计划的分解及细化，是业务单元内部制定与管理的计划；三级计划是基于二级计划的再次分解，是细分到专业领域内部关键时间的计划，是专业领域负责人或工程师制定与管理的计划，是具体指导工作的计划。三、四级计划的编制方法类似二级计划的编制，在此不再赘述。

5.2 项目进度管控

项目进度计划为项目进度的管理提供了可靠的前提和依据，但在项目实施过程中，由于外部环境和条件的变化，往往会造成实际进度与计划进度发生偏差。如不能及时发现这些偏差并加以纠正，项目进度管理目标的实现就一定会受到影响。所以，必须实行项目进度计划控制。

进度控制就是要对工作内容、工作程序、持续时间和相互关系编制计划，将计划付诸实施，在实施的过程中定期检查实际进度是否按计划要求进行，对出现的偏差分析原因，采取补救措施或调整、变更计划，直至项目完成。

5.2.1 项目过程监控方式

项目进度实际是一个综合性指标，各领域的问题最终反映为进度延期，里程碑评审不能按时通过,影响项目最终交付节点。在项目推进过程中,会对市场变化、需求变化、资源限制、成本变化、技术开发问题等进行监控,分析它们对项目进度的影响,并制定对应措施。由于整车开发周期一般比较长,项目管理主要以 PDCA 的循环逻辑,审视进展和风险,时间上以周为单位对项目进行过程监控,在里程碑、最终量产至上市交付等关键时期,也会以天为单位进行加强管控。

整车产品开发项目主要有阶段控制、项目统控、板块内控、专业自控、变更控制,对应的监控方式有里程碑评审、项目关键任务管控(KTM)、项目例会机制、项目周报机制、计划变更控制等。

1. 阶段控制

项目阶段控制的主要方式是里程碑评审。在制定项目进度计划时,在进度时间表上设立一些重要的时间检查点,在项目执行过程中利用这些重要的时间检查点来对项目的进程进行检查和控制。这些重要的时间检查点就是项目里程碑评审,即基于项目目标及产品开发流程对本阶段所涉及各业务单元指标、交付物及工作任务完成情况进行全面审视,评估能否进入下一阶段工作并匹配相应研发资源。

里程碑评审可以分为总监级评审(即项目组级)、部门级风险推进会、公司级评审三个层级。各级评审说明及要求如下:

1)总监级评审。由项目管理总师组织,项目总监担任评审组长,各业务领域项目牵头人、相关职能部门经理级以上参加,结合项目目标要求、产品开发流程体系,对项目各业务领域本阶段工作完成及交付情况从市场、质量、效益、进度、风险等维度进行全面审视,评审是否达成项目交付要求,并对是否提交公司级评审给出最终意见。

2)部门级风险推进会。当总监级评审出现跨部门意见不一致的情况时,项目组可提出部门级风险推进会申请。部门级风险推进会由项目管理部门组织,承研单位总经理担任组长,项目管理部门副总经理担任副组长,相关部门分管领导参加或授权经理参加,对项目风险及问题进行研判,并形成相对一致的改进举措。

3)公司级评审。由项目管理部门组织,公司领导及各业务部门领导参加,从项目战略符合性、商业可行性、目标达成、技术领先性等维度进行全面审视,决策是否同意项目通过本里程碑。

各业务单元所涉及的部门在里程碑公司级评审前完成并提交部门评估报告(图5-9)。项目组在各业务单元提交评估报告后,开展总监级评审。针对总监级评审时出现的跨部门意见不一致的情况,组织部门级风险推进会。总监级评审或部门级风险推进会完成后,项目管理部门组织相关单位、公司领导进行公司级评审。

×× 部门 ×× 项目 ×× 里程碑评估报告					
项目名称：×××	开发级别：×××	评审里程碑：CC	部门：	业务单元：	编制人：（处级意见由副总师编辑，部级意见由职能经理编制）
里程碑指标完成情况					
序号	指标层级	指标项/工作项	计算公式/评价规范	责任人（项目角色）	状态（R、Y、G、B、N/A）	情况描述（对指标的具体完成情况进行详细描述）	风险分析（对影响各项指标未按时完成的风险或原因进行详细分析）
	总监级						
	部门级						
	公司级						
里程碑交付物完成情况					
序号	交付物编码	交付物名称	交付物完成标志	责任人（项目角色）	状态（R、Y、G、B、N/A）	情况描述（对交付物的具体完成情况进行详细描述）	风险分析（对影响各项交付物未按时完成的风险或原因进行详细分析）
存在的风险问题及相应整改措施、计划					
序号	风险、问题	措施、计划			完成时间	责任人
部门意见（部级）					签字（部级）	

图 5-9　部门里程碑评估报告模板

2. 项目统控

进度计划中的关键任务、会议形成的工作要求、过程监控中收集到的问题等，都会汇集到项目管理进行统筹管控。管控的方式主要是应用项目关键任务管控表（即 KTM 管控表）进行管控。KTM 管控表中会明确任务来源、工作要求、责任单位、责任人、开始时间、完成时间、进展情况、状态跟踪等，每周或每天进行进展监控，以及时暴露风险。项目关键任务管控表的模板及填写说明见表 5-2。

表 5-2　项目关键任务管控表

任务状态说明：
B—蓝色，表示正常进行中
G—绿色，表示已完成，申请关闭
Y—黄色，表示存在一定风险，但在可控范围内，申请延期
R—红色，表示已超期或存在重大风险

序号	任务来源	任务名称	任务目标/交付物	开始时间	完成时间	牵头部门	责任人	最新进展	状态
1	关键路径	完成产品概念研究，确定产品定义	市场方程式、产品体验定义	2024/2/28	2024/3/1	产策部	张某	完成策划部门级汇报，3月20日汇报VP后确定	R
2	例会要求	KO市场方案汇报VP通过	市场方案VP汇报会议纪要	2024/3/15	2024/3/15	产策部	张某	预计3月20日前汇报品牌VP	R
3	例会要求	完成会签版配置表输入	总监会签版配置表	2024/3/1	2024/3/15	产策部	张某	已完成配置表初稿，终版待汇报后完成	B
4	关键路径	确定平台选型策略，确定生产基地	专家委员会评审会纪要	2024/2/28	2024/3/20	战规部	王某	分析中，预计3月30日确定平台及生产基地	Y
5	关键路径	通过造型效果图评审，确认体态方案4选2	内外饰效果图方案公司级评审通过的纪要	2024/3/20	2024/4/15	设计中心	李某	3月15日初定造型设计策略，效果图公司级评审待定	Y
6	关键路径	完成整车及系统技术方案	基于第4项工作输入后开展 交付：系统级技术方案评审纪要	2024/3/15	2024/4/10	产品部	赵某	技术方案推进中	B
7	关键路径	整车工程属性目标初定	交付：整车性能目标书	2024/3/15	2024/4/15	产品部	刘某	目标梳理中	B

3. 板块内控

在整车产品项目开发过程中，不是仅由项目总监、开发经理和项目管理总师做监控，而是整个项目核心团队共同管理，分模块、分层级对项目进行监控。根据不同的项目阶段，会制定对应的项目会议地图，如图5-10所示。例如，在项目初期，会有项目周例会、造型例会、设计方案管控例会、零部件开发例会、性能例会、采购及成本例会等；在项目投产阶段，主要有项目例会、生产例会、工艺例会、质量例会、性能例会、采购例会等。各例会由对应的专业牵头每周例行组织，相关单位人员例行参加，通报各层级进度计划执行情况、主要工作进展、风险及问题，并且明确下一步工作要求。

例会机制是过程监控的主要方式，例会上形成的各项工作要求会形成任务管控表，由对应会议组织者进行闭环管理。其中项目周例会是项目组最大范围的会议，由项目管理总师组织，项目总监、经理及各业务板块的牵头人参加，主要会对项目一级同步图计划、项目关键任务进行监控，通报重点工作进展，识别风险并加以管控。

4. 专业自控

在项目推进过程中，项目管理总师通常会以项目周报的形式将进度、成本、质量等目标的最新达成情况向上级领导汇报。根据项目阶段和进展，汇报可涵盖项目的常规风险、变更等情况。项目进展信息的收集与汇报，尤其是主要目标的透明化同步，是监控项目进度、推动项目进展、达成目标的重要工具。要对项目十大业务板块的指标达成、交付情况进行评估，通报本周重点工作及下一步工作计划，如有需上级领导知晓的风险问题，通过周报的形式及时上升层级，以协调资源、快速解决。

另外，在项目组内部也有周报机制，由各业务牵头人对本板块的二级计划进行跟踪，将重点任务项进行细化管控，通报近期重点工作进展、存在的问题，并进行风险评估。项目各业务板块周报模板见表5-3，以项目一级、二级计划为基准，明确了对应计划的分解要求，将项目当前阶段的关键目标、任务项进行列示，细化具体的工作要求，抓重点工作进展进行通报，有风险及时上升层级，确保项目进度计划有效落地执行。

5. 变更控制

当项目的某些基准发生变化时，项目的质量、成本和计划随之发生变化，为了达到项目的目标，就必须对项目发生的各种变化采取必要的应变措施，这种活动称为项目变更。项目管理总师及业务板块牵头人定期或在里程碑通过后，根据项目计划执行情况，分析审视项目风险，如需对项目计划进行变更，按照同级计划发布和变更一致性原则进行变更审签。根据计划变更的不同类型，按如下方式执行：

时间	星期一	星期二
8：30—9：00		设计例会（含杂合车方案/专用件开发进度管控） 组织者：××× 地点：××× 参与者：整车总师、动力总师、各开发板块副总师、性能总师、采购总师 议题： 1. KTM 完成情况回顾 2. 专用件开发进度风险项梳理 3. 各专业需总师协调/决策议题
9：00—9：30		
9：30—10：00		
10：00—10：30		
10：30—11：00	项目管理周例会 组织者：××× 地点：××× 参与者：总监、整车总师、动力总师 议题：通报近期重点工作计划及进展	
11：00—11：30		
11：30—12：00		
13：30—14：00		
14：00—14：30		
14：30—15：00	市场板块专题会 组织者：××× 地点：××× 参与者：总监、策划副总师、营销总师、品牌推广专员、整车总师、性能总师、项目管理副总师、成本副总师、财务副总师 议题：竞争策略、配置等市场方案对接	采购例会 组织者：××× 地点：××× 参与者：总监、整车总师、动力总师、各开发板块副总师、采购总师、采购相关副总师 议题：RFQ 进展、近期重点工作进展
15：00—15：30		
15：30—16：00		
16：00—16：30		设计质量及方案管控例会 组织者：××× 地点：××× 参与者：总师、各副总师 议题： 1. 方案评审 2. 重点质量问题进展
16：30—17：00		
17：00—17：30		

图 5-10 项目

星期三	星期四	星期五
总布置例会 组织者：××× 地点：××× 参与者：整车总师、副总师 议题： 1. KTM任务回顾 2. 近期重点工作计划及进展	**项目周例会** 组织者：××× 地点：××× 参与者：总监、各总师、副总师 议题： 1. KTM完成情况回顾 2. 各总师通报近期工作计划及进展（一页纸） 3. 各专业需总监决策议题	**软件控制例会** 组织者：××× 地点：××× 参与者：整车总师、动力总师、各开发板块副总师 议题： 1. 二级计划进展通报 2. 专题讨论
性能及试验例会 组织者：××× 地点：××× 参与者：总院及动力院各性能总师/副总师（前期需总监参会） 议题： 1. 各性能与试验专业近期主要工作进展及风险 2. 专题汇报		
重量管控例会 组织者：××× 地点：××× 参与者：总监、总师、各专业副总师 议题： 1.（项目前期KO-PTC）重量目标评审、现状分析 2.（项目后期PTC后）重量目标达成情况及风险评估		**动力板块周例会** 组织者：××× 地点：××× 议题： 1. 二级计划进展通报 2. 问题专题讨论
成本控制例会 组织者：××× 地点：××× 参与者：总监、总师、各专业副总师、采购总师、成本控制副总师		

会议地图

表 5-3 项目各业务板块周报模板

×××项目××板块业务周报—202×.××.××

一、PLR-CC 目标/关键工作项（在二级计划的基础上细化重点工作项：具体工作项描述＋具体时间 ××/××-××/××）

3月	4月	5月	6月	7月

二、近期重点工作进展（抓重点，不超过 5 项）

工作项描述	计划完成时间	责任人	工作进展及结论	状态
				B
				R
				Y
				B
				Y

三、存在的问题及风险评估

存在问题	原因分析	措施/要求	责任单位/人	完成时间	风险度
					中
					高
					中
					中

注：B（blue）表示未到时间节点，正在进行；Y（yellow）表示未到时间节点，但存在风险；R（red）表示已过时间节点，未完成，高风险。

1）二级计划变更：由项目总监完成调整后计划的批准（涉及差异化需由项目管理部门分管总经理完成批准）。

2）一级计划变更：由项目总监完成调整后计划的审核，由项目管理部门分管总经理完成审定，由对应公司领导完成批准。

3）里程碑计划变更：按照"里程碑评审调整同层级"的原则执行，即在哪个会议平台/层级评审，就在哪个会议平台/层级调整。

变更控制的目的并不是控制变更的发生，而是对变更进行管理，确保变更有序进行，监控变更后的执行情况。在执行变更后，项目需要对纠偏措施的执行情况进行监控，确保执行效果达到预期要求；如果不能达到，就要触发新的变更，直到全项目监控符合项目计划。

5.2.2 项目进度风险识别及应对

项目风险是一种不确定的事情，有可能对实现项目目标产生负面影响，项目推进中需要不断识别风险并制定应对措施。为了更好地对整车新产品开发过程中的风险及时预警，加强项目风险的结构化管控，确保项目风险的快速识别、及时解决、集中管理，促使项目顺利推进，需要对项目风险进行管理。

风险管理是指通过识别、分析、规划和控制等管理过程，及时针对风险制定应对措施，实行有效的控制以降低其对项目的影响，保障项目总体目标实现。

1. 项目风险识别工具

在项目风险识别过程中一般使用以下几种风险识别工具：

1）核对表分析法。项目管理总师可以根据自己拥有的相关资料和自己的经验，将经历过的类似项目的风险及其来源制作成一览表。然后再把当前的项目和这个一览表对照，找出该项目存在的风险以及来源。

2）头脑风暴法。这个方法可以用在很多领域，不仅仅是用于项目风险识别，一般做法是集中有关专家召开专题会议。主持者以明确的方式向所有参与者阐明问题，说明会议的规则，尽力创造融洽轻松的会议气氛。主持者一般不发表意见，以免影响会议的自由气氛。由专家们"自由"提出尽可能多的方案，尽量做到自由畅谈、延迟评判、禁止批评、追求数量。

3）流程图法。建立项目的总流程图与各分流程图，分析环节之间与各自存在的潜在风险，项目行进过程中随时对照项目进度。

4）目标评审法。这是通过审查和批准目标计划、评估变更及工作进展，识别计划与实际偏差以发现潜在风险的步骤。在整个项目管理生命周期里，通常需要有多个评审环节，如设计开发审核、项目节点审核、项目交付审核、项目生产审核、项目流程审核等。在这过程中，可以根据不同的类型、不同的阶段，以及审查报告的结果，识别出项目风险。

2. 项目风险应对措施

项目风险应对的目的在于降低风险的概率或影响，从而提高项目成功的可能性。项目风险一般有以下四种应对措施：

1）风险规避。风险规避是指改变项目计划，使项目目标不受到风险的影响。例如，项目原计划采用某种不成熟的技术，现在为了规避不成熟技术带来的质量风险，转而采用了一种成熟稳定的技术，这就属于风险规避；为了规避冬季低温对季节性试验的影响，赶在冬季来临前完成车辆准备工作，这也属于一种风险规避措施。

2）风险减轻。风险减轻是指采用措施降低风险发生的概率，减轻风险发生的后果。例如，培训新员工，提高员工的能力，降低出错的可能性；进行多次试验，降低产品出错的概率；增加冗余保护机制，降低出错概率；采用更加可靠的技术等。

3）风险转移。风险转移是指以一定的代价，把风险的消极后果和风险应对责任转移到第三方。例如，常见的保险、外包等都属于典型的风险转移手段。风险转移需要进行成本分析，如果转移的成本小于应对风险的成本，则可以进行转移；如果转移的成本大于应对成本，那就可以自留风险并制定应对措施。

4）风险接受。风险接受是指不主动去管理风险，而是听任风险发生后再进行补救和处理，或者准备一定量的应急储备来应对风险发生的后果。

对于某些较为重大或者复杂的风险，可以采用多种措施有机组合的应对措施。在应对具体的风险时，要根据组织的风险管理要求以及成熟能力等进行评估，以便采取合适的措施。整车开发常见的风险及应对措施见表5-4。

表5-4 整车开发常见风险及应对措施

序号	常见风险类型	应对措施
1	任务项追加及变更，项目范围的变更	1. 计划分层分级多轮评审，确保计划的全面性 2. 资源的评估和追加 3. 对计划进行结构化的评价，重新更新
2	专业间衔接	1. 制定时间数据管理机制，形成有效的沟通 2. 任务关联专业、关键协议进行会签
3	交付不达预期	1. 制定追赶计划 2. 额外资源、备用金储备
4	边界、范围、假设发生变化	对输入输出进行版本管理，严格变更管控
5	资源短缺	预判项目全过程资源风险并提前准备预案，做好预算管理，包括人力、费用、样车、生产计划等
6	环境、宏观变化	市场跟踪，及时纠偏决策
7	流程及决策周期	形成问题升级机制，以及授权体系

3. 风险管理工作要求

项目管理总师负责项目风险问题统筹管理，组织项目团队对风险问题进行识别，督促项目风险措施制定，并跟踪措施执行，直至项目风险问题解决。对应的风险问题管理流程如下：

1）识别风险问题：由项目管理总师在项目开发过程中组织项目成员根据项目计划的任务、交付物、指标执行情况识别项目风险问题，并完成风险问题责任分解。

2）分析风险问题：针对识别到的风险问题，由对应责任角色负责进行风险问题分析，明确问题原因，制定整改措施，拟定风险问题解决时间。

3）审核风险问题：由风险责任人项目线或行政线的上级对交付物、指标风险问题进行审核，并对风险问题的等级高低进行判定。

4）监控风险问题：由责任人根据措施的执行情况，定期反馈风险问题的进展信息。

5）调整或解除风险问题：由责任人根据措施执行情况提出风险问题调整或解除申请，并报项目总监批准。

所有项目风险形成的问题归口到项目 KTM 表中，由项目管理总师统筹进行集中管理，按照风险发生的可能性和风险类型进行分类。状态结果由责任人结合风险的识别、风险的分析、上级风险问题的评估情况等最终确定风险状态。并且每周对项目风险问题进行 TOP 排序管理，评估风险影响度，TOP 风险项可以展示在项目周报里。

5.3 数字化动态管控

5.3.1 项目进度计划E化管理

整车开发涉及几万个零部件，项目计划多达几千项甚至更多，而且每项计划之间还存在输入输出关系，所以项目计划的编制是一项非常庞大的工作。加之项目初期，计划变更比较频繁，其带来的工作量也不容小觑，人工管理整个过程耗时耗力。新型项目管理试图通过 IT 工具，在线编制项目计划，实现在线审签、在线自动跟踪执行情况、自动暴露项目问题等，管理效率得到了大幅提升。

项目进度计划在线管理，可实现计划的在线编制及管控。项目立项后，通过 IT 系统创建项目空间，根据开发级别、投产时间，自动调用相应的开发流程，按照流程要求的开发周期，自动生成初步的项目计划。根据项目实际进行多角色在线同步调整进度计划，包括任务、交付物、指标具体开始时间、持续时间、预计完成时间等，同时基于标准流程生成里程碑、任务、交付、指标等的差异分析报告，如图 5-11 所示。

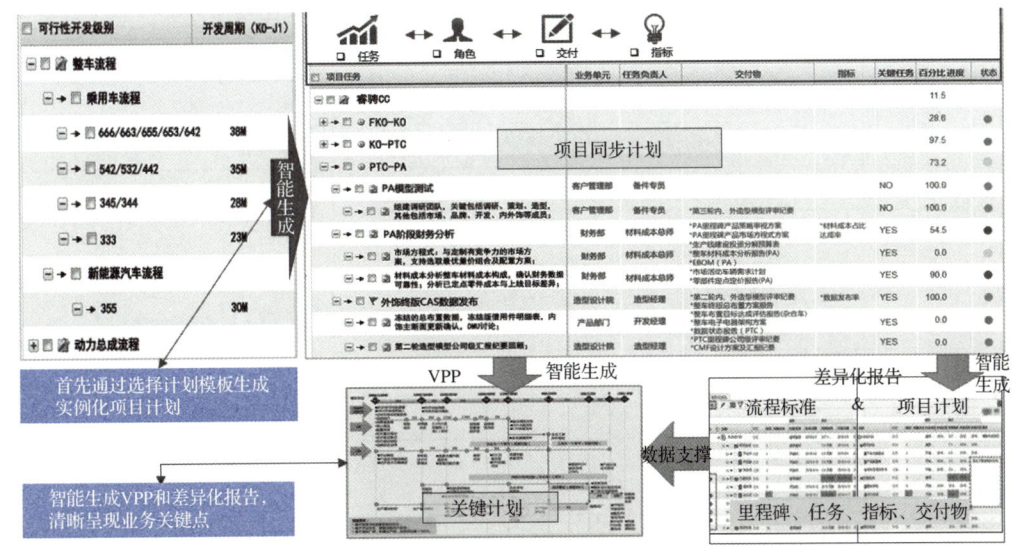

图 5-11　计划自动生成示意图

项目团队在一个平台，利用同一个工具，通过任务、交付物、指标的关联关系保证所有工作计划按照流程体系要求的时间和标准进行交付，避免交付和指标脱节及里程碑节点扎堆交付等问题。

项目组成员在线编辑完计划，由项目管理总师发起审签流程，经总监和公司分管副总同意后，发布项目VPP计划及同步计划，各专业就以此时间节点为目标，开展各项工作。

5.3.2 项目风险计算方法

项目计划包含任务、交付物及指标。系统中项目风险来自两个方面：一是系统根据交付、指标、任务目标的判定；二是项目会议中的重点业务，均可实现在线管理。

系统判定是指标或交付要求根据判定规则自动显示当前状态，当状态为红/黄时，系统提供问题管理功能KTM报表，KTM表中支持TOP的问题维护，并可以反馈到报表看板中。

系统根据完成时间，每天自动监控完成情况，如未按时间完成，则显示为红色。但有的任务可能有多个交付物，有的指标可能与交付物有关系，也可能没关系，那么如何利用单个的指标、交付物的完成情况判断任务的风险状态以及整个项目的风险状态，每个企业都有自己的一套规则。

例如某企业的项目风险计算规则，是按照指标到交付物、任务、业务单元、项目的从下到上的5层风险传递逻辑，制定项目风险状态。具体的系统风险判定逻辑见表5-5。

表5-5 系统风险判定逻辑

类型	状态	系统判定规则	备注
指标	G	达到里程碑目标值及以上	系统自动判断
	B	达到阶段目标值及以上且未达到里程碑目标值	系统自动判断
	Y	人工选择	人工选择： 1. 黄表示有措施且为低风险 2. 红表示无措施或有措施且为高风险
	R	1. 人工选择 2. 定量比较指标第1阶段超时间未维护 3. 超过完成时间且未达到里程碑目标值 4. 未达到阶段目标值且措施未审批	
交付物	G	交付物完成	系统自动判断
	B	离完成时间>5天	系统自动判断
	Y	1. 人工选择 2. 离完成时间≤5天	首先系统自动判断人工选择： 1. 黄表示有措施且为低风险 2. 红表示无措施或有措施且为高风险
	R	1. 人工选择 2. 超过完成时间	

(续)

类型	状态	系统判定规则	备注
任务	G	交付物全 G 且任务已维护，人工关闭	系统自动判断
任务	B	1. 交付物无 R，红线指标无 Y，交付物 Y=1 2. 无交付物的任务未超过完成时间	系统自动判断
任务	Y	1. 交付物无 R，红线指标 Y=1 2. 交付物无 R，交付物 Y≥2	系统自动判断
任务	R	1. 交付物有 R 2. 任务超过完成时间	系统自动判断
业务单元	G	指标和交付物无 R，红线指标无 Y，（非红线指标+交付物）Y≤3	系统自动判断
业务单元	Y	1. 指标和交付物无 R，红线指标无 Y，（非红线指标+交付物）Y>3 2. 指标和交付物无 R，红线指标有 Y 3. 红线指标无 R，（非红线指标+交付物）R≤3	系统自动判断
业务单元	R	1. 红线指标无 R，（非红线指标+交付物）R>3 2. 红线指标有 R	系统自动判断
项目	G	指标和交付物无 R，红线指标无 Y，（非红线指标+交付物）Y≤9	系统自动判断
项目	Y	1. 指标和交付物无 R，红线指标无 Y，（非红线指标+交付物）Y>9 2. 指标和交付物无 R，红线指标有 Y 3. 红线指标无 R，（非红线指标+交付物）R≤9	系统自动判断
项目	R	1. 红线指标无 R，（非红线指标+交付物）R>9 2. 红线指标有 R	系统自动判断

注：G（green）表示已完成；B（blue）表示未到时间节点，正在进行；Y（yellow）表示未到时间节点，但存在风险；R（red）表示已过时间节点，未完成，高风险。

将以上风险计算规则通过代码写入系统，即可直接由系统进行判定，图 5-12 所示为指标产生的项目风险问题。其中，对于交付物和指标的风险，可在系统判断结果基础上进行人工修改风险等级，如对风险等级进行降级，需制定风险应对措施；业务单元和项目的综合风险，完全由系统自动计算进行判断。不管是管理层还是项目成员，都可以随时看到项目健康状态。通过系统的项目健康状态展示，可以更好地对新产品开发过程中的风险及时预警，强化项目风险及问题的结构化管理，随时提醒项目管理人员关注项目问题，确保项目风险快速识别、及时解决、集中管理。同时，系统中的项目风险问题也作为部门、项目成员评价的依据。

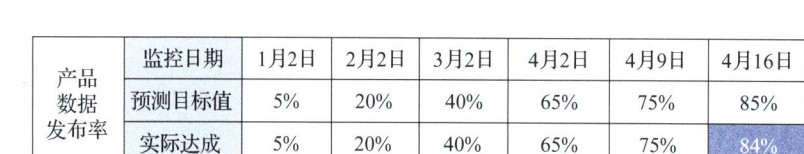
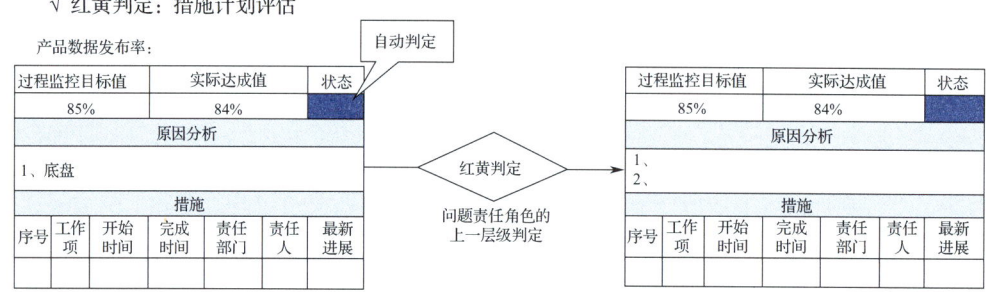

图 5-12　指标产生的项目风险问题（彩图附后）

5.3.3　项目进度运营分析

项目计划覆盖了多个部门及产品开发全过程，在执行过程中会产生大量的数据，通过对多个项目数据的收集及多维度分析，为项目运营提供了大量的数据基础。下面主要以进度运营分析为例进行阐述，项目进度产生的数据主要应用在三个方面。

1. 项目健康度分析

通过对多个项目风险状态进行判断，管理层可直观地看到项目存在问题，以便快速调动资源进行支援。同时通过系统进度数据，可预测企业目标达成情况，便于公司高层及时关注、及时调整。

当项目临近里程碑节点时，通过里程碑管理模块，依据该里程碑交付、指标等要求自动统计各项业务及风险问题的解决情况，提供一目了然的数据报表，如图 5-13 所示。

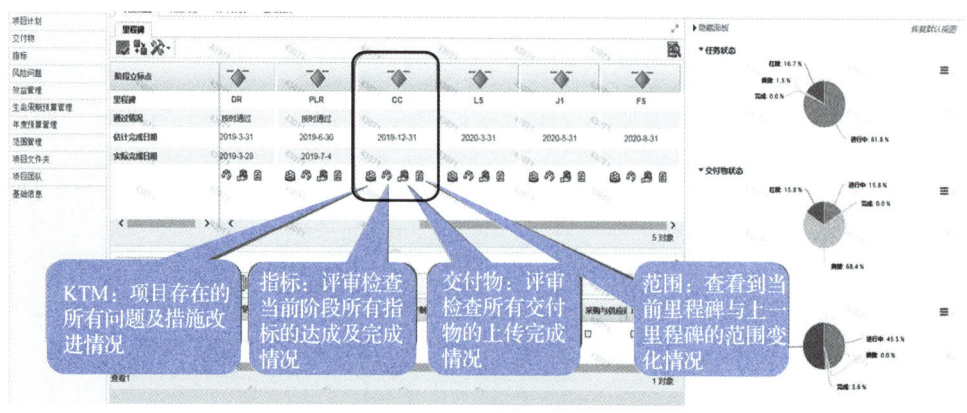

图 5-13　项目进度展示页面

进入里程碑详情浏览，可针对交付、指标、任务、问题分别进行查看，如图5-14所示。通过了解各类目标达成情况，确保项目所有工作均在管理范畴，避免问题暴露不充分、不及时。

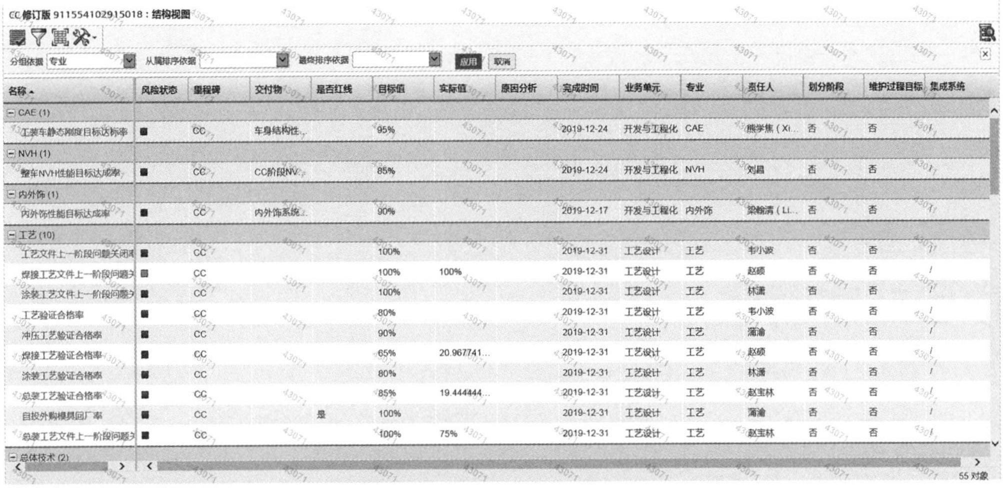
CC修订版 911554102915018：结构视图

分组依据 专业　从属排序依据　最终排序依据　应用　取消

名称	风险状态	里程碑	交付物	是否红线	目标值	实际值	原因分析	完成时间	业务单元	专业	责任人	划分阶段	维护过程目标	集成系统
CAE (1)														
工装车静态刚度目标达标率	■	CC	车身结构性...		95%			2019-12-24	开发与工程化	CAE	熊学焦（Xi...	否	否	/
NVH (1)														
整车NVH性能目标达成率	■	CC	CC阶段NV...		85%			2019-12-24	开发与工程化	NVH	刘昌	否	否	/
内外饰 (1)														
内外饰性能目标达成率	■	CC	内外饰系统...		90%			2019-12-17	开发与工程化	内外饰	梁翰清（Li...	否	否	/
工艺 (10)														
工艺文件上一阶段问题关闭率	■	CC			100%			2019-12-31	工艺设计	工艺	韦小波	否	否	/
焊接工艺文件上一阶段问题关	■	CC			100%	100%		2019-12-31	工艺设计	工艺	赵硕	否	否	/
涂装工艺文件上一阶段问题关	■	CC			100%			2019-12-31	工艺设计	工艺	林潇	否	否	/
工艺验证合格率	■	CC			80%			2019-12-31	工艺设计	工艺	韦小波	否	否	/
冲压工艺验证合格率	■	CC			90%			2019-12-31	工艺设计	工艺	蒲渝	否	否	/
焊接工艺验证合格率	■	CC			65%	20.967741...		2019-12-31	工艺设计	工艺	赵硕	否	否	/
涂装工艺验证合格率	■	CC			80%			2019-12-31	工艺设计	工艺	林潇	否	否	/
总装工艺验证合格率	■	CC			85%	19.444444...		2019-12-31	工艺设计	工艺	赵宝林	否	否	/
自投外购模具回厂率	■	CC		是	100%			2019-12-31	工艺设计	工艺	蒲渝	否	否	/
总装工艺文件上一阶段问题关	■	CC			100%	75%		2019-12-31	工艺设计	工艺	赵宝林	否	否	/
总体技术 (2)														

55 对象

图 5-14　项目进展详情浏览截屏

2. 各业务部门对项目支撑分析

根据系统中红牌责任人所在的部门，按照部门维度进行展示，可以一目了然看到哪个部门对项目的支撑比较薄弱，同时也可将该结果应用于部门排序、部门领导绩效评价等方面。

3. 流程体系优化

根据对多项目未达成的指标或交付物定期进行跟踪及分析，对于共性问题，在流程体系中进行优化改善，进一步提升流程体系可执行性。

第 6 章
项目成本管理

汽车整车开发的成本管理不同于常规的项目成本管理,不仅是项目开发费用(造型创意、工程设计、工艺设计、试验试制等)管理、生产线固投费用管理,更多的精力还用于整车零部件原材料成本的原价管理、整车材料成本、整车边利及利润率、市场方程式的达成管理。本章将从整车开发项目成本概述、研发费用、固定资产投资及原材料成本管理等几个方面,阐述项目成本管理。

6.1 概述

整车开发项目成本是指项目全过程所耗用的各种成本的总和。狭义成本一般是指营业成本,包括项目的材料成本、制造费用、运输费用;广义成本还包括项目应归属的研发费用、管理费用、销售费用、固定资产投资。整车开发项目成本采用的是广义成本概念,相关组成部分说明如下:

1)净收入:(整车策划售价 – 变动市场费用)÷(1+增值税率)。

2)材料成本:为取得材料而发生的一切支出,材料取得方式主要有外购、自制、委托外部加工等;外购材料成本一般包括买价、运输费、运输途中的合理损耗等。

3)制造费用:为生产产品而发生的各项间接费用,包括生产部门(如生产车间)发生的水电能耗、折旧、人工、劳保费、停工损失等。

4）研发费用：为研发项目所支付的费用，包括研发过程中发生的折旧、人工、差旅、材料、委外、试验等。

5）管理费用：行政管理部门为组织和管理生产经营活动而发生的各种费用。

6）销售费用：销售商品过程中发生的保险费、包装费、展览费、广告费，以及专设的销售机构(含销售网点、售后服务网点等)的职工薪酬、业务费、折旧费等经营费用。

7）固定资产投资：固定资产的取得成本，包括达到可使用状态前发生的一切合理必要的支出。

利润等于净收入减去广义成本，相关概念还有边际利润、毛利润、净利润。

边际利润即边利，也叫边际贡献，等于净收入减去变动成本。变动成本是指发生额随着销量的变动而变动的成本。材料成本就是一种变动成本，有销量产生才会有材料成本的产生；固定成本是指发生总额不会随销量的变动而变化的成本，如研发费用。就单位固定成本而言，则随着销量的增加而减少。

毛利润即净收入减去狭义成本得到的利润，其计算公式为：净收入－材料成本－制造费用－运输费＝毛利润。利润即毛利润减去各项费用(包括研发费用、管理费用、销售费用、财务费用)。净利润即利润减去所得税费用。

实现利润是整车项目开发最重要的目的之一，利润也是企业可持续经营最重要的保障。实现利润受收入与成本两端影响，目前汽车市场已发展为充分竞争行业，收入端产品价格已成为产品竞争力重要因素之一。市场竞争格局更加考验汽车企业成本管控能力，研发费用、固定资产投资、材料成本等项目成本主要构成的有效管理方法与机制已成为企业实现利润目标的关键。本章将重点对研发费用、固定资产投资、材料成本管理进行阐述。

6.1.1 整车开发项目效益测算

整车开发项目效益测算一般是根据产品市场方程式（产品市场方程式主要包括规划量、市场售价、市占率、变动／固定市场费用等关键因素），进行产品经济效益测算分析。

效益测算分析要全面考虑材料成本、固定资产投资、制造费用、变动市场费用、广宣费用、研发费用、期间费用等各项业务假设的业务形态和差异性，并确定一套涵盖全价值链的、规范的、统一的、科学的产品生命周期业务假设标准，有效地防范或减少生产经营管理过程中的盲目性，为产品经营预测提供指导和科学依据。整车开发项目生命周期业务假设主要有以下几方面内容：

1）项目基本信息：包括项目代码、项目动力类型、项目起止时间以及配置数量。

2）量价规划：包括项目生命周期规划销量、项目生命周期规划售价以及项目生命周期改款节奏计划等。

3）销售资源及广宣费用：包括商务政策、促销资源以及广宣费用等。

4）生命周期材料成本：项目整车材料成本，包括生命周期内年度技术降本达成路径。

5）项目专属投资：包括研发费用、设备及工装等固定资产投资、人力成本投入等。

6）制造费用及其他费用：项目品牌类别、车型类别、制造基地相关的变动费用、固定费用以及其他需要承担的企业经营费用。

6.1.2　项目专属投资及材料成本目标制定

项目专属投资包括专属固定资产投资、研发费用、项目人力。投资支出金额大，在项目获得收益前就会占用企业资源，沉没成本发生风险高，财务现金流支出占用大。对于项目专属投资目标的制定，从项目立项开始，就要从财务角度审视每个专属投资细项的必要性，包括是否聚焦经典、节奏是否合理、配置资源是否合理，以投资效益最大化原则，审视项目支出以及项目立项的必要性。

专属投资中固定资产投资金额基于项目工艺技术顺推，目标设定应结合产能规划，以最大产能匹配量价模型预测销量为基准，进而确定产能投资及生产线建设投资，规避过度投资。

材料成本是项目盈利的关键所在，在整车产品开发成本中占比高达65%~80%且为变动成本。在制造行业成本竞争力几乎等同于企业竞争力，而成本又以材料成本竞争力为关键，因此项目原材料成本管控成为贯穿项目始终的最重要的活动之一。

项目材料成本目标制定基于利润率目标体系，全新及迭代产品按照材料成本占比目标推进，MCA（中期改款）/ICA（短期改款）及以下产品以效益目标倒推材料成本目标。材料成本目标不仅要明确投产年材料成本总目标，还需要细化到具体专业，并跟进达成进度情况。在项目目标确认节点就需要确定并细化车身、内外饰、电器、智能化、底盘等各专业板块的材料成本目标，在后续节点滚动跟踪回顾细化目标，进行偏差管理。

6.1.3　整车开发项目效益目标管理

在整车项目管理实践过程中，大部分企业预测收益严重依赖于产品生命周期内的销量指标，在多数情况下销量假设是一个理想数据，但大部分项目预估、假设的销量难以达成，导致项目规划启动时的效益测算达成目标，但项目收尾时却不如人意。所以在实践过程中要避免使用单一因素去制定效益目标，要从单一的效益指标过渡到目标体系。例如某企业的"1+5"利润率目标体系，"1"指一个主要指标，即利润率；"5"指五个支撑指标，包括投产年材料成本占比、投产年边利率、项目投资、投资回收期和盈亏平衡保本量。

效益目标管理不仅要建立"1+5"目标体系多维度评价指标，还需要建立基于效益目标倒推分解的"841"精益管控模型，即根据"1个经营要素"利润率目标倒推分解"8个外部要素"，包含规划销量、市占率、规划售价、配置组合、销售结构、固定市场费用、变动市场费用、经销商基本毛利，以及"4个内部要素"，包含材料成本、研发费用、生产线建设投资、制造费用。项目各里程碑节点对"841"进行循环监控，强化偏差，向坏的要素必须要有对应解决措施，方能通过评审。

6.2 整车研发费用管理

6.2.1 概述

整车研发费用是指在整车产品开发项目周期中，一切与整车产品开发相关的研究活动所产生的费用。

在整车开发中，按照不同的功能和使用场景，研发费用可分为差旅费、材料费、样车费、样机费、样件费、委外费、试验费、试生产费用等科目，其定义见表6-1。

表6-1 研发费用科目定义

科目名称	定义
差旅费	项目研发过程中，因开展项目工作所产生的差旅费，包含交通、住宿、补贴等费用
材料费	项目研发过程中，基于项目试验/试制/模型制作等所需的专用低值易耗品、辅料及使用期限在一年以内的其他有形资产（包含金属、油漆、油料、化工、辅料、机电、杂件、劳保用品、工位器具、工具等）的费用
样车费	项目研发过程中所领用的自制和外购的样车费用
样机费	项目研发过程中所领用的自制和外购的样机费用
样件费	项目研发过程中所领用的自制和外购的样件费用及其产生的关增消税、零部件换装/喷涂、快速样件制作等费用
委外费	项目研发过程中，委托外部单位或组织进行设计、开发、验证、技术咨询等产生的费用
造型模型费用	项目研发过程中，开展的造型设计所产生的费用，包含草图、效果图、模型制作（含概念车）、CTF样车制作、曲面设计等

（续）

科目名称	定义
工程设计费用	项目研发过程中，开展的逆向、工程化设计、尺寸工程等工作产生的费用
工艺设计费用	项目研发过程中，开展的总装、冲压、焊接、涂装、发动机工艺等SE（同步工程）分析工作产生的费用
性能开发及试验费	项目研发过程中，开展的各项性能测试、匹配、专项摸底、设计验证试验、公告申报、EC认证、3C认证、环保目录申报产生的费用（含检测/场地/燃动/保险/路桥/维修等费用）
试乘试驾费	项目研发过程中，开展上市前试乘试驾活动产生的车辆费用及试乘试驾中发生的燃料、充电、路桥、临时牌照、保险等费用
资料费	项目研发过程中，产生的购买资料、复印、晒图、报告以及专利申请等相关费用
会议费	项目研发过程中，召开专题评审、验收等必要会议时发生的场地、设备租赁等费用
专家咨询费	项目研发过程中，聘请的专家咨询、评审费及税金
办公费	项目研发过程中，因项目协同集中办公而产生的办公用耗材
物流费	项目研发过程中，发生的托运、邮寄、空运、发运保险费等
试生产费用	项目研发过程中，因制作试生产样车而产生的材料、工时等相关费用
夹（模）具费	项目研发过程中，产生的临时夹（模）具、简易工装等费用
市场调研费	项目研发过程中，在产品预研及上市后跟踪研究过程开展市场调研活动产生的费用
设计变更费	项目研发过程中及上市后一年内因设计变更（不含产品改进开发、法规延伸认证）产生的零部件处理或工装、模具等的变更报废、修调等费用
其他	其他不能列入以上科目的由项目开发产生的费用

6.2.2 研发费用管理原则

一个全新车型的开发，将产生数以亿计的研发投入。如此庞大的资金规模，必须要有一个合适的研发费用管理制度以及相应的IT系统辅助管理。为便于研发费用的精细化管理，可以根据企业自身的特点，将研发费用进行解构。可以按照科目维度进行划分，也可以按照时间维度划分（时间维度可采用年度，也可采用里程碑阶段）。从以往项目经验看，按单一维度管理，颗粒度太粗，不能有效指导项目团队开展项目活动，而将科目维度与时间维度结合是当前研发费用管理比较常见的形式。

1. 研发费用管理的四大基本原则

1）集中资源、突出重点。集中资源用于支持企业战略产品、技术规划的实现、核心研发能力的提升，防止分散使用。

2）预算控制、定额管理。严格按照项目的目标和任务，科学、合理地编制需求预算（含税额），杜绝随意性。

3）项目总监负责制。企业授权项目总监在企业财务制度框架范围内，行使整车研发费用审批权限。

4）按项目令号进行归集管理。企业可为项目按照相关的企业标准，给定唯一数字代码，作为项目令号，将该项目所有研发费用归集到此令号下，确保整车研发费用能够单独核算、专款专用、使用可追溯。

2. 研发费用管理机制五个要素

1）指标下达。根据企业的资源及项目需求平衡，下达生命周期研发费用预算指标、年度指标或阶段指标。指标包含总指标及各科目指标。

2）执行工具。有条件的企业可进行数字化管理，利用IT系统进行在线管理；无条件的企业，可制定研发费用管理计划模板，将预算和执行动态结合，实时更新预算执行情况。使用预算同时依据企业相关的财务和采购管理制度而执行。

3）监控机制。明确定期回顾机制，通常为月度/里程碑回顾，分析预算执行偏差，以识别项目风险，及时纠偏。

4）变更机制。变更在项目执行中是不可避免的，当项目发生变更或遭遇突发事件要调整预算时，要有相应的变更机制予以指导。预算指标下达预算指标内的变更，可以在项目总监/负责人授权范围内调整，超出指标范围的预算调整，则需要根据企业相关财务管理制度逐级审批，所有的变更均需记录。

5）约束与激励机制。为提高预算的精度，减少因费用预算对项目进度、质量、成本的干扰，可建立适当的约束与激励机制。可以从预算精度方面进行设计，如预算精度在95%以上予以绩效正向激励，预算精度90%以下予以绩效负向激励，具体根据企业或项目的实际情况确定。

6.2.3　整车研发费用过程管理

整车研发费用管理是项目管理的重要环节，同样遵循项目管理生命周期规律，在汽车整车开发费用管理活动中，主要由估算研发费用、制定预算、控制预算、项目收尾决算四大过程组成。

1. 估算研发费用

在项目启动初期，项目的假设条件未完全锁定，项目开发或改动的边界也未完全确定，项目是否具备商业价值，需要根据有限的假设条件，进行研发费用估算，以便进行初步的项目经济效益测算，判断项目继续研究方向。在进行研发费用估算时，通常用到以下五种方法：

1）专家判断。基于历史信息，专家判断可以对项目环境及以往类似项目的信息提供有价值的见解。专家判断还可以对是否联合使用多种估算方法，以及如何协调方法之间的差异做出决定。

2）类比估算。通过过去类似项目的基本信息（如范围、成本、预算和持续时间等）来估算当前项目的研发费用。在项目生命周期中，项目估算的准确性将随着项目的进展而逐步提高。在启动阶段可得出项目的粗略量级估算，其区间为 −25%~75%；之后，随着信息越来越详细，项目边界越来越清晰，确定性估算的区间可缩小至 5%~10%。

3）企业过程资产。企业根据历史研发费用数据库，建立研发项目生命周期费用模型。针对不同开发级别、不同开发阶段，利用大数据分析，建立生命周期研发费用标准。在项目启动初期进行研发费用估算时，可直接利用标准模型进行估算，以节约时间。用于粗略估算的产品项目生命周期费用模型见表 6-2。

表 6-2　产品项目生命周期费用模型

阶段	ICE（燃油车）				XEV（混合动力车）				EV（电动车）			
	全新	迭代	中期改款	年度款	全新	迭代	中期改款	年度款	全新	迭代	中期改款	年度款
预研阶段												
方案阶段												
设计验证阶段												
上量阶段												
合计												

4）自上而下法。根据项目利润目标及项目假设，基于经济效益目标测算设定的研发费用成本控制上限，结合企业下达的研发费用指标，匹配研发活动，进行费用估算。

5）自下而上法。根据项目 WBS 分解资源活动，估算活动成本，根据项目进度计划，评估资源需求，将所有活动估算汇总，获得项目研发费用估算。

2. 制定预算

在制定项目预算时，需要结合产品开发的范围、改动的边界、企业的人力资源、设备投入情况以及研发费用估算进行综合编制。在制定准确的项目预算时，通常也会用到自上而下和自下而上两种方法。两种方法各有优劣：自上而下法往往是有多少资源，做多少事，当资源不足时，项目进度或质量一定会受到影响；自下而上法往往因为颗粒度太细，缺少资源的整合，容易造成预算虚高。在实际项目执行中，需要结合两种方法进行多轮次的评审、调整，以提高预算精度。在预算评审中常常用到以下方法：

1）历史经验。可以参考历史项目经验，建立企业内部整车产品开发研发费用标准，利用标准预算指导预算编制，同时用项目的实际预算执行情况去修正标准，不断提高研发费用标准的精度。

2）专家评审。基于历史信息，组织专家评审，专家可以对项目环境及以往类似项目的信息提供有价值的见解。

3）储备分析。为应对项目的不确定性，需要按一定比例储备项目的风险储备金，风险储备金随着项目风险的解除而释放。例如为应对某些潜在的设计方案变更，需根据以往项目经验，预留设变备用金，项目验收时，未发生的设计变更，将释放备用金。

预算评审通过后，可输出整车项目研发费用管理计划，见表6-3。其中包含项目任务明细、起止时间、责任人、任务所需金额，并形成整车研发费用管理基准。

表6-3 整车项目研发费用管理计划模板

预算发生阶段	科目名称	工作任务名称	预算金额（万元）	工作开始时间	工作验收时间	申请单位/责任人
预研阶段	市场调研费	产品定义调研	230	20××年×月	20××年×月	产品策划/×××
方案阶段	造型模型费	外饰模型造型模型	1500	20××年×月	20××年×月	造型开发/×××
设计验证阶段	试验费	产品认证试验费用	600	20××年×月	20××年×月	试验检测/×××
设计验证阶段	外购样件费	A包快速样件费用	180	20××年×月	20××年×月	工艺设计/×××
…	…	…	…	…	…	…

3. 控制预算

在管控项目研发费用预算执行时，需要秉持诚信的原则，严格按照项目管理计划及研发费用管理计划执行。费用的审批要符合研发费用管理制度要求：先预算后执行，无预算不执行，或通过调整审批纳入研发费用管理计划后执行。

费用发生前与预算明细/预算基准进行比对，费用发生的过程需要动态管理，有条件的企业可以通过IT系统对研发费用管理计划进行数字化管理，包括预算的制定、变更、执行进行在线管控并记录。无条件的企业在线下对研发费用预算管理计划进行管控和记录，根据研发费用管理制度要求，定期组织对项目研发费用预算和执行进行盘点、偏差分析并予以纠偏。

精准的项目预算，有助于企业现金流的控制。项目生命周期费用预算审批通过后，需要结合项目的进度计划，进一步细化预算管理计划，分解预算的发生计划、支付计划。非合同类的费用根据整车产品开发节奏，实报实销；合同类的费用，按照合同管理要求（详见第8章）执行，并提前一个月制定资金支付计划，以便财务部门提前准备资金，从而最大限度提高资金使用效率，使企业利益最大化。

项目管理部门应对项目研发费用的使用情况进行月度监控，通过月度滚动预算及使用情况来计算预算执行偏差率。项目研发费用预算允许有一定范围的偏差率，通过预算执行的偏差率也可以监测项目开发的风险。如果项目的累计预算远远超过当期项目预算基准，那么项目的研发费用则有超出生命周期/年度预算目标的风险，需要提前制定降本方案；如果项目的累计预算执行情况远远低于当期项目预算基准，那么很有可能是因为项目任务出现延期，项目进度可能存在风险，需要项目提前干预并制定应对方案。项目研发费用月度监控见表6-4。

表6-4 项目研发费用月度监控示意

科目	类型	生命周期预算	前期已发生	当年度预算滚动计划					生命周期余额
				当年度预算指标	1月	2月	…	12月	
样件费	预算	××	××	××	××	××	××	××	××
	实际发生	××	××	××	××	××	××	××	××
	准确率	××%	××%	××%	××%	××%	××%	××%	—
委外费	预算	××	××	××	××	××	××	××	××
	实际发生	××	××	××	××	××	××	××	××
	准确率	××%	××%	××%	××%	××%	××%	××%	—
…	…	…	…	…	…	…	…	…	…
合计	预算	××	××	××	××	××	××	××	××
	实际发生	××	××	××	××	××	××	××	××
	准确率	××%	××%	××%	××%	××%	××%	××%	—

在预算执行过程中，每一项大额费用的调整都需要仔细测算并记录变更原因，进行项目经济效益测算，以确保项目利润目标达成。财务管理部门根据项目里程碑计划，发布阶段性的经济效益测算报告，作为里程碑评审决策依据。项目研发费用的阶段分析见表6-5。

表 6-5 项目研发费用阶段分析示意

科目	××项目××里程碑研发投入					单位：万元	
	20××	20××	…	上一里程碑（A）	本里程碑（B）	偏差（=B-A）	偏差说明（误差在15%以上的须说明）
样件费	××	××	××	××	××	××	综合增加××万： 1.因造型延期，新增车身快速样件：×××万 2.取消内外饰验证舱等快速样件制作需求，工装件可满足项目进度：减少×××万
委外费	××	××	××	××	××	××	综合增加××万： 1.因造型延期，增加造型及工程化委外：×××万 2.取消内外饰CAE分析委外需求，CAE人力可满足项目需求：减少×××万
试验费	××	××	××	××	××	××	综合增加××万： 1.为应对××新法规要求，需新增×××试验：×××万 2.品性能提升，需新增××试验：×××万
市场调研费	××	××	××	××	××	××	综合增加××万： 1.新增上市策略调研费：×××万 2.调增第二轮验证模型调研费：×××万
…	××	××	××	××	××	××	…
合计	××	××	××	××	××	××	综合增加××万元，其中： 1.样件费：×××万 2.委外费：×××万 3.试验费：×××万 4.市场调研费：×××万 …

4. 项目收尾决算

项目生命周期结束，在项目收尾阶段（一般在新车上市后6个月），需要对预算执行进行全面复盘，由财务部门出具项目决算报告，总结项目在开发过程中预算执行的成功与失败经验，以供后续项目参考和规避。

在项目决算时，可以根据预算管理计划的变更记录，复盘导致预算偏差的原因，如造型设计变更、技术参数变更、市场输入变更等；分析、总结每一次变更带来的成本、进度、质量影响；统计影响预算执行的TOP5因子，将这些影响因子做成管理FEMA（失效模式），在下一个项目中规避。也可以横向对比同类型项目预算实际差异，分析对比产生差异的原因，找出每一科目的最佳实践，将这些最佳实践进行组合，形成新的产品研发费用模型，修正并提升模型精度，为后续项目提供指导。

项目决算完成后形成报告，向项目团队发布。报告可作为项目后评价的要素之一，也可作为项目团队绩效评价要素之一，以提升项目研发费用预算管理的重要性，提醒后续项目重视研发费用预算管理。要向企业管理层报告，说明研发费用的去向、项目的投入是否超出或低于企业预期，以及为企业经营带来正面或负面影响，为企业管理层做出经营层面调整决策提供依据。

6.3 整车固定资产投资管理

汽车生产制造行业属于重工业，整车开发不仅需要高研发投入，还需要重资产投入。在整车新产品开发的过程中，整车生产线的投资建设是工艺验证的前提和基础，也是新产品投产上量的重要保障，生产工厂的产能、生产效率、制造成本、质量控制等因素都将对开发目标的实现产生重大影响。因此，整车生产线建设固定资产投资管理（以下简称固定资产投资管理）既是整车项目开发实践的重要环节，也是资源整合利用、产品成本、投资效益管理的重要内容。

6.3.1 固定资产投资的影响因素

影响整车固定资产投资的因素有很多，主要包含基地工厂现有条件、建设规模、自制件选择、建设工艺等。厘清这些因素产生的原因以及带来的投资影响，可以帮助我们更精准地制定固定资产投资预算。

1. 生产线布局的基地工厂

生产线所选择的基地工厂的产能、制造、质量、安全、环境，以及物流的设备设施改造、生产线布局场地和公用工程建设等都属于生产线建设投资的主要内容。同时，不同地方的招商引资政策、供应链配套体系、生产成本、人力成本等各不相同。因此，选择生产线布局的基地工厂是影响整车生产线建设投资的主要因素之一。

（1）基地工厂的选择

1）体现企业各生产基地战略发展规划。新产品投产基地的选择，在企业整体产品规划的指导下开展，是企业战略发展方向的具体体现，也是企业资源整合以及充分利用的重要手段之一，还是服务客户、实现企业经营目标的主要途径之一。

2）促进企业整体产能的合理利用以及产能结构的调整，构建核心供应链体系。通过合理的基地布局，可以有效地提高供应链集群的快速反应能力，降低供应链协同管理成本，通过战略协同，降低企业运营成本；通过供应链集群，可以有效地整合地理位置、交通、能源、人才等资源，实现资源共享，提高资源利用效率，提升企业生产效率，降低企业生产成本，提高产品竞争力。

3）确保新产品的开发及投产，保障产品规划目标的实现。新产品生产基地的选择，受生产基地的条件限制（基地产能、供应链能力、政策、人力资源成本以及能源结构），它决定了产品零部件制造分工的差异、生产线建设投资方案的差异、建设周期的差异、供应链的体系差异、制造成本的差异等。这些差异与产品开发过程中的工艺验证、投产上量、市场规划需求保障以及产品利润目标达成均紧密相关。因此，在产品开发过程中，尽早确定生产线基地布局，是保障开发进度顺利达成，控制相关风险的前提和基础。

(2) 基地工厂的决策

整车生产线布局基地工厂的选择是一个围绕产品策划、战略规划、制造物流、政策研究、财务效益等展开的全开放过程，牵涉到整体产能资源的整合与利用，以及整体产品的规划和投产。因此，整车生产线布局基地工厂的选择是战略层级的决策，决策依据为《产能规划及产品生产线布局规划报告》。

产能规划及产品生产线布局规划是基于整车产品市场规划、战略产品的布局规划，通过多方案平衡分析，综合产品研发能力、市场竞争力、生产制造能力、质量管控能力等多维度评估，找出最有利于产品开发推进和保证产品利润最优的产能和布局规划。编制《产能规划及产品生产线布局规划报告》的流程可参考图6-1。

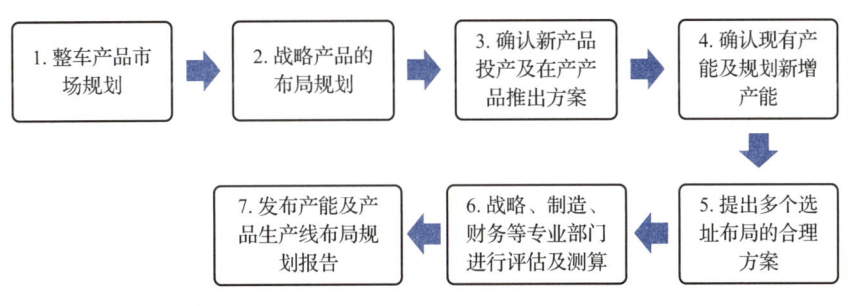

图6-1 《产能规划及产品生产线布局规划报告》编制流程

2. 生产线建设规模

整车生产线建设规模对基地工厂的产能、生产场地、共用及公用设施设备的改造影响较大，因此成为影响建设投资的主要因素之一。

1）整车生产线建设规模的确定原则：一是达到投资盈亏平衡点的生产线纲领≤整车产品市场规划的最小需求；二是满足纲领的1.25倍产能≥整车产品市场规划年

度平均需求。

2）整车生产线建设的可扩展性要求：为了降低投资风险，控制投资成本，整车生产线在投资建设时对建设规模需要进行充分的论证。根据市场规划需求，采取整体规划、滚动投资的方式满足市场的实际需求，从而降低投资风险。

3. 自制零部件选择

整车产品零部件的自制种类和数量，对整车产品的成本和质量有较大影响，主要体现在对生产线工艺布局、生产线场地和供应链物流方案影响，从而影响生产线建设投资。合理选择整车零部件的自制种类和数量，对整车成本效益控制起到关键性作用。零部件自制种类和数量的选择基于以下原则：

1）高附加值零部件选择自制，如整车车身大型覆盖件等。

2）关键核心技术类零部件选择自制，如发动机、电驱和电控等。

3）质量关重类零部件选择自制，如地板、壁板等中型结构类零部件。

4）能满足基地工厂规模化生产的零部件选择自制，包括与基地工厂其他在产车型相同的自制件，以及基地工厂具备规模化生产条件的零部件，并规划量满足规模化生产。

4. 生产线建设工艺

整车生产线建设工艺直接决定了生产线工艺设备、自动化智能化方案、工艺布局及物流方案等。工艺流程是设备选择及投入的基础，也是生产线布局、设备能耗、物料等相关问题的具体解决方案。设备的种类和数量根据产品及工艺流程决定，按照制造能耗和人力成本最优的原则进行选择和配置。此外，必须考虑设备的可扩展性和更新能力，以应对未来的产量变化。

6.3.2　固定资产投资预算管理

确定影响固定资产投资的因素，可以有效地帮助我们进行固定资产投资预算管理。一个全新的整车开发项目，其固定资产投资往往动辄数亿元甚至数十亿元，占整个项目投入较大比重，在项目经济效益测算中也占据着举足轻重的地位。良好的固定资产投资预算管理，可以为项目节约相当可观的成本，从而提升产品的利润率。在编制固定资产投资预算时，按照一定的流程执行，可以保障预算精准、投资可控，从而更好地达成项目的目标。固定资产投资预算编制流程如图6-2所示。

1. 固定资产投资预算的主要内容

新产品固定资产投资主要包含以下四个方面：

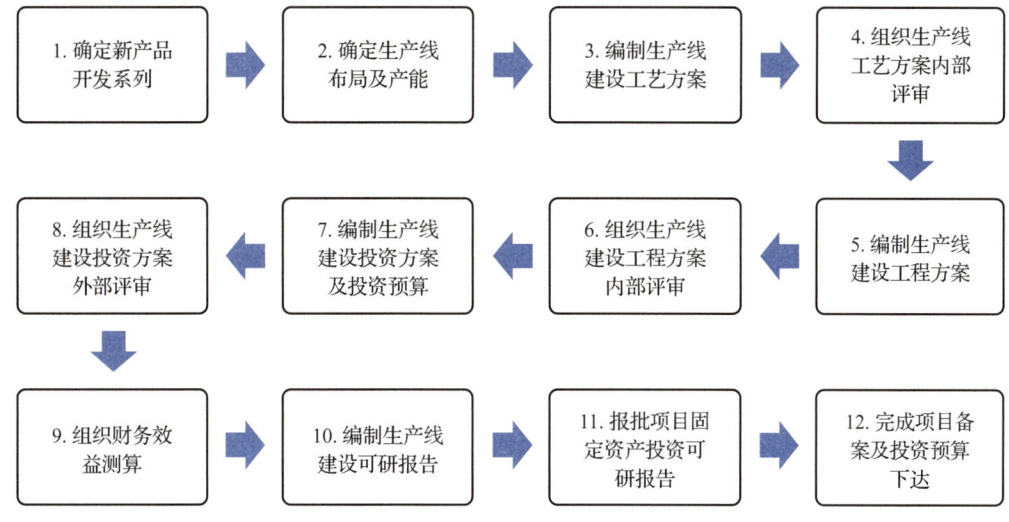

图 6-2　项目固定资产投资预算编制流程

1）生产线的工艺设备新增及改造，模夹检具的新增及改造，工具工装及检测仪器仪表等的新增及改造等。

2）与生产线建设相关的建设工程、安装工程及公用动力工程及设备。

3）与生产线建设相关的设计、可研及初设报告编制、建设单位管理、监理、试验检测、报规报建、安评、环评、能评以及其他费用。

4）项目建设的风险储备金。

2. 固定资产投资预算编制过程

固定资产投资预算编制过程是项目开发渐进明晰的一个过程，从投资估算到投资概算，再到投资预算，预算的精准度不断提高。固定资产投资预算编制过程见表 6-6。

表 6-6　投资预算编制过程

概念	匹配项目开发	主要内容
投资估算	新产品开发项目立项阶段	确定生产线建设规模、工艺水平、建设进度计划、滚动建设规划方案等
投资概算	新产品开发项目目标确定阶段	确定生产线建设初步工艺和建设工程方案、建设进度计划以及长周期投资计划等
投资预算	新产品开发项目批准阶段	经过论证评审的可研方案，项目建设进度计划以及分年度投资计划等

3. 固定资产投资预算审查方法

(1) 价值工程分析

价值工程分析是规划、设计、技术、预算造价、财务等方面的专业人员，根据产品规划实现的可能性、产品布局工厂的实际情况、未来产能柔性调整的可行性等因素综合分析，不片面追求工艺水平和建筑工程品质，寻找满足产品产能及质量要求的最佳平衡点。

(2) 优化预算、平衡投资

优化预算、平衡投资是指在批准的投资控制总金额以内，根据开发工作的推进以及产品开发的实际情况，进行预算优化调整，做到逐渐精准的过程。预算不超过概算，概算不超过估算。同时，估算的准确性控制在 20% 以内，概算的准确性控制在 10% 以内，预算的准确性控制在 5% 以内。

(3) 预算准确、全面完整

产品生产线建设投资预算力求精准，不漏项（与生产线相关的投资）、不增项（与生产线无关的建设内容），全面完整。要尽可能地结合编制时间段类似项目的招标价格进行预算，相关费用内投资划分准确。

(4) 财务效益评价法

产品生产线建设投资财务效益主要从投资回收期、财务内部收益率、盈亏平衡、财务敏感性分析等方面进行评价，为固定资产投资决策提供依据。

4. 固定资产投资预算的过程管理

固定资产投资管理项目批准的总投资是在保障投资效益的基础上完成论证审批的，投资超过批准的总投资，不但对投资项目的收益产生较大的影响，而且由于超预算审批流程复杂（受上级主管部门和国家及地方政府的审批备案影响），对项目建设的合规性以及建设进度的影响较大。因此，必须严格执行限额投资的管理制度。固定投资限额管理主要基于以下工具和方法。

(1) 滚动预算管理

滚动预算管理指在项目预算下达后，预算内的子项直接申请实施，实施金额与批准预算进行对比，若小于投资预算则直接将该子项实施合同金额列入滚动预算表单中。若大于投资预算，则必须完成预算调整后，列入滚动预算表单。滚动预算实时反应项目投资预算实施情况，是纠正偏差的过程控制工具。产品生产线固定资产投资预算表实例见表 6-7。

表 6-7 ××产品生产线固定资产投资滚动预算表

序号	项目建设内容分解			批准预算 (万元)			滚动预算	实际实施情况		备注
	项目内容	单位	数量	批准预算	分解预算	调整预算		合同金额（万元） 合计（万元）		
	合计									
一	工艺设备									
1	机器人	台								
2	焊接夹具及工艺设备	台								
3	传输带	条								
…	…	…	…	…	…	…	…	…	…	
二	建安工程									
1	土建									
2	机电安装									
…	…									
三	费用类投资									
1	设计费									
2	监理费									
3	结算审计费									
4	试验零件材料费									
…	…									

（2）项目投资预算调整平衡管理

项目实施过程中的预算调整和平衡，要严格控制在预算总投资限额范围内进行预算调整和平衡。由于各种原因造成的投资增加项，必须在实施过程中的结余费用中进行调剂使用，按照相关的管理制度，建设项目组进行预算调整平衡并进行批准后实施。如果遇到重大调整和变更（通过预算调整和平衡后，总投资超预算金额的情况），按照固定资产审批决策授权体系重新批准。

（3）项目建设的过程审计制度

整车建设项目的全过程审计同其他建设工程项目一样，主要目的是对过程风险控制、业务流程管理和评估以及对中标合同价的分析和控制。其重点是对合同、设计变更、增减工程内容、工程造价、工程质量和隐蔽工程跟踪监控，从而保障项目实施，控制项目投资。

（4）项目建设的中间验收及过程总结

项目的中间验收是分部（或子分部）工程施工单位自行检查后提请建设单位（或监理单位）进行的验收，建设单位根据中间验收情况，进行工程质量监控、工程量计算以及投资的动态分析，要及时反馈项目的投资完成情况、建设工程质量以及建设工程进度等情况。

5. 固定资产投资项目的闭环管理

（1）项目结算及竣工财务决算审计

在项目建成投产后，建设单位积极组织完成项目的结算和财务决算的审计工作，并对项目建设实际完成投资进行总结。

（2）目的档案验收及"三同时"验收

在建设项目中，环境保护设施、劳动安全卫生设施、消防设施等必须与主体工程同时设计、同时施工、同时投入使用。

（3）项目的竣工验收及总结

整车生产线建设项目在投产和项目的竣工结算完成后，建设单位应当及时组织建设项目的竣工验收，完成项目总结。其主要内容包含：

1）项目投资完成情况，对比可研（或初设）批复。

2）项目建设内容情况，对比可研（或初设）批复。

3）项目建设周期达成情况，一方面评估是否满足产品开发进度要求，另一方面评估是否达成批复要求的建设周期。

4）项目建设的档案资料管理情况，过程管理文件和资料归档是否齐全。

5）项目建设功能和投产、量产情况。

（4）项目的后评价

项目竣工验收并投入使用或运营一定时间（一般不超过3年）后，原则上建设单位应当组织项目后评价工作。后评价工作主要针对项目的经济效益是否达成、功能（整车生产线建设项目的产能）是否充分发挥，以及项目的建设工程质量是否达到要求等开展。

6.4　项目材料成本管理

如果把汽车整车开发比作房屋建造，研发投入和固定资产投入就好比是在房屋设计和土地、设备购买方面的投入，那么原材料成本的投入就好比是建材的投入。犹如建材成本的高低直接影响房屋的成本与售价，整车项目原材料的成本控制将直接影响项目的经济效益。

项目材料成本管控是指在项目开发阶段对原材料成本进行有效控制的活动。由于材料成本在整车成本中占比高达65%~80%且为变动成本，因此它是项目盈利的关键所在。项目材料的成本控制直接影响项目的经济效益，负责项目材料成本控制的团队称为原价团队。

原价一词源于日本，日文为"原価"（げんか，genka），源于"原始成本（primitive/original cost）"。在日本企业成本管理和制造业领域中，原价是一个非常重要的概念，指的是产品或服务的生产成本，包括材料费、人工费、间接费用等各种成本项目，后被广泛采用，并且引申出了一系列相关职业和专业术语，如"原价工程师""原价分析"等。

项目材料成本管控是一项贯穿项目始终的重要活动，部分企业或项目在推行过程中，存在以下三大误区：

1）重视量产后的降本，不重视研发前期的成本控制。实际上，定价后再优化降本必然会对生产经营产生扰动，甚至会造成前期开发投入的浪费和损失。

2）降低材料成本等于降低产品竞争力。实际上，在实施材料成本管控的过程中，能有效收敛各方诉求，让产品更清晰、更准确地为用户提供价值。追踪近10年的产品，同期项目中材料成本占比低的车型销量反而更好。

3）成本高低是成本团队的事情，与其他人员无关。实际上，在市场竞争方案、性能、布置、造型和技术方案等关键因素上反复斟酌、一步步优化，是项目成功的基础，也是项目团队共同经营性创造的结果，与团队所有人都相关。

正确认识上述成本管控误区，会更清楚成本管理在项目开发过程中的核心位置，也一定是项目负责人高度重视并亲抓、亲管的工作。

6.4.1 概述

为了更深入地理解项目材料成本管控，本节主要从相关的概念和管控流程角度进行阐述。

1. 项目材料成本相关概念

1）项目材料成本：生产该辆车所需要零件的采购成本之和，包含生产自制件的坯料和生产性辅料。

2）材料成本占比：材料成本占净收入的比值，区分为单车型材料成本占比和项目材料成本占比，计算公式为

$$单车型材料成本占比 = 车型材料成本 / 车型净收入 \quad (6-1)$$

$$项目材料成本占比 = 项目加权材料成本 / 项目加权净收入 \quad (6-2)$$

3）项目材料成本目标：公司针对该项目对材料成本目标的要求。如果为全新车型，则可以指定为材料成本占比或绝对值；若为改款车型，则可以以绝对值方式或相对基础车的增减值来制定。

4）主力款车型：指整车量价方案中销售比例最大的车型，一般整车项目只有一个主力款车型，特殊情况下也可以有双主力。

5）备用金：在研发过程中，为抵御后续发生的市场、商务、技术等调整导致的设变风险，在整车成本预算过程中按一定比例计提的成本备用金。

6）自制件及外购件：自制件指的是企业生产制造过程中，通过内部加工和生产获得的零部件；外购件是指企业为了生产制造需要，从外部供应商采购的零部件。

7）价值通用化率：通用件价值之和占材料成本的比例。

$$\Sigma（\text{所有通用零部件的成本}）/ \text{材料成本} \times 100\% \qquad (6-3)$$

式中，Σ 符号后面跟着的是所有通用零部件的成本，表示对它们的成本进行汇总求和。

2. 项目材料成本管理相关概念

项目材料成本从管控对象上区分为整车材料成本和零部件成本。其中，整车材料成本又称 BOM 成本。整车材料成本占项目总成本比重最多的部分，是成本构成的最重要组成部分，也是项目利润的决定要素，因此必须对整车材料成本进行系统性管理。

整车材料成本管控在项目开发过程中，有助于对市场诉求进行有效整合，锁定核心亮点，从而节约冗余成本资源，打造产品的核心竞争力。

3. 零部件成本相关的应用

（1）零部件成本的主要测算方式

零部件成本的主要测算方式分为估算法、比较法和精算法。

1）估算法是根据行业共识或公司共识的价格水平进行快速估算。例如，某公司钣金件共识的价格为 a（元/kg），那么针对 3.5kg 的 B 钣金件估算成本公式为

$$B_{\text{成本}} = 3.5 \times a \qquad (6-4)$$

2）比较法是指在某零件的基础上进行差异比较，比如 B 零件在 A 零件上增加 0.17kg 钣金件，成本为 b，A 零件定价 10 元，则 B 零件用比较法测算的公式为

$$B_{\text{成本}} = A_{\text{成本}} + b \qquad (6-5)$$

3）精算法是依据设计方案中的具体规定（如产品结构、使用的原材料、生产设备、所需要的加工时间等），计算所需要的原材料成本、制造成本以及包装、运输等成本后进行总和计算的过程。

（2）对零部件成本控制过程中各成本区别

1）评估成本：在方案共创过程中采用比较法、估算法等方式测算出的成本，用于识别成本风险或者支撑方案的决策。

2）上限成本目标：以项目材料成本目标为基础，分解到各个零部件的成本目标，即上限成本目标。其主要发布对象是产品工程师，用于指导产品工程师面向成本的设计。

3）测算目标价：也叫应该成本，一般采用比较法或精算法计算。测算目标价主要面向项目成本总师及总监发布，用于指导正式目标价制定。

4）策略目标价：项目总监或成本总师综合本项目的情况以及当前的最新信息，参考测算目标价制定的策略目标价。

5）商务目标价：区别于上限目标成本，简称为目标价，面向采购人员发布，用于指导商务谈判。

4. 项目材料成本管理的组织架构

整车设计成本管控主要负责单位为原价工程团队。由于原价工程团队的业务与技术、采购和财务部门都紧密相连，因此不同公司对原价工程团队机构设置存在差异，主要有以下三种模式：原价工程与研发同属一个组织；原价工程与采购同属一个组织；原价工程与财务同属一个组织。其中第一种模式为本书介绍的整车设计成本管控的基础组织架构。

原价团队采用矩阵型架构，具体团队设置如图6-3所示。原价团队分为项目团

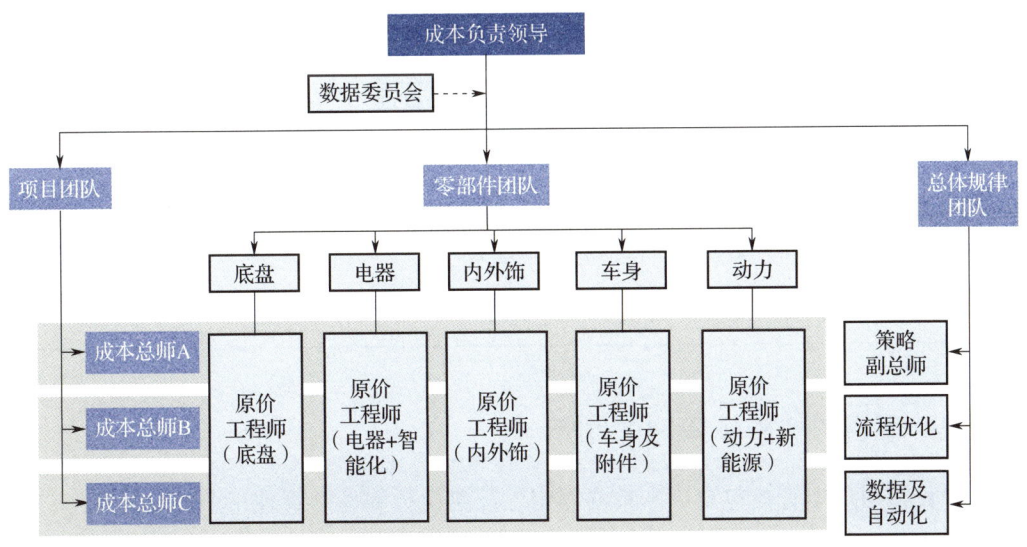

图6-3 原价工程组织架构示例

队、零部件团队和总体规律团队三个方向。项目团队由成本总师组成,参与零件团队的评价,向行政分管领导和项目总监双线汇报;零部件团队由原价工程师组成,主要向行政领导汇报;总体团队建议设置商务策略、成本体系和数据化等专业室组,负责总体工作,向行政领导汇报。

1)成本数据核心评审团队(成本专家委员会):一般由零部件成本专家、当前重点项目的成本总师以及总体规律团队的人员组成,主要负责项目关键里程碑数据评审和决策。

2)成本总师:在项目开发过程中,牵头项目成本工作,负责对项目材料成本目标进行分解、管控和偏差管理,是整车设计成本控制中的重要角色。

3)原价工程师:以零件成本分析为工作对象的成本专业人员。其主要职责为在方案制定过程中的成本评估,比价过程中的目标价测算,商谈过程中的专业协助;此外,原价工程师还需要提出VA/VE方案、参考业内标准并与技术工程师紧密协作,共同努力达到上限目标价的目标。

4)策略副总师:在发起比价流程(详见第8章)发起之前,综合供应商资源、技术方案和项目节奏,确定商务采购策略。

一个项目需要配备的成本团队,根据项目的规模、复杂程度和类型而有所不同,见表6-8。全新项目建议配备2名成本总师、4名原价工程师、1名策略副总师;中型改款项目建议配备1名成本总师、2名原价工程师,与其他项目合用策略副总师;小型改款项目建议配备0.5名成本总师、1名原价工程师。实际工作中需根据公司成本管理现状进行调整,其中原价工程师仅从人力角度建议。

表6-8 成本团队人员配备表

角色	项目类型		
	小改款	中改款	全新项目
成本总师	0.5	1	2
原价工程师	1	2	4
策略副总师	0.2	0.5	1
合计	1.7	3.5	7

6.4.2 项目材料成本策略的制定

项目材料成本管控包含成本策略制定、策略执行和偏差管理三个部分。

成本策略制定包含成本可行性分析、成本投放策略、成本预算分析和成本达成策略四个步骤,如图6-4所示。成本可行性分析又包含成本可获得性分析和平台成本可行性分析两个步骤，是整车设计成本管控流程中最有价值的组成部分。

1. 成本可行性分析 2. 成本投放策略 3. 成本预算分析 → 4. 成本达成策略

图 6-4　成本策略制定步骤

1. 成本可行性分析

项目成本可行性分析分为两个步骤，分别为成本可获得性分析和平台成本可行性分析。

（1）成本可获得性分析

1）项目预研阶段的成本可行性判断主要采用项目成本可获得性初步评价。用成本可获得性评分模型来辅助判断产品定位成功困难度，可分为6个维度来评估，分别为项目定位、客户把握、技术可控度、供应商市场行情、供应商体系竞争度以及项目团队执行，见表6-9。

表6-9　项目成本可获得性评价表

序号	纬度	权重	非常有利	有利	一般	不利	非常不利	备注
1	项目定位	10%	规划量100万成功车型换代 10	全新规划量100万 8	规划量40万成功车型换代 6	全新规划量40万 4	规划量20万 2	1. 产品本身自带流量—规划100万，换代 2. 红海市场，竞争本身要求成本非常极致 3. 与品牌的吻合度 4. 项目定位和规划量决定项目吸金能力
2	客户把握	10%	非常有把握 10	一般有把握 8	一般 6	不了解 4	完全不了解 2	1. 相同售价有成功车型，非常有把握 2. 客户九宫格一致，一般 3. 客户九宫格变动，为不利因素
3	技术可控度	45%	技术可控度80% 10	技术可控度70% 8	技术可控度50% 6	技术可控度30% 4	技术可控度20% 2	1. 技术对该零件具备设计能力，能调整性能指标、或者根据原理更改结构等 2. 从技术成本看，为白盒子零件的，价值占比
4	供应市场行情	10%	大部分材料下降 10	部分材料下降 8	上涨下降冲抵 6	部分上涨 4	大面积上涨 2	主要考察联动材料，包括：钣金件、轮胎、橡胶、铜、铝合金、芯片、电池、三元催化剂等

(续)

序号	纬度	权重	非常有利	有利	一般	不利	非常不利	备注
5	供应商体系竞争度	10%	商务竞争100%	商务竞争80%	商务竞争60%	商务竞争40%	商务竞争20%	1. 体系开放 2. 价值80%以上零件，供应商具备实质性竞争 3. 价值60%以上零件，供应商具备实质性竞争
			10	8	6	4	2	
6	项目团队执行	15%	项目执行力总监重视度	项目执行力总监重视度	项目执行力总监重视度	项目执行力总监重视度	项目执行力总监重视度	1. 总监、开发经理对成本的关注和重视（50%） 2. 项目团队对成本的共识及执行偏差评价（50%） 3. 主观评价
			10	8	6	4	2	

项目成本可获得性评价表V1版

若加权计算总得分＞8分，则成本具备相当可行性。若为5~8分，则需要提升某个维度的得分，比如项目定位要再审视，或者要进一步研究客户，加深对客户的了解得分。若低于5分，则为成本不具备基本可行性。

2）通过分析整车材料成本最低点，判定整车成本可行性。具体做法为保留车型基本尺寸要求下，不考虑配置、性能、平台，只考虑尺寸本身带来的重量，能做成的最低成本。从操作性的角度来讲，就是将核心竞争车、次核心竞争车各品类最低成本零部件的成本相加。若最小成本车的成本≤整车成本目标，则初步判断成本具备可行性；若最小成本车的成本＞整车成本目标，则不可行。

(2) 平台成本可行性分析

在汽车电动化和智能化的发展趋势下，以软件定义汽车为核心，将汽车分为六个层级：L1为机械层；L2为能源层；L3为电子电器构架层；L4为整车操作系统层；L5为整车功能应用层；L6为云端大数据层。

1）机械层平台成本经济性分析。机械层平台与产品行驶性能强相关，通常一个公司内各种平台都是以车格大小来定位，按上下限带宽错位覆盖的。在燃油车时代，公司的机械平台基本是按小平台、大平台的趋势进行技术储备，一般一个项目均会有3~4个平台可以选择。企业在项目启动时，一般会倾向性指定一个平台作为项目前期假设基础，各专业部门原则上只在此基础上进行可行性分析。

在做成本可行性分析时，同步会对2~3个相当平台进行经济性对比分析作为备选。平台成本分析步骤分为以下三个步骤：

①备选平台边界对齐，确认同边界可比的平台零件范围。

②根据整车要求确认各备选平台需调整的方案，并根据调整后的方案进行平台成本评估。特别注意平台规模对成本的影响，尤其是通用件。

③综合市场需求、项目进度与平台成熟度、各平台之间成本分析，汇报决策确认平台。

2）能源层成本经济性分析。能源层包括发动机、变速器、电机、电控和动力电池等直接参与提供动力和能源的零件。能源层的成本分析主要从平台的成熟度、法规趋势、动力及经济性、成本可行性等维度进行分析。燃油车、混动车型及纯电车型的能源层差异非常大，项目前期评估时采用如下初步的计算方法：

$$C_{能}=C_{BOM}\times R+ 税 + 积分成本 + 法规成本 - 溢价 \qquad (6\text{-}6)$$

式中，$C_{能}$ 为能源层总成本；R 为降本趋势系数，$R\leqslant 1$，根据公司对该部分零件的现状进行趋势判断。税不属 BOM 成本，但能源层与消费税、购置税直接相关，在平台选择时要计算全价值链成本，供项目考虑。积分成本主要根据国家积分政策，不同能源层选择会带来不同的积分收益或成本，因此选择时要予以考虑。其他法规趋势成本包含但不限于油耗、排放标准的加严，带来的当前平台改善成本。能源层直接影响溢价，比如不同排量的发动机，不同形式的自动变速器，不同电量的电池以及不同功率的电机都会产生溢价。

3）电子电器平台成本经济性分析。电子电器平台是实现自动驾驶、座舱功能等传感识别、信号传递、功能控制构架组合。在做电子电器平台成本可行性分析时，需要关注的是产品项目的功能宽度和控制构架（平台和附加控制器）的全口径成本对比，推动项目组和企业选择适合本产品功能需求、全口径成本更优且经济性相对好的电子电器平台。

若针对能源层、机械层和电子电气架构层的成本分析计算后，计算三大平台的总成本高于同类车型 3%，则考虑平台本身是否为项目的主要竞争点，否则需要对三大平台再次审视；若高于同类车型 5%，则需要考虑平台调整，或者引入外部平台资源进行可行性分析。若成本可行性分析支撑项目分析结论，则进入到成本投放策略制定阶段。

2. 制定成本投放策略

成本投放策略包含三个主要工作内容：成本目标确定、成本预算分析以及成本达成路径的制定。这是整车成本管控流程的目标制定及纠偏部分。

（1）项目材料成本目标的制定

项目材料成本目标的制定遵循先自下而上分析汇报，然后自上而下发布执行的方式。项目材料成本目标的制定要遵循两大约束：约束 1 是行业竞争性，即在目标市场上的产品竞争力保障；约束 2 是公司盈利性，即要满足项目材料成本目标≤整车净收入 – 目标利润 – 税费。其中约束 1 实际是项目的关键商业模式，需要高度概括成一句话，成为项目主要共识、各自工作的标准，以及矛盾决策的原则，例如"用 A 车的成本做 B 车的空间和驾驶平顺性"，又如"在 A 车的基础上降本 10%，做成极致性价比"。约束 2 则是具体的数字，一般是在约束 1 成立的情况下，确认约束 2 是否能满足公司盈利目标。以上两大约束，都需要考虑到整车产品开发是一个长周期的资源投放的过程，不仅要考虑当下，更要考虑未来 2~3 年后，必须具备一定的弹性。

（2）成本标杆车的选定

确定成本标杆车，可使项目在开发过程中有一个成系统的技术成本参考系及评价参考系，可作为有共识的一般参照物，能快速评定技术板块开发工作效益，大幅提升成本管控和项目开发效率。

成本标杆车的选定要遵循以下三个原则：

1）选已上市的成功车型。选取已上市成功车型主要是为了在后续方案选定过程中，遇到成本与其他指标冲突时，有一个明确直观的判断，即主要看成本投入后获得了什么。

2）选车型、车格、定位接近的车型。车型跨度尽可能小，若相对成本标杆车变化比较大，则中间产生的变量环节就会多，导致沟通效率低。

3）选公司内部车型。内部车型满足本公司通用技术标准和供应体系竞争力基础，选择内部车型可以缩小成本问题的发散范围，成本预测可信度更高，且技术方案、功能和质量问题已经受市场检验，对项目有更清晰的指导意义。

（3）制定项目材料成本投放策略

项目材料成本投放策略是指在整车开发项目中，对整车所需成本进行有效投放和管理的策略。项目材料成本投放策略需要考虑多方面因素，包括产品定位、产品品质、市场竞争力、公司资源、供应商行情、市场行情等，以满足整车的性能、品质、外观等要求，在保证产品竞争力的前提下，使项目材料成本达到最优化。项目材料成本投放策略需要与整个项目进度相结合，确保项目材料成本在规定的时间内，达成项目材料成本目标。

成本投放策略的主要工具为"成本 - 竞争力"分析表，其构成见表 6-10。其中，第二列为零件系统名称，一般情况下不拆分到具体的供货状态或件号，只需要到品类即可，比如门密封条；第三列为成本标杆车该零件的成本，一般为固定值，必要的情况下也可以做一定程度的还原；第四列为投放策略，即相对于成本标杆车，本项目的成本目标调整情况，正数为增加成本，负数则为降低成本；第五列到第 N 列则为性能目标，例如 NVH 性能、驾驶平顺性等。不同的性能关联的零件有差别，不同的项目对关联零件的成本策略也存在差异。

表 6-10 "成本 – 竞争力"分析表示例

序号	零件系统名称	成本标杆车零件成本	投放策略	性能 1 L	性能 2 A	性能 3 C	性能 4 U	…
1	零件 A	1000	145	150	0	0	–5	…
2	零件 B	200	–10	0	0	0	–10	…
3	零件 C	1200	–18	0	0	–18	0	…
4	…	…	…	…	…	…	…	…
投放目标	…	…	…	150	0	–18	–15	…

按表 6-10 所列分析方法，完成成本投放目标分析，基于分析出的投放目标制定成本投放策略。制定成本投放策略要注意以下三个问题：

1）与性能目标 LACU 达成一致。一般情况下，一个车型相对核心标杆车的 L 项为 1~2 项，A 项为 3~6 项，剩下为 C 或 U 项。

2）与各性能目标总成本投入达成一致，其中 L 项性能、A 项性能及 C/U 项性能的成本投放目标制定存在差异。

① L 项性能成本投放目标设定。L 项性能直接决定车型成败，针对这部分性能目标，成本投放一定要优先保障。设定方法主要为以总结上一代车型中 L 项性能总成本投放金额作为基准值，结合"成本投放四问表"进行增减调节，见表 6-11。每个问题设定一个调整系数，若调增则为大于 1，若调减则为小于 1。L 项的成本投放目标公式为

$$C_l = A \times R_1 \times R_2 \times R_3 \times R_4 \quad (6-7)$$

式中，A 为上一代 L 项性能总成本投放金额；$R_1 \sim R_4$ 分别为四个问题判断结果。例如，上一代车型成本投放总金额为 2000 元，根据整车成本总师或项目总监判断，本次四问法的系数分别设定为 1.3/1.3/0.95/1，则本项目的建议 L 项性能建议成本投放目标设定为 3211 元。即 L 项性能成本投放目标相对成本标杆车，增加 1211 元。实际项目运行中，计算结论仅作为参考，还会根据方案和用户需求反复斟酌确认。

表 6-11 成本投放四问表

序号	问题	调增	调减
1	核心标杆车该项性能的评级情况，L 还是 A？	A	L
2	该项性能目前行业发展趋势是什么？	发展期	成熟期
3	目前的方案是否具备绝对的市场竞争力？	不具备	具备
4	我们项目主要承接 L 项的团队，在行业的能力水平层次如何？	一般	领先

投放目标的增减是以达成项目核心竞争力为方向，不是以压缩成本为目的。针对 L 项的成本投放，一定要面向未来，杜绝以过去的经验值作为目标，以免被市场淘汰。

失败案例

某公司通过不断摸索，总结了公司目前最成功车型的成本比例，认为该比例是黄金比例，因此作为下一代成本投放的模型，对未来项目进行严格管控。结果从上一代车型到下一代车型，市场上发生了翻天覆地的变化，主要是内外饰从原来的一般要求，变成了求软质、求亮丽颜色，结果上一代的硬质和不同层次的黑色调在上市后引得一片吐槽声，销量可想而知，甚至直接导致公司进入一个短暂低谷期。

② A 项性能成本投放目标设定。A 项在项目中，不直接构成车型核心竞争力，成本投放目标的设定可以具备一定挑战性，遵循的基本原则见表 6-12。

表 6-12　成本投放目标设定原则

序号	问题	投放	不投放	不投放或降本
1	该项性能的关注度或使用频次如何？	高	中	低
2	该项性能属于本项目用户的基础需求？期望需求？魅力需求？	基础需求	期望需求	魅力需求
3	我们项目主要承接该项性能的团队，在行业的能力水平层次如何？	一般	优秀	差

需要投放成本的 A 项性能目标，主要是能力一般，但这个性能是使用频次高，且为基础需求，则需要在成本标杆车的基础上，增加成本，其余则考虑不增加成本甚至降本，来设定成本投放的挑战性目标。

③ C/U 项性能成本投放目标设定。根据整车目标设定 C/U 项性能的基本降本幅度，根据品类市场成熟度不同，按不低于借用件成本降幅设定零件重新开发的成本目标。

3）根据上述计算结果，发布各项性能定义的成本投放目标。

3. 项目成本预算分析

成本投放策略是面向开发团队为达成项目竞争力而设定的各项成本目标，需要具备挑战性。项目成本预算是面向公司经营团队，代表项目对公司的经营承诺，需要具备谨慎性，避免公司投资损失。就项目成本预算分析的活动来说，它是原价工程师根据产品工程师当前制定的方案，对未来可能需要的成本进行评估，作为项目成本的现状数据，也是在项目未进入到实质阶段前的整车成本预算。

（1）项目材料成本预算分析的前提

1）基地及规划量对材料成本的影响。不同基地的供应商分布存在差异，直接影响零件成本水平，因此成本分析前需对整车生产基地的配套能力进行了解，主要包含该基地配套供应商的竞争度、供应商的成本水平、供应商产能规划，以及支撑新技术、新工艺的能力。在分析供应商产能规划的时候，需要结合车型的规划量和供应商的未来产能，在同一时间点进行判定产能是否富余，如果存在产能问题，则需要考虑供应商产能扩建带来的成本影响。针对运输难度比较大的零部件，例如仪表板、门板和白车身等，需要考虑配套供应商的运输距离带来的运输成本差异。

2）制造分工对成本的影响。根据项目的工厂产线、设计选型和自己投资建线方案，对零件加工制造存在差异，在做预算分析时要充分考虑不同方案带来的成本影响。常见的分工模式对成本的影响有两类，一类是自己投资建线制造的零件，材料成本预算时只考虑原材料或胚料采购成本，并扣除废料收益，如钣金件、发动机缸体缸盖等。例如10kg钣金件，下料胚料16kg，材料单价5元/kg，废料1.2元/kg，则预算成本应该是：16×5-（16–10）×1.2=72.8元。另一类是总装工位变化带来的供货明细变化，成本预算时要按供货状态技术方案差异考虑成本，例如门板总成包含门板和内开手柄，预算门板总成成本时，如果在供应商总装，计算方式是：门板总成成本＝门板成本＋内外手柄成本＋内开手柄的装配费和管理费；如果在工厂总装，计算方式是：门板总成成本＝门板成本＋内外手柄成本。

3）模块化、平台化应用对成本的影响。根据项目设计BOM明细，对应用模块化状态的零件，要考虑规模及时间效益，做成本预算时，需要在定价基础上考虑本项目的上市年限降幅。

4）关重物资浮动价格对成本的影响。在车型项目开发过程中，会有一些零件采购价格随大宗原材料采购价格波动影响较大，故做项目成本可行性分析时，在定价前需初定一个关重原材料价格水平进行分析。成本团队需周期性对关重物资价格进行预测、锁定及发布，支撑项目预算。在做预算分析时，一般采取当期或最新的预测版本。

5）市场方程式对成本的影响。成本团队正式纳入成本分析测算的产品方案，是经过项目团队完成技术可行性和经济可行性审视并达成一致的版本。针对市场方程式中新出现的配置，需要确认产品策划团队具体想要的功能，例如全景天幕配置是否需要隔热层以及隔热等级等。

6）技术方案对成本的影响。技术方案来自技术专业与项目组完成技术可行性和经济可行性审视并达成一致的配置方案。预算成本通常由原价工程师用对比法、计提法或估算法进行测算。

7）造型方案对成本的影响。在车型项目开发过程中，造型方案在未确定前一般都是多方案并行分析，成本团队正式纳入成本分析核算的造型方案，一定是造型团队最推荐的，并且经过技术专业团队进行技术转化的方案。最终通过公司管理层造型评审后，以最终锁定的造型方案更新成本分析数据。

（2）项目材料成本预算分析步骤

项目材料成本预算分析主要分为以下四个步骤：

1）原价工程师基于现有技术方案、该品类目前的定价水平，用估算法或横向对比法对每个零部件或系统进行成本分析。

2）成本总师对所有零件进行汇总，并增加整车的备用金、辅料及未来风险和机会。

3）数据委员会听取成本总师和原价工程师对预算分析的意见，并对其中的风险和机会再次审视。

4）根据数据委员会的意见调整和确认整车成本预算。

（3）项目成本预算遵循原则

项目成本预算需要遵循以下三个原则：

1）确保数据的独立性。在实际操作过程中，为确保项目顺利通过里程碑，有时可能需要成本总师对成本预算进行激进的判断和分析。因此，整车成本预算分析应由数据委员会出具最终结论，以确保数据的独立性。

2）风险可控原则。成本团队提交的整车成本预算应在风险可控的前提下进行，预测项目量产或上市时可能达到的成本数据。与所有预算一样，整车成本预算应具备谨慎性。

3）战略符合原则。站在企业经营的角度，单项目材料成本预算要符合公司整体战略规划。

4. 制定成本达成策略

在设计成本管控过程中，最常见的情况是直接按现有的方案测算不能达成目标，需要制定和匹配有效的成本达成策略。成本达成策略是指通过确定一定的成本策略，调整整车预算成本方案或供货行情，以实现成本投放策略的过程。成本达成策略区别于VAVE，它是基于市场需要，从资源、管理方式、性能标准等维度提出来的核心成本工作方法。

成本达成策略由核心策略和主要路径构成。核心成本策略即主要的成本突破方向，一般形成一句话总结，方便项目共识。例如"最大化利用存量资源"，这个策略是说主要通过不新增投入，最大化借用集量降本或保本来达成成本目标，适用于车型目标市场不大、主要材料行情上涨等情况，通常是借用资源丰富的车型来确保零件价格的竞争优势，如某越野车品牌。对体系规则要求不高的成本管控体系，适用于品牌力相对较弱的公司，具有全面开放的供应体系，主要成本策略是找市场上可用的优质资源。在实际操作过程中，不同的项目面临的微观环境不同，需要寻找的成本突破口也有差异，成本策略也会有不同的侧重。

具体的成本达成路径可以从以下四个维度去思考，不同项目根据实际情况，需要采取的维度不同。

1) 收敛客户需求，审视产品配置，聚焦靶心用户的主要体验点，强调差异化。基于配置成本路径分析时，通常针对以下六类情况进行审视：

①相对竞品配置经济性比较差，且超过偏差阈值的方案。

②现市场反馈客户敏感性不强的配置或功能。

③竞争圈 CPV 溢价不达标的配置。

④配置梯度溢价不达标的配置组合方案。

⑤配置价量组合方案成本效益不达标。

⑥相对成本标杆车投入不合理的量价策略及费用，以上成本维度分析出的配置量价组合相关优化路径和问题。

2) 面向用户的设计。主要关注从用户实际使用场景出发，审视各类设计指标、性能指标以及验收指标。例如，在后车门的设计中要求开关数万次不出现变形，然而，在出租车使用场景下，后车门开关次数的性能指标需要相应提高以适应更频繁的使用。因此，需要通过对具体性能指标的审视，围绕核心用户典型场景选择合适的性能指标，并制定相应的成本达成路径。

3) 成本最低成本设计方案。它是在当前阶段公司内和市场上设计出的成本最低技术方案，或者在当前最低成本技术路线上重新设计出的成本最低方案，并以此为基础增加新项目定义、市场需求后，形成的技术方案。

4) 商务模式的创新和突破。在成本策略制定阶段，需要根据目前商务环境的最新情况，确认商务是否有必要进行先期策划。一般有以下三个层面的问题需要提前考虑：

①在目前项目进度要求下，可以用到的供应商是否可以支持成本目标的达成？

②目前的采购模式，是否可以充分激发供应商的积极性？

③该项目对供应商是否有足够的吸引力？如果没有，有没有办法可以解决？

以上三个方面构成项目总体采购的部分，区别于零部件的先期采购策略。

在制定成本达成路径时对四个维度的策略应用，通过以下案例进行说明。

案例：某项目成本策略

某项目通过内外部分析，确定材料成本目标为100000元，经过三原则方法确定成本标杆车为F车，该车的成本为104000元，考虑LACU的成本投放，结合成本–竞争力模型，L项和A项性能目标需要增加3211+500=3711元。通过目前技术方案的成本预估分析，现状成本为107000元左右，则缺口为107000-100000=7000元。分析该团队的情况，发现该团队具备行业内非常强的技术能力。对于成本来说，其优点是具备自主设计方案的能力，缺点是存在工程师式的思维。综合内外情况，该项目的成本总体策略为：用贴心换用户，用技术换商务。围绕该策略，制定的成本达成策略如下：

策略1是面向场景，剔除低频设计，降本1600~2000元。根据这个策略，对车辆每个功能进行场景化罗列，对于使用低于10个场景的非安全类功能或设计，进行简化或取消，例如方向盘四向调节。主要的工具有VAVE和功能分析。

策略2是审视设计标准，消除冗余设计，降本2500~3000元。对于基础功能或者低频安全类功能的零件，进行程度审视，即为性能。具体的路径有对标、实车多方案对比等。

策略3是技术与商务融合，最大化利用社会资源，降本2500~3000元。具体路径为帮扶低成本供应商、采用市场存量资源、自主设计降本、面向制造提升效率降本、联合供应商开发共享开发成果降本等。

该项目通过以上三大策略，预计能降本6600~8000元，项目讨论后，达成共识并推进实施。该项目最终成为市场上明星产品。

5. 成本目标的发布

项目材料成本策略制定的最后一个步骤就是成本目标的发布，在现状、目标以及达成目标的策略制定后，需要在项目组内对各零部件的目标进行正式发布，成为项目的共识以及成本管理的起点，在项目组内称为成本目标责任书。

成本目标责任书由成本总师拟定，经过专业会签、成本业务经理审核，由总监审批通过后正式发布，广泛运用于项目及行政考评中，从而有效推进成本工作。

6.4.3　项目材料成本策略的执行

在总体成本策略制定后，项目成本管理的主要目的就是让项目按照策略制定的路径进行推进，最终达成成本目标。项目成本管理主要分为四个方面：成本数据管理、技术方案管理、商务策略的管理和任务管理。

1. 成本数据管理

（1）材料成本数据的分类

按对象和性质分类，大致可以分为六个类别，分别为项目材料成本（Vehicle Material Cost，VMC）、项目上限目标成本（Target Cost for Vehicle，TCV）、整车定价通知（Vehicle Procurement Cost，VPC）、零部件预算成本（Parts Budget Cost，PBC）、零部件目标成本（Target Cost for Parts，TCP）、零部件定点价格（Parts Procurement Cost，PPC），见表6-13。

表6-13 成本数据分类

对象	预算	目标	定价
整车	VMC	TCV	VPC
零部件	PBC	TCP	PPC

（2）成本数据管理原则

不同的数据面向的对象不一样，作用也有差别，因此不同的数据存在不同的管理原则。

1）VMC数据管理原则。该数据来源是通过原价工程师对零部件进行成本评估，再由成本总师进行汇总调整，并经过成本数据委员会的审批，最终形成首版数据。数据共包含五张表，分别是汇总展示表、BOM明细表、风险表、机会表和市场方程式，并且被广泛用于各个项目里程碑的阶段，生成整车产品商业可行性报告。该数据的管理权限由成本总师控制，具有增、删、改的权限，成本领域负责人则具备查看、审核的权限，而总监则具有查看、批准权限。在保密要求方面，该数据的保密级别为商业绝密，在一般情况下应由本机或本服务器进行管理，任何渠道均不得以文档形式发送。这保证了数据的安全性和机密性，确保其在使用过程中不被泄露。

2）TCV数据管理原则。这份数据的来源是成本目标责任书，它由整车发布目标汇总表和各维度的成本目标责任书构成。该数据被用于项目和行政维度的评价，以确保在制造过程中准确达成成本目标。该数据的管理权限总体由成本总师持有，具有查看权限。总监则具备增、删和改数据的权限，而业务经理仅具备查看权限。此外，各维度的成本目标责任书由各版块负责人持有，具有查看权限，但无增、删和改的权限。在保密要求方面，整车发布目标汇总表应由本机或本服务器进行管理，非必要情况下不能以文档形式发送。但各维度的成本目标责任书可以通过点对点的方式以文档形式发送。这保证了数据的安全性和机密性，并且让相关人员能够方便地查看和共享数据。

3）VPC数据管理原则。VPC来源于该项目各个零件的价格汇总，它被用于支撑整车成本预算表，并用于分析定价成本情况。该数据的管理权限属于成本团队，成本总师有增加数据的权限，但不需要删除或修改数据，项目总监则具备查看权限，其他成本团队成员也可以查看该数据，以便更好地协作和完成工作。在保密要求方面，根据公司规定的保密规则对其进行管理。该数据的保密级别低于VPC，要采取适当的措施保证数据的安全性，并避免泄露和滥用。

4）零件类数据管理原则。该类数据包含PBC、TCP和PPC。零部件的数据管理严格度低于整车，数据可部分与产品工程师共享，以达成最终成本目标。PBC来自整车VPC，TCP目标来自原价工程师的测算，定价来自生寻工程师与供应商签订的定价通知。其中需特别说明的是，零部件的目标一般指商务目标，在商务正式解锁前保密级别最高，单个零部件的定价建议与产品工程师共享，以指导产品工程师面向成本做设计。

2. 设计方案成本管理

在成本管控过程中，成本总师需要对设计方案进行经济性管理、跟踪和评价，设计方案分为三大类，分别为造型方案、配置方案和技术方案。

（1）造型方案成本管理

成本团队在与造型团队沟通和行使成本管控职责时，要在造型团队可以对造型调整优化的创作节点，提出相对合适的优化方案，沟通效果会更好。在造型方案管理时，针对造型创作的不同进度节点，可以分别按以下机制来实现造型经济性提升：在造型创作前期，基于项目的定位，发布造型设计成本目标、造型应用方案指引、分块方案指引和谨慎使用方案指引；在造型创作中期，基于造型的多套备选方案提供及时评估支持，跟踪评价成本达成情况和推送零件分块优化等指引；在造型创作后期，持续针对零件细节表面处理优化、边缘零件分块调整等优化指引。

（2）配置方案成本管理

成本团队在参与市场配置共创活动时是按以下工具和模式提升市场组合方案经济性的：

1）针对组合竞争方案用EATP差异分析。成本团队针对产品与核心竞品主力款差异化配置方案，完成配置售价方案的经济性对比，并推动配置–售价主力款配置售价方案的优化工作。

2）针对配置价格梯度方案分析用配置溢价能力评定。成本团队针对市场方案的配置价格梯度，完成配置梯度间的配置溢价能力评定，并推动配置价量组合方案的优化。

3）针对配置经济性检核用投入/产出模型。成本团队针对配置方案中各项配置用投入/产出模型分析各项配置的投入/产出比，检核出经济性差的配置，并推动配置选择优化。

4）针对客户感知不高的冗余配置用配置淘汰清单检核。成本团队用市场淘汰配置功能清单检核配置方案中的低感知配置，并推动配置取消。

（3）技术方案成本管理

成本团队在参与产品技术方案共创活动时，要遵循技术方案锁定是从平台-系统-零件三级逐步细化确定，并在开发实践过程中逐步消除冗余的客观规律。在管理技术方案的经济性按以下模式和工具进行管理。

1）针对平台方案确定，用平台类比法呈现各平台经济性差异，项目和公司在此情况下进行平台选择，确保平台性价比最优。

2）针对布置方案优化，采用布置和成本应避免问题清单排查管理，确保产品布置方案的经济性。

3）针对系统方案确定，用上限成本目标和技术方案指引的管理，推动技术选择或创新技术方案锁定性价比最优系统方案。

4）针对零件技术方案管控，采用零件上限成本目标和方案指引，通过最低成本法、上限成本达成法、TQC-V（技术、质量、成本价值共创活动）活动三选一，确保技术团队锁定的零件技术方案在行业中具备比较优势。

5）针对锁定技术方案中的功能、设计、工艺冗余，采用对标法和工具排查法逐一审视零件技术方案特殊功能/工艺的感知效果，结合市场情况推动冗余方案的优化。

3. 零部件商务策略成本管理

制定零部件商务策略的核心目的就是在满足技术条件的前提下，达成成本目标。具体的采购流程详见第 8 章。本章节主要阐述商务策略部分，即在正式发起采购定点定价流程之前，要制定的商务策略，主要分为以下两个部分：

1）确认采购需求：包括明确需要采购的零部件、规划量、质量标准等要求，需要定价的时间，以及成本是否目标范围内可控。

2）供应商资源分析：优秀的主机厂都有成熟的供应商体系及供应商管理规则，资源分析分为几个步骤：

①初步筛选：即该品类所有供应商的目录。

②资质审核：按规则对初筛出来的供应商进行评价，确认参与比价资格。

③意愿分析：对有比价资格的供应商进行最近定价趋势分析、产能分析、价格水平对比分析。

在实践中，企业可以根据实际情况进行调整和优化，以适应不同的采购需求。在实际工作过程中，商务策略既细致又烦琐，通过以上步骤制定的策略只能是一个前提，在商务谈判中还有很多细节需要与采购工程师共同确认，以下为不同类型的商务联动优化案例。

案例1：供应商信心不足应对案例

某项目发布某零件的 RFQ 招标比价，发现供应商 A、B、C 报价均超过正常水平，且谈判困难。经过分析是供应商对某项目市场信心不足，为了降低风险快速回收投资，把投资和加成均按最保守原则进行考虑，导致报价超过正常水平。后经过项目相关专业一起分析并消除了供应商的顾虑，重新考虑了报价策略，以双方可接受的风险共担方案达成了一致。风险共担，可实现供应链全体系命运共赢。

案例2：与供应商共同实施技术优化

某零件设计方案经多轮讨论分析，一直达不到设计成本目标。经邀约供应商一起共创设计方案，供应商从制造环节提出若能调整技术开发要求，就可以借用成熟的工艺方案和二级零件，减少工装开发投入，可以达成设计成本目标。经成本板块推动，项目相关专业部门一起对技术要求重新审视，同意优化非核心技术要求，最终达成设计成本目标。与供应商一起共创技术方案，达成设计成本目标，实现供应链全体系命运共赢。

俗话说"买的不如卖的精"，在零部件成本层面主机厂要虚心向供应商伙伴学习，结合整车用户需求，选择和设计最优的技术方案、工艺方案，并且最大化利用供应商产能，从而实现成本最优化，实现用户、主机厂和供应商三赢局面，是商务策略追求的最终目标。

6.4.4 成本偏差管理

成本偏差管理是项目中针对成本策略执行过程中，对各分块成本现状跟踪、监控、评价和改善，以确保成本按照预定的策略或目标达成的一种项目管理活动。

1. 成本偏差来源

为达成成本目标而需要完成的工作项，都可以纳入到成本偏差管理的范围。常见的成本偏差来源有以下五个方面：

1）成本总师对项目成本目标分解并锁定后，各产品专业匹配技术方案形成的成本缺口。

2）成本总师对项目市场方案变动导致的成本投放偏差，结合多项目成本–效益数据分析的问题点，在成本－市场－财务－总监会上推动锁定涉及财务费用、市场方案、项目技术方案等。

3）成本总师对技术多轮分析仍未达成上限成本目标导致的偏差，提出新的分析方向和指引。

4）成本总师对商务阶段未达成商务目标导致的偏差，会调动原价零部件分析团队提供技术支持，包含但不限于商谈流转分析支持、再次审视技术优化点、审视供应商反馈的优化措施、审视竞争圈优势资源等。

5）项目驾评及应对市场变化带来的新增提升需求导致的偏差，主要包含性能提升、问题整改、配置提升和售价调整等。

2. 管理机制

成本总师对项目降本路径的管理机制，区分问题类型通常采用以下方式进行管理：

1）针对配置量价方案的降本路径管理，主要体现在对问题清单的管理、对优化活动的管理、对侧重问题点的管理。它主要关注年度销量分布不合理、销售费用占比高、车型间配置溢价差、竞争方案经济性差、低感知配置/功能取消、亮点组合感知差、配置感知/成本经济学差、选装包效益等问题。

2）针对财务模型的降本路径管理，主要体现在与财务预算标准模型的对比差异管理。它主要关注影响上市年利润的变动费用和分摊量、研发投资、固定销售费用、加工费、年降、税收和量比，以及计提类的单车运费、三包费等问题。

3）针对战规基地选择、制造分工方案经济性问题，侧重在自投工装差异、投资建线差异、新招人员差异、基地制造费用差异和基地供应体系差异，从而提供经济性更优选项供公司管理层选择。

4）针对降本目标和技术优化方案的管理，可采用降本方案进度清单按 VAVE 六步法管理。它把降本方案按推进节点分为方案入库、计划审定、验证完成、试装完成、切换完成、成果确认共六个标签段，每周跟踪方案进展及目标达成风险，滚动推动方案落地。

5）针对供应商资源风险的管理，通常采用风险清单管控，推动采购板块优化供应资源。它主要关注品类供应商资源不足、品类供应商成本经济性差、品类供应商竞争不足、品类供应商产能不足等问题。

6）对技术工程师和专业板块成本目标达成的管理，需要注意两个层面的管理。其中之一是技术共创层面，可用上限成本法、最低成本法、TQC-V 活动等进行结构化管理；另一个层面是调动技术资源和积极性，可以使用梯度评价法和横向比较排序法，有效调动项目专业内资源协同和专业间竞争氛围。

第 7 章
项目质量管理

ISO 9000 标准中把质量管理定义为"在质量方面指挥和控制组织的协调的活动"。质量管理是企业全部管理活动的重要组成部分之一,企业所有的管理活动过程本身就存在质量管理,只有将它们融为一体,组织才能实现其自身质量目标。质量管理通常包括制定质量方针和质量目标,以及通过质量策划、质量保证、质量控制和质量改进实现这些质量目标的过程。

本章重点介绍整车开发项目质量管理体系以及先期、研发、投产、量产与上市初期等整车开发项目各阶段的主要质量管理活动。

7.1 质量管理体系

整车开发质量管理体系是指在质量方面管理和控制整车开发项目的管理体系。整车开发质量管理体系是组织内部建立的,为实现质量目标所必需的、系统的质量管理模式,是组织的一项战略体系。

整车开发质量管理体系以过程管理方法进行系统管理,根据企业特点选用若干体系要素加以组合,一般包括产品实现以及测量、分析与改进相关的过程,涵盖了从确定顾客需求、产品设计、样车试制、试验验证、生产、检验、交付、销售全过程的策划、实施、监控、纠正与改进活动。

7.1.1 建立质量管理体系的意义

质量体系是产品质量的保障,体系质量决定产品质量。为了持续稳定地设计和制造满足顾客要求以及适用法律法规要求的产品,汽车企业需要建立一套能有效运行的质量管理体系。

1. 体系质量决定产品质量

产品质量问题必定来源于设计或制造过程,产品质量必须由设计过程和制造过程质量保证,而过程质量必须靠质量管理体系保证。三者之间的关系如图 7-1 所示。

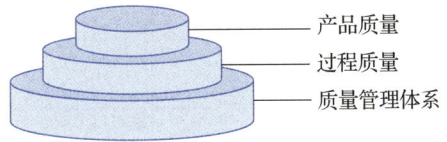

图 7-1 产品质量、过程质量、质量管理体系之间的关系

2. 产品质量是企业市场竞争的战略武器

没有质量就没有市场,质量就是企业的生命。市场竞争中质量的战略地位日益突显,把"通过质量创造价值"确定为企业的核心战略,以此作为企业经营及资源投入等方面的决策依据。

3. 质量源于设计

对产品质量问题的根本原因进行分析,研究发现 80% 的问题均与设计相关,且 50% 以上的问题源自开发阶段。同时,若在产品开发阶段发现问题,并对问题进行更改,比在量产后更改所产生的成本要低得多。如何提升设计质量,是每个企业必须面临的问题。设计质量包含两个方面的内容:一是设计目标的质量,即产品和过程与期望要求的符合程度;二是设计的工作质量,即为满足设计目标所进行工作活动的符合程度。

7.1.2 质量管理体系的主要内容

IATF 16949 标准在质量管理体系标准 ISO 9001 基础上增加了汽车行业特殊要求,集成了目前全球汽车行业质量管理最佳实践和最新理论,是汽车企业建立质量管理体系的核心依据。

以 IATF 16949 及 ISO 9001 质量管理体系为准则,某车企搭建了图 7-2 所示的全面质量管理体系。通过体系过程、核心业务流程、质量操作系统、结构化流程、关键质量指标,将 IATF 16949 标准要求逐级展开,转化为质量操作手册的关键要素和结构化流程的关键工作进行管控,并融入到研、产、供、销等产品实现过程业务中。运用体系成熟度、操作系统等级、流程符合率等指标分别进行测量分析,输出改进要求,运用 PDCA 循环方法持续改进,促进产品实现过程质量体系能力的提升。

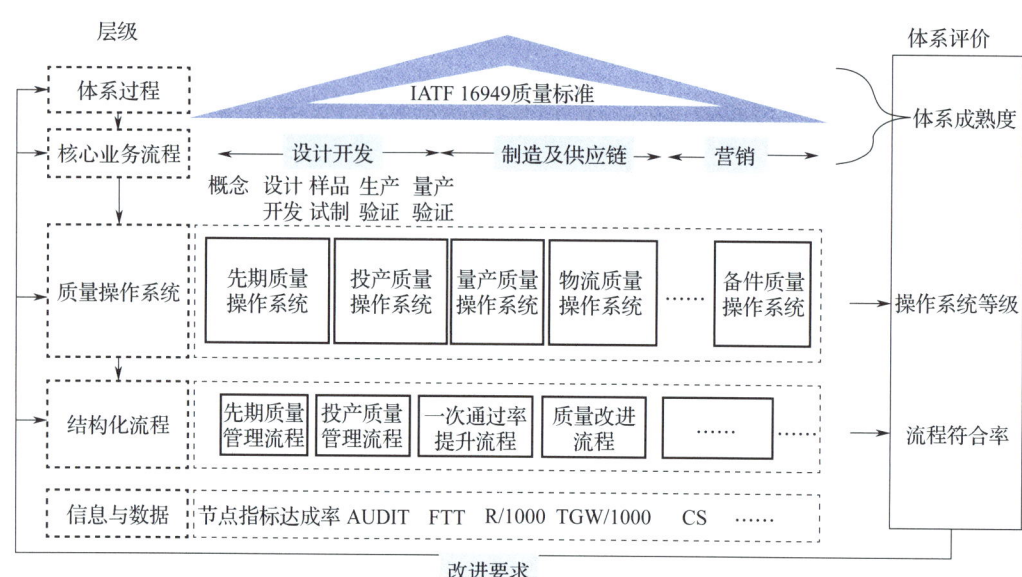

图 7-2 全面质量管理体系

1. 体系过程

按 IATF 16949 质量标准和国家法律法规中生产一致性管控要求,通过过程方法识别企业体系过程,并将其分为顾客导向过程、支持过程、管理过程三类,其相互关系如图 7-3 所示。

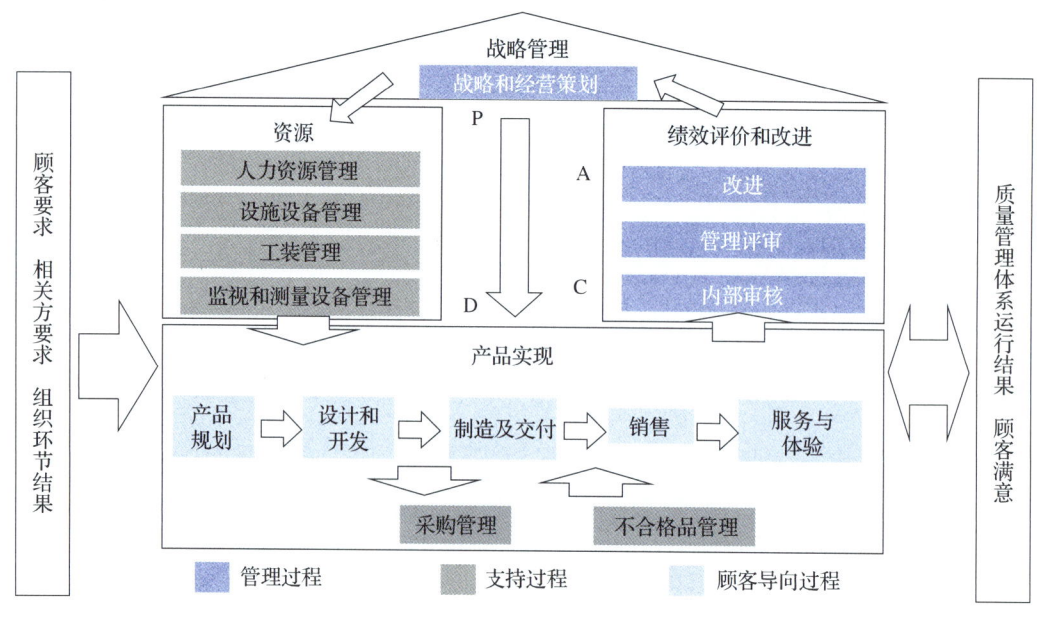

图 7-3 管理体系过程网络图

2. 质量操作系统

质量操作系统明确了各过程质量控制中所有必要的动作,以及控制产品质量相关的过程,促进质量的持续改进并不断提高顾客满意度。按照不同过程,可分为先期质量操作系统、投产质量操作系统、量产质量操作系统等。以量产质量操作系统为例,它实现了从来料到整车发运的全过程控制,与工位过程控制、全员生产维护等要素关系密切,是对 ISO 9001 质量管理体系等标准的应用实践。

质量操作系统的主要作用如下:

1)向管理层提供实事求是的、可信的、全面的质量信息,以供其决策。

2)识别改进的机会,降低质量损失。

3)基于事实和数据,评估各过程在质量方面的控制能力。

4)实行标准化,确保所有项目质量管理方法的一致性。

5)将质量部门与制造部门、工艺部门、供应商、开发部门以及其他相关方紧密联系。

3. 结构化流程

结构化流程是指一组相互关联的在一个框架结构和一定的组织原则下按照标准化程序运行的工作。细化质量操作系统相关要求,将与质量强相关的工作项作为过程关键控制要素,并规范其工作流程,确保工作绩效稳步提升。

按照质量管理体系架构和产品质量先期策划(Advanced Product Quality Planning,APQP)的要求,某车企建立了如图 7-4 所示的整车开发质量管理结构化流程。将整车开发管理划分为质量策划、设计和开发质量控制、投产质量控制、上

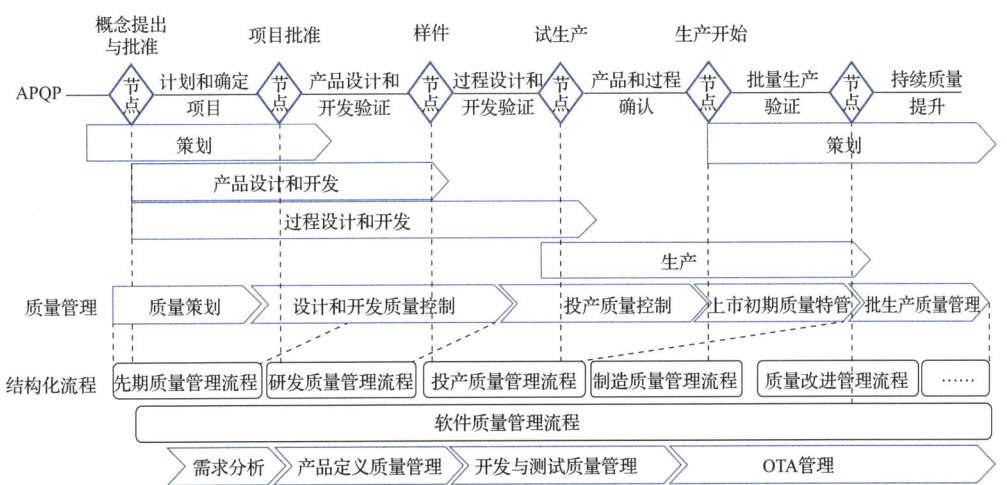

图 7-4　整车开发质量管理结构化流程

市初期质量特管、批量生产质量管理五个阶段，通过对各阶段关键质量控制工作的结构化，形成先期质量管理流程、投产质量管理流程、制造质量管理流程、质量改进管理流程四大流程，简化了整车开发项目质量管理的策划、控制、改进工作，使产品质量更好地满足顾客需求。

4. 质量信息与数据管理

数据是质量管理的产品，可以呈现整车开发各环节的质量水平，为管理决策提供重要依据。现代企业每天都会产生大量的质量数据、信息，这些信息必须得到有效的管理和应用才能充分发挥作用。运用数据、信息来量化评价产品开发全过程的质量工作水平，促进其持续提升，需要建立相对完善的质量信息管理系统来为质量决策提供依据，调节和控制开发、生产过程，为质量业务的考核和检查提供依据，并建立质量信息档案。

质量信息管理系统按照规定的程序和要求对质量信息进行收集、加工处理、存储、传递、反馈和交换，以支持和控制质量管理活动有效运行。质量信息管理系统是企业内部、企业与供应商、企业与用户之间的信息联系纽带，是企业质量管理体系的重要组成部分。

（1）先期质量信息管理系统

先期质量信息管理系统以问题管理为主线，将整车新品开发项目在造型、设计、试制、投产、验证等各环节质量信息汇集到一起，通过对问题严重度、发生频次、改进进度等方面的管理，识别产品开发风险。其系统功能架构如图7-5所示。

先期质量信息管理系统按照业务流程与其他信息系统互联互通，全面获取整车项目开发各板块的质量数据，为评估项目质量健康状态提供依据，见表7-1。

表7-1　先期质量信息管理系统中的主要质量数据

序号	质量指标	指标说明
1	问题关闭率	已关闭问题数/总问题数
2	未关闭S类问题数	还未经确认关闭的S类问题个数
3	未关闭A类问题数	还未经确认关闭的A类问题个数
4	用户体验C/1000	用户体验环节平均每千台车问题数
5	累计用户体验里程	用户体验环节所有车辆行驶里程之和
…	…	…

先期质量信息管理系统的核心流程是问题自动跟踪管理流程，基于质量工具8D的问题解决思路搭建，通过结构化方法实现对质量问题的发现、原因分析、措施制定、措施验证、措施切换等全过程的跟踪管理。根据不同信息来源实现对问题的分

类管理，根据问题严重程度实现对问题的分级管理，根据流程自动化实现对问题自动跟踪管理，通过数据权限分配实现了信息共享范围管理。

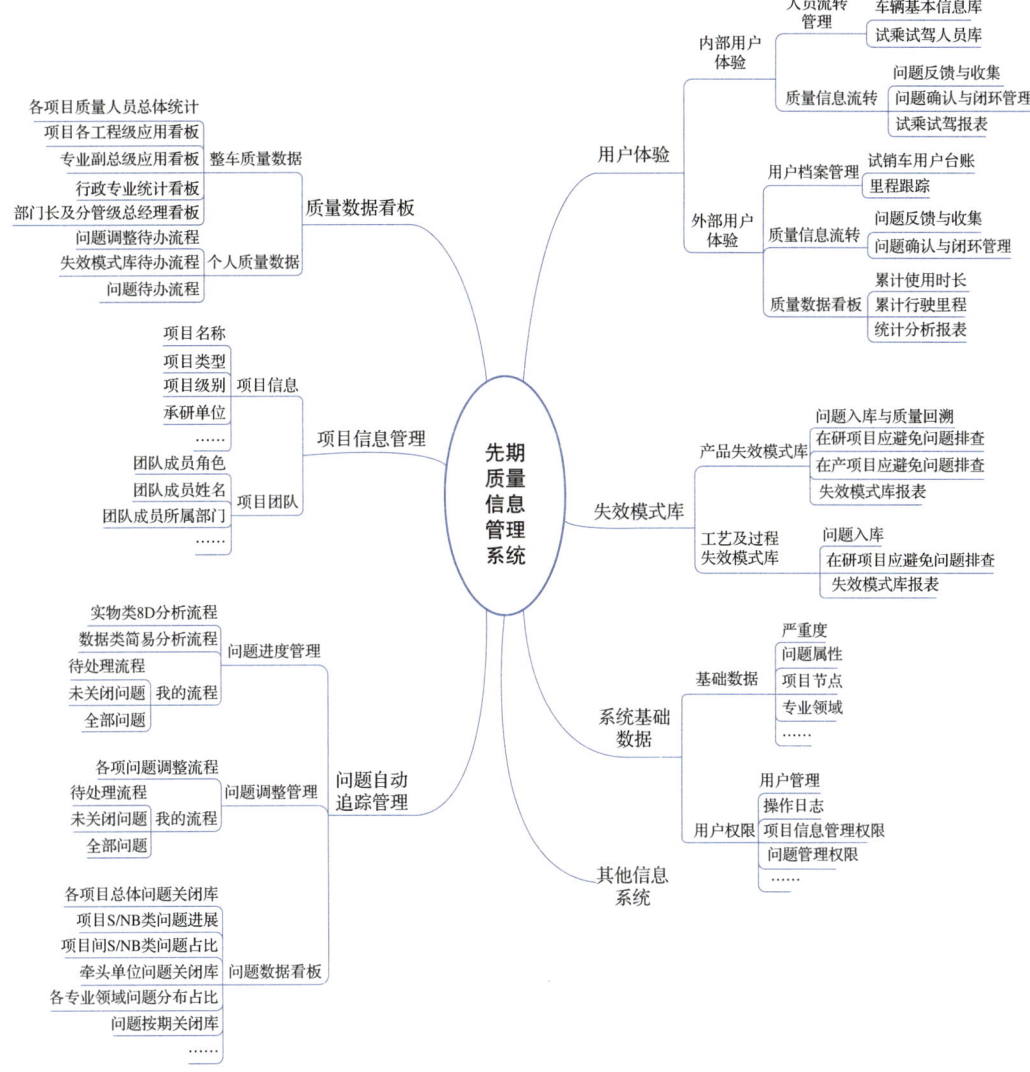

图 7-5　先期质量信息管理系统功能架构图

（2）制造质量信息系统

制造质量系统实现了零件入厂、焊接、涂装、总装、路试、整车交付等全过程质量问题实时采集和数据分析，扩展了质量门、制造质量问题管理等功能。过程质量的一致性提升、零部件质量的规范管理是制造质量管理的抓手，推动制造质量管理系统和进货质量管理系统共同作用、共同发展。制造质量信息系统作为企业内部联系的纽带，主要为质量管理提供了质量数据，见表 7-2。

表 7-2 制造质量信息系统中的主要质量数据

序号	质量指标	指标说明
1	FTT（First Time Through）	一次通过率，在某区域内所生产的产品不经过任何返修/返工等的合格率
2	C/1000（Concern per 1000）	用来统计某生产过程中平均每千台车的问题数的指标
3	焊点合格率	白车身撕裂验证中，合格焊点总数与总焊点数的比例
4	CII（Continuous Improvement Indicator）	车身制造综合误差指数
5	白车身全尺寸合格率	白车身检测合格点与所有检测点的比例
…	…	…

（3）市场质量信息系统

产品开发必须以市场的需求为依据，准确、动态地了解和掌握市场需求，从而开发、生产出市场需要的产品，以持续提升市场满意度，增强企业的经营能力。以质量信息的来源分类，市场质量系统大致可分为两类：一类是可靠性质量系统，即三包质量系统；另一类是满意质量系统，即调研、投诉质量系统等。

按照质量评价的"三统一"，即统一数据、统一平台、统一口径，支撑质量改进管理流程的有效落地，关注客户及市场需求，搭建质量信息管理系统。其包含的信息及数据见表 7-3。

表 7-3 市场质量信息及质量数据

信息类型	信息系统	质量指标	指标说明	备注
可靠性质量	三包质量系统	R/1000@3mis	用户使用 3 个月内的千台车维修频次	以服务站、外出救援等渠道获取质量信息为主，形成数据收集反馈、早期问题确认、问题跟踪管理的三包质量改进闭环管理，持续提升产品可靠性质量
		R/1000@12mis	用户使用 12 个月内的千台车维修频次	
		CPU@3mis	用户使用 3 个月内的单车维修平均成本	
满意质量	质量调研系统	TGW/1000	平均每千台车抱怨的问题数	通过对内部用户、外部用户开展网络问卷调研、现场座谈等，及时、准确收集终端客户的感知质量反馈，持续提升顾客满意度
		CS（%）	顾客满意度，1~10 分评分中，总体满意度达到 9 分的人数占比	
	质量投诉系统	质量万车客诉量	每万个进站台次的质量投诉量，进站是指车辆进入维修站维修和保养	通过国家监管部门、地方监管部门、网络投诉、电话热线等平台，实时跟踪海内外重大质量信息，为公司快速响应与决策提供便利
		…	…	…

（4）零件质量管理系统

供应商零部件的质量是产品质量的重要支撑。有效评估零部件质量水平至关重要，建立统一的制造质量管理信息系统尤为重要。此系统规范了零部件采购质量管理，实现从零部件入厂至整车发运前全过程的零部件问题采集、跟踪、评价，成为供应商质量业绩评价的依据。零件质量指标示例见表7-4。零件质量管理系统实现了公司和供应商的信息共享畅通，确保供应商及时了解其产品质量情况。

表7-4　零件质量指标示例

序号	质量指标	指标说明
1	PPM（Parts Per Million）	百万件不合格率，是衡量产品合格率的质量指标之一
2	合格率	合格数量与总数的比例
3	检具合格率	合格的检具数量与总检具数量的比例
…	…	…

5. 结构化质量会议管理

实践表明，固定的时间、人员、主题召开会议能够大大提高沟通效率。整个项目开发过程中，会出现成千上万个问题，每天都需要解决很多问题，而且这些问题往往不是单一原因导致的，涉及多个专业部门。通过结构化的质量会议，不但可以提高参会人员工作积极性，还可以提升参会人员对会议主题的聚焦程度，从而高效解决问题。

明确问题升级渠道，可制定如图7-6所示分层级质量会议机制，及时上升层次以解决基层遇到的难题。针对固定的跨专业质量会议，可纳入会议沟通计划（详见第9章内容）。

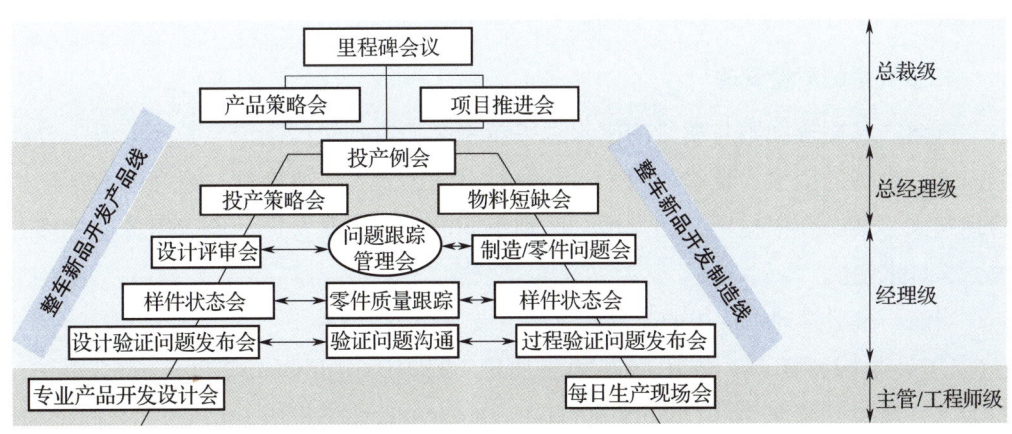

图7-6　整车开发项目质量管理会议机制

7.1.3 全面质量管理

国际标准化组织在 ISO 9000：2000 标准中将全面质量管理（Total Quality Management，TQM）定义为：一个组织以质量为中心，以全员参与为基础，目的在于通过让顾客满意和本组织所有成员及社会受益而达到长期成功的管理途径。企业开展全面质量管理，必须要满足"三全一多"（即全过程、全员、全企业、多方法）的基本要求，并注重质量文化的培育。

1. 全过程的质量管理

整车开发是由研发、生产、营销、物流、供应链等多个相互联系、相互影响的环节组成，每一个环节都对产品质量产生或大或小的影响，因此需要控制影响质量的所有环节和因素。把质量形成全过程的各环节和有关因素控制起来，形成一个综合的质量管理体系，做到以预防为主，防检结合，持续提升。

2. 全员的质量管理

质量管理人人有责。产品和服务质量是企业各方面、各部门、各环节工作质量的综合反映，企业中任何一个环节、任何一个人的工作质量都会不同程度地直接或间接影响着产品或服务质量。全员参与质量管理，人人关心产品和服务质量，做好本职工作，才能产出顾客满意的产品。

3. 全企业的质量管理

纵向各层级、横向各职能参与质量管理。首先，质量目标的实现依赖于企业的高层、中层、基层管理者及一线员工的通力协作，其中高层管理者的态度起着决定性作用。其次，要保证和提高产品质量，必须使开发、投产、验证、改进等所有活动构成一个有效的整体，必须将分散在各部门的质量职能充分发挥出来。

4. 多方法的质量管理

影响产品质量和服务质量的因素越来越复杂，有技术的因素、人的因素、管理的因素、设备的因素、顾客的因素、竞争对手的因素等。要把这一系列因素系统地管理起来，就必须根据不同的类型，区别不同的影响因素，灵活地运用各种管理方法、工具来解决。

当前，质量管理中常用的工具和方法主要有如下类型：

1）开发设计工具：发明问题解决理论（Theory of Inventive Problem Solving，TRIZ）、质量功能展开（Quality Function Deployment，QFD）、试验设计（Design of Experiment，DOE）、失效模式及后果分析（Failure Mode and Effects Analysis，FMEA）等。

2）过程控制工具：统计过程控制（Statistical Process Control，SPC）、测量系统分析（Measurement System Analysis，MSA）等。

3）数据分析工具：柏拉图、检查表、因果图、直方图、散布图、流程图、控制图等。

4）问题解决工具：八步法（8 Disciplines，8D）、5问法（5 Why，5W）等。

5. 质量文化的培育

提升各级各类人员的质量意识，培育质量文化，将全面质量管理思路贯穿于公司的各项质量活动中。建立质量观念抽查考问机制，强化"三不"（即不接受缺陷、不制造缺陷、不传递缺陷）等质量观念的落实。实施质量责任倒逼，层层传递压力，同时鼓励主动暴露问题，做到正负激励并举，促进质量意识提升，确保质量责任落实到位。实施计划追踪可视化管理，对质量目标、计划进行分解上墙，同时推行月度质量绩效评价，推动各项质量工作快速、高效、精准地落实和开展。实行严格的质量责任制，从各个方面有力保证产品质量的提高，把隐患消灭在萌芽之中，杜绝产品质量缺陷的产生。

7.2 项目先期质量管理

正如 ISO 9001 标准中提到的：质量策划是指确定质量目标及其实现的方法。策划如何实现质量目标时，组织需要明确做什么、需要什么资源、由谁负责、何时完成以及如何评价结果。整车开发项目质量策划主要包括确定项目质量目标、质量控制计划、质量管理团队等活动。

7.2.1 项目质量目标制定

ISO 9001 标准要求，组织应针对相关职能、层次和质量管理体系所需的过程建立质量目标。质量目标是组织在质量方面为满足要求和持续改进质量管理体系有效性方面的承诺和追求的结果。质量目标一般依据组织的质量方针制定，通常是对组织的相关职能和层次分别规定质量目标。质量目标为企业全体员工提供了其在质量方面关注的焦点，可以帮助企业有目的且合理地分配和利用资源，以达到策划的结果。一个有魅力的质量目标可以激发员工的工作热情，引导员工自发努力为实现企业的总体目标做出贡献，对提高产品质量、改进作业效果有其他激励方式不可替代的作用。

1. 质量目标的制定原则

产品开发目标的设定是建立在对企业环境分析的基础上的。要使质量目标真正符合企业的实际情况，在管理中起到作用，在制定目标时应综合考虑公司发展战略、质量历史水平和市场竞争需求。

（1）基于公司发展战略和质量规划

质量战略是产品开发时企业经营总战略的组成部分，产品开发质量目标也应与公司战略目标保持一致，并能支撑公司战略目标的达成。同时，公司战略又为质量目标的制定和评审提供了参考依据。

（2）基于质量历史

在确定整车开发质量目标时，需参考已有产品的质量水平，让整车目标有可达成的路径和方法。企业的技术能力，包括技术创新能力（产品设计开发及改进能力、工艺开发与改进能力）、技术吸收能力（对技术的监测和评价能力、技术的获得和存储能力、学习和转化新知识的能力）以及技术应用和管理能力的提升需要时间的积累。

按照各车型每年的质量趋势，企业当前的技术能力以最优车型为参考，制定项目的质量目标（表7-5）。

表7-5　某车企 R/1000@12mis 研究

生产年	历史趋势			基于质量路径预测水平			
	2021年	2022年	2023年	2024年	2025年	2026年	2027年
车型一							
车型二							
××项目目标							
企业平均							

（3）基于市场竞争需求

产品质量是汽车企业品牌培育和品牌向上的基础，质量目标的制定必须要切合市场和用户需求。

获取市场和用户需求可以采用标杆对比法。标杆对比法是组织将自己的产品和过程与公认的领先竞争对手或行业标杆进行比较，以识别质量改进机会的绩效测量和分析方法，可用于质量目标设定的参考。通常可通过如下渠道获取标杆的相关质量特性指标数据和信息：

1）国家的公共信息平台：包括其收集的汽车召回、用户投诉等质量信息，以及整车质保信息等。

2）社会网络渠道：包括网络测评、用户网络投诉、用车满意度等质量信息。

3）专业调研：如 J.D.Power 等，通过抽样调查，对同类产品的市场表现进行全方位的评价。

4）实车质量评价：通过购买或租赁车辆，组织各领域团队成员基于动、静态性能进行实车评价。

2. 质量目标的确定与展开

质量目标包含产品开发质量目标和阶段质量目标。开发质量目标明确了产品设计要达成的结果，如产品的可靠性水平、顾客满意水平等，其主要指标见表7-6。阶段质量目标明确了不同时间进度条件下需要达到的水平，用于综合评估产品开发各节点的质量健康状态，识别质量风险。在研发质量控制阶段，采用研发质量看板（Design Quality Pannel，DQP）（详见 7.3.1 节）；在投产质量控制和上市初期质量特管阶段，可采用 OK-To-Buy 积分卡（详见 7.4.1 节）对项目质量指标达成情况进行监控。

表 7-6 产品开发质量目标示例

编号	指标项/工作项		牵头单位	目标	管理层级	测评时间
1	CS	IQS	产品部门	≥ 70%	0 级	2025/m/d
2	TGW/1000	IQS	产品部门	≤ 1500	0 级	2025/m/d
3	R/1000	3MIS	产品部门	≤ 15	0 级	2025/m/d
4	整车气密性（L/min）		性能部门	≤ 40	1 级	2024/m/d
5	整车气味强度		性能部门	≤ 2.0	1 级	2024/m/d
6	匀速 140km/h	声压级 dB(A)	性能部门	≤ 72	1 级	2024/m/d
7		清晰度 AI%	性能部门	≥ 52	1 级	2024/m/d
8		响度 SoneGD	性能部门	≤ 30	1 级	2024/m/d
…	…					

7.2.2 项目质量控制计划

质量控制计划是表达项目中各项质量工作的开展顺序、时间及各项工作相互关系的计划，是质量控制和管理的依据。质量控制计划主要是基于项目里程碑计划和各项质量管理活动的复杂程度、紧急性、重要性进行编制。

质量控制计划必须满足项目一级计划要求，应随着项目推进而不断调整。同时，质量控制计划的制定和更改需得到相关成员的确认。表 7-7 为使用 Excel 编制的项目质量控制计划。

表7-7 项目质量控制计划示例

工作项	牵头部门	日期 距离量产周数	32 5/7	31 5/14	30 5/21	29 5/28	28 6/4	27 6/11	26 6/18	25 6/25	24 7/2	23 7/9	22 7/16	21 7/23	20 7/30	19 8/6	18 8/13	17 8/20	16 8/27	15 9/3	14 9/10	13 9/17	12 9/24	11 10/1	10 10/8	9 10/15	8 10/22	7 10/29	6 11/5	5 11/12	4 11/19	3 11/26	2 12/3	1 12/10	0 12/17	-1 12/24	-2 12/31	-3 1/7	-4 1/14	-5 1/21
制造过程审核	体系管理																																							
法规一致性审核	体系管理																																							
发运评审	先期质量																																							
质量总结	先期质量																																							
三包策略收集	先期质量																																							
应避免问题发布	先期质量																																							
设计检查计划	研发质量																																							
设计评审计划	研发质量																																							
FMA评审	先期质量																																							
设计评审	先期质量																																							
质量团队组建	先期质量																																							
里程碑质量评审	先期质量																																							
用户体验管理	研发质量																																							
质量问题分解、协调	研发质量																																							
造型模型评价	体验评价																																							
联合体验评价	体验评价																																							
整车体验评价	体验评价																																							
AUDIT	体验评价																																							
精致工艺评价	体验评价																																							
一致性抽查	体验评价																																							

7.2.3 质量目标审签与变更管理

项目质量目标是项目验收的重要依据，必须与公司质量战略与方针保持一致，并获得公司高层管理者批准。

1. 质量目标的审签与发布

为了强化质量目标的日常管理，通常将产品开发质量目标、质量控制计划及质量团队等要素汇总形成质量目标书，并按照规定的流程审签发布。

2. 质量目标变更

在项目推进过程中，公司内部、外部环境均在不断发生变化，公司各职能部门、项目团队应在各里程碑节点前对质量目标进行审视，对不能满足顾客要求的指标进行适当调整。触发项目质量目标变更的条件通常有如下四种情况：

1）顾客需求变更。在项目推进过程中，必须根据国家法规变化、市场环境变化、客户群体变化而对质量目标进行审视和调整。

2）公司战略调整。当公司未来的总体战略进行了调整，产品当前的确定的质量目标无法支撑公司新战略目标达成时，需审视及调整项目质量目标；公司对当前项目的战略定位进行了调整，项目团队需重新审视及调整项目质量目标。

3）技术路线变化。技术方案会直接影响项目质量目标的达成，当遇到技术路线调整时，需重新审视对系统和项目目标的影响。

4）过程执行偏差。在项目持续推进过程中，由于资源配置、非预期的因素导致阶段质量水平与预期水平存在较大偏差时，通过项目健康评价及时进行质量风险分析，对项目质量目标的达成路径进行审视及调整，确保项目目标最终达成。

3. 质量目标变更的审批管理

项目中某专业提出质量目标变更需求，需组织召开评审会，对变更原因、变更内容、变更依据等进行阐述，并就变更后对产品开发总体进度、目标任务的影响进行评估，对是否满足国家法规、公司战略、市场竞争要求等进行评审。评审人员应该与初始质量目标策划的部门、成员保持一致。

质量目标变更的审批层级应与目标发布的审批层级保持一致。质量目标变更评审应有明确意见，明确变更点及变更依据，经过评审同意质量目标变更后，应按照质量目标审签路径对质量目标变更内容进行审签发布。

7.2.4 质量目标跟踪检查

项目质量总师牵头按照阶段质量目标和质量控制计划对项目质量指标达成情况

进行跟踪管理。在研发质量控制阶段，可通过研发质量看板对项目质量指标达成情况进行监控；在投产质量控制和上市初期质量特管阶段，可以通过 OK-To-Buy 积分卡对项目质量指标达成情况进行监控。

7.2.5 质量问题管理

整车项目开发过程中会产生成千上万的问题，高效管理、快速解决各类问题是项目能顺利推进的关键。实践表明，通过搭建先期质量信息管理系统，对问题实施分级、分类管理，建立良好的沟通升级机制等措施能很好地提升问题解决效率和效果。

1. 问题分级分类管理

按照问题发生的环节，可以对问题来源进行分类，如 AUDIT、可靠性签收、智能化体验评价、总装车间、入厂检查等，不同人员根据自身业务特性，快速锁定重点关注的问题。

参考 QC/T 900、GB/T 30512、GB/T 27630 等标准，对问题按不同严重度进行分级管理，如 S（可致命/违反法规）、A（严重）、B（一般）、C（轻微）共四级，不同层级的人员可快速锁定关注的重点问题，协助领导层及时进行资源调配。

2. 沟通升级机制

问题发生的第一现场，由产品、工艺、质量等人员对问题发生的第一手信息进行确认与分析，明确问题的牵头人、完成时间、临时措施等。对存在争议的问题，通过每日问题白板会、投产日例会等渠道进行快速升级解决（具体可参考 7.2.1 节中介绍的会议机制）。

3. 问题状态管理

问题牵头人按照 8D 或 6sigma 等问题解决方法，对问题的根本原因进行分析，并制定永久解决措施。质量人员按问题不同的整改进度，对问题状态进行标记，具体如下：

1）新提出：问题刚提出，还未明确牵头人及完成时间。
2）开启中：原因、措施均未验证有效。
3）待切换：原因、措施已经过验证，问题能有效解决。
4）已关闭：措施已完成生产切换。

7.2.6 质量管理团队搭建

汽车整车所有零件总和数以万计，通过不同的供应商生产或自主开发。为确保每个零件的质量、进度都能达成预期目标，就需要一套科学的方法及专门的人员对其进行管理。基于 APQP 结构成立专门的整车开发质量管理部门，统筹整车开发项目的质量管理和开发质量体系搭建，以确保各系统、部件和整车开发进度和质量协调发展。

1. 质量管理团队成员构成

新品项目质量管理团队是跨部门的多功能矩阵团队，根据各公司的组织架构不同有不同的矩阵形式，主要包含制造质量、工艺质量、产品设计质量、供应商质量等板块人员。团队中可设质量总师、设计质量副总师、过程开发质量副总师、零件质量副总师、制造质量副总师、体验质量副总师等职位，如图 7-7 所示。

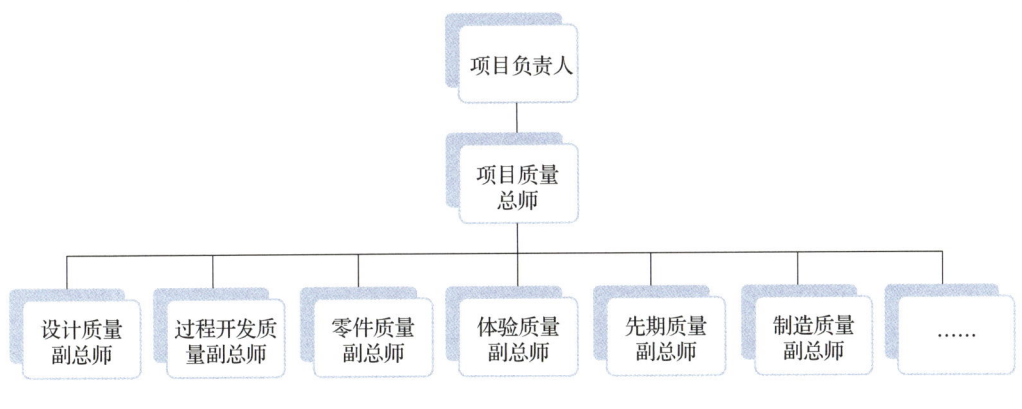

图 7-7　整车项目质量团队架构

2. 新品项目质量管理团队职责

质量总师统筹项目质量管理，将项目质量管理职责分配到相关的团队成员，在项目组织内建立有效的工作关系，提高团队沟通效率。某质量管理团队职责分配见表 7-8。

表 7-8　整车项目质量管理团队职责分配

序号	角色名称	主要职责
1	质量总师	①制定并发布项目质量目标，阶段性目标包含市场质量目标、应避免问题、质量路径 ②制定新品项目质量工作计划并按计划组织开展新品项目专项质量评审、评价活动 ③组织开展项目各个里程碑的质量健康评价，识别项目质量风险，并为里程碑决策提供参考意见和建议 ④统筹项目质量问题整改跟踪检查，以适当的方式、系统、工具等对项目开展过程中的质量问题整改分析进行管理

（续）

序号	角色名称	主要职责
2	设计质量副总师	①负责组织产品技术方案制定、评审以及DFMEA评审，应避免问题预防分析、评价 ②牵头制定项目质量路径 ③负责监督检查设计类质量问题的分析整改
3	过程开发质量副总师	①组织PFMEA分析，确定过程控制计划、生产线设备采购、安装、调试计划并按计划完成 ②负责监督检查过程开发质量问题的分析整改
4	零件质量副总师	①负责联络供应商APQP质量活动 ②牵头零部件类质量问题的分析整改
5	制造质量副总师	①统筹生产制造全过程质量管理，包括零部件进货质量检查验收、制造过程质量评价（如AUDIT、精致工艺评价、生产线准备就绪状态审核、生产过程审核、法规符合性、过程保证度评价）、整车出厂质量检查验收等实物质量审核计划，并对以上质量活动进行量化管理 ②负责监督检查生产制造类质量问题的分析整改
6	体验质量副总师	①组织开展整车质量评价，包括样车/成车外观、性能、功能评价等 ②组织开展道路可靠性试验评价 ③统筹开展VOCF验证，包括试乘试驾、试销车质量评价活动

7.3 项目研发质量管理

为了更好地达成预期目标，按照项目不同时段的主要工作及特点，整车项目开发质量管理结构化流程将开发全周期划分为几个阶段进行管控。项目研发质量管理是产品自概念确定到数据发布完成这一阶段的质量管理活动，主要围绕研发质量目标展开、质量健康评价、设计方案评审管理、失效模式避免（FMA）、设计检查、设计质量历史规避排查、新技术开发质量管理七个关键过程展开。

7.3.1 质量目标展开

研发质量目标管理是以整车、系统、零件数据发布为主线，运用研发质量看板对项目开发过程进行监控的过程。研发质量看板根据各专业领域开发活动的要求和目的，提炼、量化为质量指标，明确测评规则、牵头人、评价方式、评价周期、接受标准等，形成开发过程质量目标体系。

质量目标展开可采用研发质量看板，示例见表7-9，分解到各专业领域，明确各系统、子系统及零部件的目标和牵头人。同时，基于项目开发进度，细分至各里程碑节点，制定阶段目标进行分段管控。

表 7-9 某车企项目研发质量看板（示例）

序号	业务板块	领域	牵头人	指标项	具体要求	PTC	PA	DR	状态
	顾客评价	质量	设计质量副总师	R/1000 路径	通过对标同平台车型可靠性质量数据，分析本项目能达成节点目标	≤ 23	≤ 23	≤ 23	R/Y/G
	产品开发	研发	各设计副总师	应避免问题风险数	高风险：问题方案未确定 中风险：问题有预留方案，但未确定是否实施	高风险：0 中风险问题 ≤ 3	高风险：0 中风险问题 ≤ 3	0	R/Y/G
	产品开发	研发	设计总师	设计方案评审通过率	评审通过率 = 评审通过方案数量/计划评审方案数量 × 100%	100%（动力、底盘、下车体）	100%	NA	R/Y/G
	产品开发	研发	设计总师	设计检查完成率	设计检查计划完成率 = 实际完成检查数量/计划完成检查数量 × 100%	按计划完成率 100%	按计划完成率 100%	100%	R/Y/G
	产品开发	研发	各副总师	零部件 DV 计划发布率	已发布 DV 计划的零部件数/应发布 DV 计划的零部件总数 × 100%	零部件 DV 清单发布	零部件 DV 计划发布率 ≥ 15%	≥ 60%	R/Y/G
	产品开发	智能化	软件副总师	系统需求评审通过率	系统需求评审通过率 = 评审通过的系统需求数/系统需求总数 × 100%	NA	≥ 60%	≥ 90%	R/Y/G
…	…								

7.3.2 质量健康评价

项目质量健康评价是以研发质量看板各阶段细分目标为基础，通过对上一阶段各部门的质量管理行为与结果联系起来的综合评价。评价的内容包括目标的达成情况、措施实施情况、存在的问题等。项目健康评价的目的是明确当前存在的主要风险，制定后续各阶段的应对计划，确保项目按计划、高质量完成。

1. 质量指标统计与分析

在项目开发过程中，各质量目标的牵头人按照周期对质量目标的达成情况进行统计，分析质量数据的趋势、目标达成情况，寻找与预期的差距，明确当前存在的风险并及时升级，推动专业领域和项目组及时采取应对措施。

2. 项目健康评价

设计质量副总师组织各领域专家及项目领导对质量指标达成情况及风险应对计划进行评审，评判措施的有效性，对后续计划和资源投入等提出优化建议，通常采用设计质量健康状态表对项目总体风险进行展示，见表 7-10。

表 7-10 某项目研发质量健康状态表

项目健康状态：
1. PTC 节点共 24 项指标，达成 18 项，达成率 75%，预计 × 月 × 日可达成 98%，× 月 × 日可达成 100%
2. × 月 × 日前完成通过 PTC 节点存在高风险 0 项，中风险 2 项，按计划推进，质量风险低

评价维度	牵头人	指标数	已达成	达成率	主要风险及计划	状态
方案质量	设计质量副总师 电池副总师	8	0	0%	风险指标：下一步计划：	B
数据质量	设计质量副总师 各专业副总师	2	0	0%	风险指标：下一步计划：	B
试验验证	试验副总师	2	0	0%	风险指标：下一步计划：	B

注：B（blue）表示未到时间节点，正在进行。

7.3.3 设计方案评审管理

设计方案评审管理是指在系统/总成技术方案正式发布前，分专业领域和项目两个维度对技术方案的评审。其中，专业评审主要评审方案的可行性和合理性，项目评审主要评审设计输入、边界接口的符合性，以及资源的匹配性。

1. 制定评审计划

在项目初步明确开发目标、技术路线之后，项目设计质量副总师牵头梳理形成技术方案评审计划，见表 7-11，在项目各里程碑转段评审前跟踪评审计划执行情况。

2. 专业评审

技术方案交付责任人组织专业专家对技术方案的正确性、合理性、可行性进行评审，并整理形成会议纪要。通常纪要需包含评审意见及评审结论，可能的结论如下：

1）评审通过：各评委均同意通过。

2）修订后提交项目评审：部分评委不同意，经修改后达成共识，产品主管工程师按评审意见修订完善后通过。

3）不通过，修订后再进行专业评审：输入输出不充分，需完善相应输入输出后，重新制定技术方案。

会议评审类别说明：

A类——涉及整车或系系多专业，包括但不限于多专业接口交互影响的技术方案，推荐项目总监任评审组长

B类——评审对象涉及接口复杂的子系统技术方案，新技术或开发周期长的总成技术方案，推荐开发经理任评审组长

C类——包括但不限于质量历史或价值占比高的新设计总成/零部件技术方案，推荐设计总师任评审组长

表7-11 技术方案评审计划示例

序号	专业	评审对象	评审类别	评审时机	交付责任人	项目总监	开发总经理	设计总师	性能总师	试验	成本	质量	重量	工艺	上车身	下车体	内外饰	电器	智能化	底盘	新能源	热管理	尺寸工程	总布置	CAE	NVH	材料	碰撞安全性能	行驶安全性能	电气集成	造型
1	新能源	电池技术方案	A	FKO-KO	新能源总师	√	√	√	√	√	√	√	√	√	√	√					√				√					√	
2	智能化	智能化系统技术方案	A	KO-PA	智能化总师	√	√	√	√	√	√	√						√	√											√	√
3	底盘	悬架系统技术方案	B	FKO-KO	底盘副总师		√	√	√	√	√	√	√	√						√				√	√		√		√		
4	下车体	下车体技术方案	B	FKO-KO	下车体副总师	√	√	√	√	√	√	√	√	√		√								√	√		√	√	√		
5	碰撞安全	约束系统技术方案	A	FKO-KO	约束系统副总师	√	√	√	√	√	√	√	√	√		√	√							√	√				√		
6	总布置	整车机械布置方案	A	FKO-KO	总布置副总师	√	√	√	√	√	√	√	√	√	√	√	√	√	√	√	√	√	√	√							
7	电器	前大灯技术方案	A	KO-PA	产品主管		√	√	√	√	√	√						√						√							√
8	上车身	玻璃升降系统技术方案	C	KO-PA	产品主管			√		√	√	√	√	√	√											√					
9	内外饰	前罩装饰件总成技术方案	C	PA-DR	产品主管			√		√	√	√	√	√			√							√	√						√

4）升级决策：在输入输出充分的条件下，各评委意见分歧过大，无法达成共识，需将问题升级至更高层级进行决策。

3. 项目评审

技术方案交付责任人针对技术重难点、开发风险点进行阐述及答辩，项目相关成员澄清确认设计输入、边界接口限制条件，评审组长决策平衡矛盾点并给出评审结论。

当设计评审出现难以调和的矛盾时，由交付单位业务经理或项目评审组长将待决策项及备选方案呈报设计总师，设计总师选择直接发起审签流程，或者要求提交专题会评审决策。

4. 设计方案完善

项目研发质量副总师收集汇总评审意见与建议，跟踪评审意见闭环及技术方案完成修订。当产品配置、功能、技术路线等发生改变，需重新修订技术方案，并重新组织设计评审。

7.3.4 失效模式避免（FMA）

失效模式避免（Failure Mode Avoidance，FMA）是一种从技术上对产品潜在失效模式进行分析及避免的结构化工程方法，从设计阶段最大化消除或减少产品失效，提升产品稳健性和可靠性，促进一次设计成功。它主要包含质量历史分析、边界界定、接口分析、因子识别、稳健性检查、设计失效模式及后果分析、特殊特性识别、设计验证计划及报告共 8 个活动，如图 7-8 所示。在整车项目开发中，全流程的失效模式避免通常按照如下 10 个步骤开展。

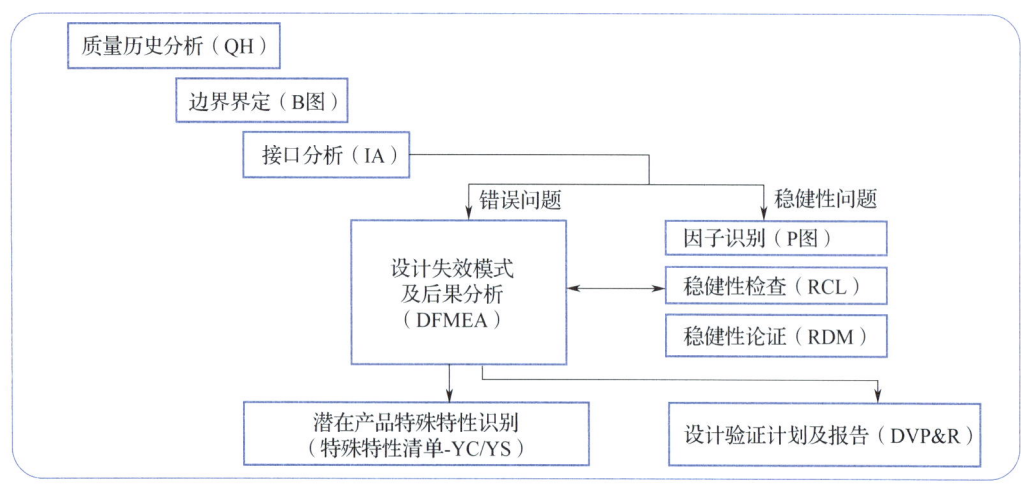

图 7-8 失效模式避免方法

1. 规划及准备

在项目开发早前期，研发质量副总师负责 FMA 策划，依据评价标准评估系统或零件是否需要开展 FMA，并以此制定 FMA 计划，见表 7-12。在项目推进过程中，若因配置、功能、技术路线等发生变化，质量人员需重新审视并修订 FMA 计划。

表 7-12 开展 FMA 的评价标准

序号	类型	情形描述	是否开展 FMA	完成内容
1	新技术	新功能、新结构、新材料、新工艺、新生态产品、新供应商	开展	FMA 全套分析
2	质量表现	市场质量表现差的系统或零部件（质量水平倒数 20 的零件）	推荐开展 FMA，最终由团队评估确定	如开展需完成项：质量历史分析、边界界定、DFMEA、特殊特性清单和 DVP&R 可选做：接口分析表、参数图（P图）和稳健性检查清单（RCL）
3	技术难度	各专业根据设计变化大小、应用环境变化、技术能力、边界接口关系复杂等情况自行识别		

产品工程师负责根据资源需求组建 FMA 团队，团队通常包含核心成员及支持成员，核心成员负责 FMA 的编制，支持成员负责 FMA 的评审，以确保 FMA 充分开展分析及评审。完成团队组建后，团队成员按照后续流程开展相关工作。

2. 质量历史分析

质量历史数据主要来源于失效模式库，由产品工程师及设计质量副总师讨论确定质量历史明细。团队审视质量历史，识别干扰因子及之前的失效模式，为后续产品的设计提供参考，确保不会重复发生之前的失效模式。

3. 边界界定

运用边界图确定 FMA 分析的范围，图示化展示并说明内部子系统或零部件之间的关系及与外部系统间的交互关系，实现系统结构的可视化、层次化。结合质量历史分析结果，可以检查边界图是否遗漏重要的接口。

4. 接口分析

接口分析定义接口类型、需求，并与各相关专业达成一致，对未达成一致意见的需求进行补充说明。通常按照如下准则来识别高关注的接口：新接口、有质量历史问题的接口、未明确的接口、其余潜在风险的接口。

5. 因子识别

通过因子识别，识别产品分析对象的预期输入（信号）和不可控输入（干扰因子）、预期的输出（功能）、非预期的输出（错误状态/失效模式）、设计控制因子，为稳健性检查提供输入。

6. 稳健性检查

稳健性检查主要通过二维矩阵文件从设计和验证两方面开展。一是从设计层面检查干扰因子与错误状态之间的关联关系，并根据干扰因子管理策略，对干扰因子制定设计方案对策，以消除或降低干扰因子的影响；二是从验证层面审视验证方法是否全面覆盖错误状态、干扰因子，对存在覆盖不足的地方，优化、新增验证方法。

7. 设计失效模式及后果分析

设计失效模式及后果分析（Design Failure Mode and Effects Analysis，DFMEA）是一种系统化、结构化的方法，用于在产品设计阶段识别潜在的失效模式及其对系统或产品性能的影响。DFMEA 的目的是评估产品潜在的风险，并采取措施来预防或减轻这些风险，从而提高产品的可靠性和安全性。它主要包含以下步骤：

1）开展潜在失效模式及后果、失效原因和机理分析。

2）基于后果、失效原因和机理，从严重度、频度、探测度 3 个维度开展评价，评估总体失效风险。

3）针对中高风险项制定建议措施，并跟踪措施实施情况。

4）基于严重度及频度，团队讨论并确定潜在的特殊特性。

8. 输出潜在特殊特性

在 DFMEA 表中进行潜在特殊特性的标识，参照潜在特殊特性判定标准分析并标识 YC、YS，识别与潜在失效模式有因果关系的产品特性，并进行分类，包含内部制造及装配特殊特性、外部供应商特殊特性，见表 7-13。其中内部制造与装配特殊特性输入至工艺部门负责落地实施；外部供应商特殊特性输入至 STA，由 STA 传递至供应商进行落地管控。

表 7-13 潜在特殊特性判定标准

分类	分类符号	判定标准
潜在关键特性	YC	特性的潜在失效模式严重度为 9~10 级
潜在重要特性	YS	须同时符合以下两条标准： 1. 特性的潜在失效模式严重度为 5~8 级，或潜在失效模式严重度 < 5 级且多功能团队一致同意 2. 制造过程可能影响该特性且该特性需要特殊控制方法以达到需要的过程能力

9. 输出设计验证计划及报告

通过 DFMEA 的现行设计控制探测和稳健性检查的验证方法合并生成设计验证

计划清单，为设计验证计划及报告（Design Verification Plan and Report，DVP&R）的开发提供输入。

10. 动态更新

FMA 为动态文件，根据方案变更、质量问题、验证结果、新增质量历史输入及设计变更等情况，结合建议措施实施情况，同步对设计失效模式分析相关文件进行更新并最终归档，确保产品相关经验教训得到沉淀及循环运用。

7.3.5 设计检查

设计检查通常是指在设计阶段，针对方案、数据进行符合性检查的质量活动。在产品开发过程中，对关键设计要求、制造要求是否满足质量、性能标准等进行检查，确保产品的问题得到充分暴露，有效控制项目风险，提高产品数据开发质量。设计检查主要分为产品专业设计自查和非产品专业（第三方）的设计检查。

1. 产品专业设计自查

产品专业设计自查是指由设计质量副总师组织各产品专业，以项目里程碑和零件 OTT 签署时间制定检查计划。以设计检查清单为载体，对零部件、系统开展设计自查活动，主要覆盖零部件动静态间隙、布置和人机工程、尺寸结构、材料、精致工程、功能和性能、可维修性、工艺八大控制要素。项目在开展设计自查时需遵循以下原则：

1）专用件必须执行检查。

2）借用件中与周边环境发生变化的必须执行检查。

3）专业重点问题零部件必须执行检查。

产品工程师按照计划推进相关检查工作，检查出来的风险问题录入 AQIMS，归口设计质量副总师管理。

2. 非产品专业（第三方）的设计检查

非产品专业（第三方）的设计检查是除了产品专业外的其他专业对产品数据及实物开展的检查活动，包括总布置 DMU（Digital Mock-Up）检查、过热检查、主观评价检查等。

1）总布置 DMU 检查：由总布置专业牵头组织开展，主要对组成整车三维模型的零部件数据、装配数据进行检查的活动，包含基本结构、机构运动关系、干涉、间隙、零件安装与拆卸等控制要素。

2）过热检查：由过热小组牵头组织开展，主要针对产品潜在且可能引起过热问题进行检查,排查风险,一般包括三电领域、发动机领域、电器线束领域、热管理领域等。

3)主观评价检查:由整车性能主观评价团队牵头组织开展,主要针对人机、内饰座椅等领域开展主观评价检查。

第三方小组组织的设计检查活动,识别的风险问题录入到质量问题管理系统,由质量领域牵头人跟踪问题关闭情况,对跨系统、跨专业风险问题,在质量板块会议上进行风险评审,明确改进意见,确保质量受控。

7.3.6 设计应避免问题排查管理

设计应避免问题排查是指在新项目开发过程中,通过对以往典型问题的还原分析和现有新项目设计方案、实物进行对照检查,在现有新项目上采取针对性措施,使历史问题不再发生或降低其发生率、严重度等。排查主要包括问题收集、问题排查、问题评审、验证闭环、阶段性质量审视、管理总结共六个步骤,如图7-9所示。

图7-9 设计应避免问题排查步骤

1. 问题收集

在新项目启动后,设计质量副总师开始设计质量历史问题初版收集,问题来源包括从失效模式库中筛选与本项目相关的重点问题,以及从生产基地收集与本项目相关的制造过程中需从源头进行规避确认的问题。

研发质量专业组织每月滚动收集当月需排查的重点问题,来源如下:

1)市场召回问题:从国家市场监督管理总局发布的汽车产品召回公告中收集市场召回问题。

2)外部车企问题:从市场主流汽车网站及社交应用软件中监测到的外部车企负面舆情信息中收集重大质量问题。

3)内部车型市场批量问题:从质量部门发布的内部车型市场批量问题中收集。

4)内部车型上市初期及用户体验车重点问题:从上市初期及用户体验车问题中收集大于3例的抱怨类问题,以及S/A/B类故障类问题。

5)内部投产车型重点问题:从投产车型中收集S/A类设计问题、通用零部件质量问题以及B类结构设计问题、签收版软件逻辑问题、失效类通用件零部件质量问题。

2. 问题排查

设计质量副总师将收集的问题明细汇总形成设计应避免问题排查跟踪表后发给项目相关专业开展问题排查，见表 7-14。各专业牵头人根据原问题原因措施进行还原分析，并在两周内将本项目的规避措施、验证方式、验证计划、风险评估反馈给设计质量副总师。

表 7-14　设计应避免问题排查跟踪表（示例）

序号	原问题信息									新品项目排查结果							
										规避措施			措施验证			规避效果确认	
	原车型	涉及零件	故障模式	根本原因	整改措施	牵头人	牵头单位	严重度	问题属性	问题来源	牵头专业	牵头人	规避措施	风险评估	验证方式	验证计划	验证单位	验证人	数据确认	实物确认
1	888	主驾安全带	拉毛	卷收器织带导管尺寸对织带限位不足	优化卷收器织带尺寸	王某	碰撞安全	B	产品设计	道路试验	碰撞	何某	导向套开口加长 49mm，增加 Y 向限位	低风险	专项评价	CC	整车性能	李某	OK	OK

3. 问题评审

设计质量副总师在接收到专业排查结果后，一周内组织项目组层级评审，进一步确定风险问题明细，及其整改、验证计划。风险问题应对方案如因涉及多专业且存在争议，或者存在成本投入、影响既定目标达成等情况，由项目总监进行决策。

4. 验证闭环

设计质量副总师按照计划定期组织相关专业对风险问题进行回顾，跟踪方案、措施实施进展以及效果验证情况（问题验证方式主要有检具检验、三坐标测量、装车验证、AUDIT 评审、专项评价、用户体验、道路试验、适应性试验等），直至问题关闭。设计质量副总师定期（推荐每月至少 1 次）将问题排查情况及风险情况在项目组内进行通报。

5. 阶段性质量审视

设计质量副总师根据问题措施验证结果，在项目里程碑节点前完成设计应避免问题风险评审、判定，并将评审结论输出给项目组、质量部门、制造工厂等。

6. 管理总结

设计质量副总师牵头，根据产品过程表现、市场质量表现，对应避免问题排查情况进行回顾，审视应避免问题的规避效果，优化管理流程标准。

7.3.7 新技术开发质量管理

新技术是新功能、新结构、新工艺、新材料、新生态产品和新供应商的通称。新技术开发质量管理指通过建立新技术特管流程，强化过程验证与管控，减少或规避新技术引发的各类质量问题，提前识别、规避开发与投产过程质量风险，从而提高新技术可靠性和市场质量竞争力的过程。新技术开发质量管理主要包括确定新技术管控清单、新技术方案评审、新技术 FMA 评审、新技术风险识别及质量问题管控五个步骤。

1. 确定新技术管控清单

整车项目 KO 节点通过后，由设计质量副总师根据当前整车配置表、整车 BOM 清单，牵头组织各产品专业（包含动力、智能化、车身、底盘、内外饰、电器、空调、碰撞、NVH、三电等）识别与判定本项目涉及的新功能、新结构、新材料、新生态项，汇总形成产品板块的新技术管控清单，见表 7-15，并组织成立各新技术的推进小组。

表 7-15　某车企新技术管控清单示例

新技术编号	新技术名称	零件名称	零件件号	方案简述（实现场景+路径+纳入新技术原因）	产品示意图	新技术类型	搭载车型（国内外）	技术特点 优点	技术特点 劣点	新技术分级	专业	牵头人	支持行政领导	认领专家 产品	认领专家 工艺	认领专家 采购	支持团队（推进小组）产品	支持团队（推进小组）试验	支持团队（推进小组）工艺	支持团队（推进小组）采购	支持团队（推进小组）制造	支持团队（推进小组）性能	支持团队（推进小组）质量	状态
示例	光伏天幕	光伏天幕		光伏天幕增加光伏充电，给动力电池充电		新功能	GE11	增加续航里程	成本相对较高															G

整车项目 PTC 节点前，设计质量副总师组织项目组成员对新技术管控清单进行评审确认，由项目组经理级及以上领导审批后正式发布。在 KO-PLR 节点期间，设计质量副总师按照固定频次（推荐 2 周/次）在项目组内更新并发布新技术管控清单，通报新技术进展及风险。

在整车项目 PLR 节点前，平台项目新技术由平台项目管控。相应的整车项目需将平台项目新技术同步纳入本项目新技术管控清单进行跟踪管控。

2. 新技术方案评审

整车项目 PA 节点前，根据新技术管控清单中方案评审计划，牵头人参考技术方案通用模板编制新技术方案，组织项目领导及新技术推进小组成员进行方案评审，并出具评审报告/纪要。

3. 新技术FMA评审

整车项目 DR 节点前，根据新技术管控清单中 FMA 计划，新技术牵头人参考新技术基础 FMA 编制项目 FMA。设计质量副总师组织项目领导、新技术推进小组成员进行新技术项目 FMA 联合评审，输出特殊特性（特性清单的最后一列用"★"注明，表示与新技术相关的重要点），并传递给采购和工艺，由下游进行制造端的转化。针对平台项目新技术，由平台项目组织项目 FMA 联合评审，输出特殊特性，并传递给采购和工艺。平台项目设计质量副总师同步将识别出的特殊特性传递给搭载该平台的整车项目。

4. 新技术风险识别

整车项目 PLR 节点前，设计质量副总师根据新技术质量自检表定期进行识别新技术风险，并将风险纳入新技术管控进展通报。在 KO-PTC、PTC-PA、PA-PLR、PLR-CC、CC-JOB1 各阶段，设计质量副总师根据新技术管控过程成熟度标定清单对项目新技术进行成熟度标定。

5. 质量问题管控

在新技术管控过程中产生的质量问题，由设计质量副总师录入先期质量信息管理系统（AQIMS），并进行问题闭环管理。

7.4 项目投产质量管理

整车开发投产质量管理是指开发项目在完成数据验证后至产品量产签署阶段的质量管理，是以项目投产装车事件为主线，按照整车制造工艺流，从零件入厂到整车出厂的全过程质量管理。本节基于新品投产质量管理，重点介绍投产质量目标管理、实车质量评价与验证、过程能力培育等内容。

7.4.1 投产阶段质量目标展开

根据试验样车的用途、零件的状态、整车生产线的状态等差异，细分整车投产质量管控阶段。以上市售卖为最终目标，将产品开发、制造过程、体验评价等全过程质量管理活动纳入 OK-To-Buy（投产质量目标）积分卡进行分阶段质量管控，见表 7-16。

表 7-16 OK-To-Buy 积分卡

序号	业务单元	指标项	牵头领域	牵头人	CC	TS	LS	OKTB
1	产品开发	AQIMS 问题关闭率	质量	设计质量副总师	≥30%	≥80%	≥90%	100%
2	产品开发	未关闭的 S&A 类问题数	质量	设计质量副总师	NA	0	0	0
3	产品开发	智能化系统 DI 值	产品开发	软件总师	NA	NA	≤500	≤220
4	产品开发	整车空气泄漏测试	产品性能	性能总师	≤40	≤35	≤30	≤25
5	产品开发	整车软件功能开发完成率	产品开发	软件总师	≥50%	≥70%	100%	100%
6	产品开发	整车及系统 DV 完成率	产品验证	试验总师	≥45%	≥65%	≥75%	100%
7	零件采购	外购零件合格率	STA	供应商管控副总师	≥90%	≥95%	100%	100%
8	工艺制造	出厂 C/1000	制造	制造质量副总师	≤6000	≤4000	≤2000	≤200
9	工艺制造	异响 C/1000	制造	制造质量副总师	≤300	≤200	≤120	0
10	工艺制造	AUDIT 扣分	制造	制造质量副总师	NA	≤1900	≤1200	≤300
11	工艺制造	白车身撕裂所有焊点合格率	工艺开发	工艺总师	NA	≥93%	≥95%	100%
12	工艺制造	密封间隙合格率	工艺开发	工艺总师	NA	≥75%	≥80%	≥95%
13	顾客评价	智能座舱体验评价扣分	产品开发	软件总师	NA	NA	≤1500	≤120

在对项目投产过程进行健康评估时，通常从产品开发完成情况、工艺制造情况、零件状态、生产线及人员的准备情况、产品问题改进情况、试验验证情况等领域进行评估。

7.4.2 质量转段评审

质量转段评审是针对阶段目标达成情况进行分析，评审是否具备转入下一阶段的条件。它是整车开发过程质量控制的重要环节，通过评估当前的质量偏差与风险，找出存在的问题，以确保项目目标的实现。通过质量评审，可以评定项目的各项活动是否达到质量管理要求以及计划的合理性与充分性、各项活动相互配合与协调的程度，促使各领域识别项目的实际状态与目标偏离程度及风险，为后续质量管理要求、项目计划等提供决策依据。

阶段质量评审的依据是阶段质量目标达成情况、质量路径、质量风险问题等。通常由项目质量总师根据项目的进展计划，组织各领域负责人对质量现状及风险进行分析，并制定达成质量目标的路径，再通过管理层进行会议评审决策。

1. 质量现状与路径分析

质量现状分析是对当前质量水平进行统计与分析，确定与目标的差距，发现质量风险，并通过质量路径解决风险。质量路径是以阶段目标为导向，基于现状和目标之间的差异，制定达成阶段目标的措施及计划。按既定计划对各措施的执行情况进行检查，确保质量路径能有效落地，质量风险得以化解。

根据不同的指标类型，质量路径的制定可分为以下两类：

1）完（达）成率指标：以工作项完成为支撑，如试验完成率、DV 完成率等，路径通常以反映指标的工作完成计划为支撑，如图 7-10 所示。

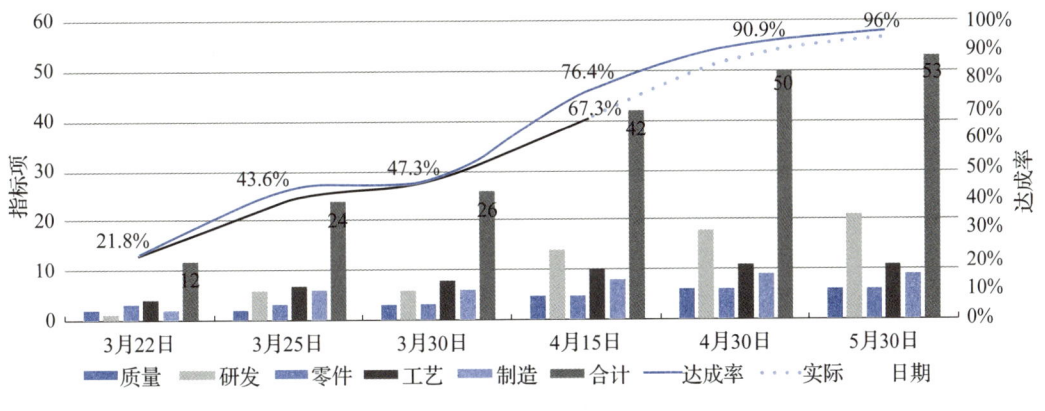

图 7-10　CC 节点指标达成路径图（示例，彩图附后）

指标达成路径必须有详细计划支撑，见表 7-17 指标管理人员要及时对计划表的执行情况进行检查，针对未按计划推进的项要及时预警、升级，才能保证指标路径按照预期目标达成。

表 7-17　××节点指标达成计划（示例）

序号	业务单元	指标项	牵头单位	牵头人	现状 4/15	节点目标	后续计划或未达成项情况分析	预计达成时间	状态
1	产品开发	AQMIS 关闭率	产品开发	胥某	96.3%	≥98%	按各问题关闭计划，在 4 月 26 日达成目标，正常推进	20××/4/30	B
2	产品开发	未关闭 S&A 类问题数	产品开发	胥某	0	0	0	已达成	G

（续）

序号	业务单元	指标项	牵头单位	牵头人	现状 4/15	节点目标	后续计划或未达成项情况分析	预计达成时间	状态
3	产品开发	整车产品属性工程目标评价	产品性能	刘某	0	各分项均达成目标	2项在20××年4月30日新版软件评价	20××/4/30	Y
4	产品开发	整车空气泄漏测试	产品性能	余某	35.7	56	—	已达成	G
5	产品开发	零部件DV合格率	产品试验	康某	99.1%	100%	1.门内饰板总成5项试验5月8日完成 2.A柱上内饰板6月6日完成	20××/6/6	Y
6	产品开发	系统DI值	产品开发	杨某	313	≤100	遗留129个问题，6月2日解决109个，组版验证3周，预计DI值达成79	20××/6/23	Y

2）评价扣分的指标：如图7-11所示的AUDIT路径，通常以问题解决计划为支撑。针对存在的问题，需明确具体的原因、措施的实施计划，评估每一项措施的实施效果。指标管理人员在检查措施落地的同时，对措施的预期效果进行核对，针对无效措施和未按计划推进的工作要及时预警、升级。

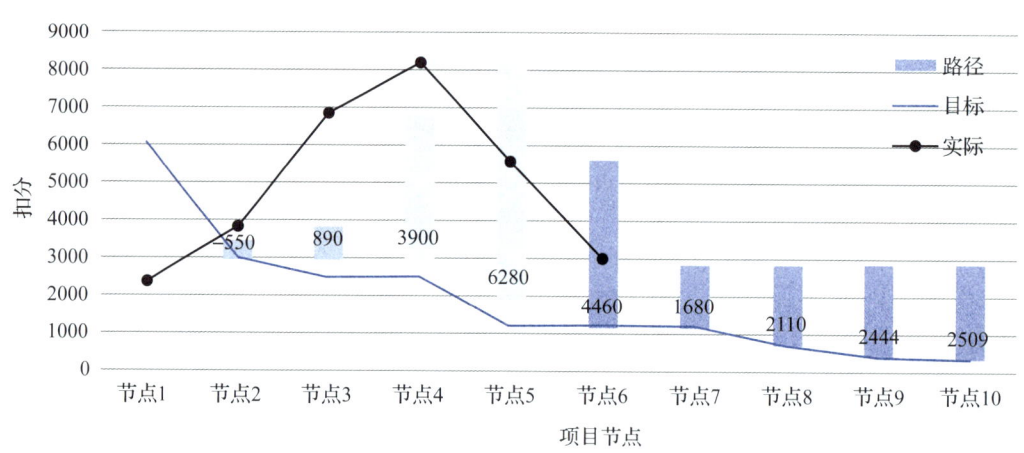

图7-11 AUDIT达成路径图示例

2. 质量转段评审会

完成质量现状的分析与路径制定后，项目质量总师组织各领域管理层对质量风险及路径进行评审，就当前质量风险及后续质量要求达成共识。质量评审会一般采取结构化的流程、固定的议题，由质量总师组织召开，输出明确的评审结论。

(1) 质量评审结构化流程

质量评审结构化流程主要有如下四步：

1）质量总师综合各业务牵头部门分析的质量现状、风险、质量路径等，对项目总体健康状态进行评估、分析，挖掘关键风险点。

2）根据关键风险点及各专业计划，审视各业务进度与发布的项目计划的匹配程度，评估对关键路径点和后续节点达成的影响程度，形成初步节点意见。

3）质量总师组织项目总监以及制造、采购、质量、产品开发等部门授权人员进行节点评审，确定节点意见。

4）制造工厂按照节点评审意见和项目投产计划组织阶段装车。

(2) 阶段质量评审结论

评审存在通过或不通过两种情况。当各领域一致认为当前状态质量风险可控，则评审通过，各部门按照既定计划推进下一阶段工作；当各部门在节点评审的意见存在较大分歧或一致认为当前状态质量风险较高时，则评审不通过；针对风险项，牵头部门基于公司要求、质量要求重新制定可行的达成路径。同时，各部门应对后续项目总体推进计划进行重新审视，确认是否需要对总体计划进行调整。

7.4.3 质量专责组搭建、运行及评价

新品投产阶段会产生非常多的综合性问题，分析难度大、时间长，按照一般的问题流转管理，会存在不同专业领域、部门间反复分析的情况，导致问题解决效率低。因此，针对综合性问题多的领域，成立跨专业工作小组，并由经验丰富的专家牵头，配合行政领导支持，协调资源，快速锁定问题的根本原因和整改措施，可提升问题解决效率。

1. 质量提升专责组搭建与运行

质量总师在投产初始阶段与产品开发、生产制造、零部件采购等板块讨论确定需要建立专责组的范围，征集专责组人员。可根据项目的实际情况设立质量提升专责组并确定工作目标，如车身精度、尺寸技术标准（Dimensional Technical Specifications，DTS）、NVH（Noise、Vibration、Harshness）提升等。人员征集完成后，需确定各专责组组长、副组长、支持领导等角色，由专责组组长统筹推进本小组牵头问题，领导相关专业成员共同调查、分析具体问题。专责组通过周会的形式对牵头的重点问题、目标达成情况、目标路径及存在风险进行跟踪。专责组的组成及工作职责见表7-18。

表 7-18 质量提升专责组及工作职责

专责组类别	车身精度提升专责组		DTS 提升专责组		噪声与振动提升专责组	
支持领导	××		××		××	
组长	单位	人员姓名	单位	人员姓名	单位	人员姓名
副组长	单位	人员姓名	单位	人员姓名	单位	人员姓名
控制内容	车身精度合格率等		1. 整车外 DTS 合格率 2. 整车内 DTS 合格率		车辆噪声问题关闭率、整车空气泄漏测试通过	
工作职责	1. 负责车身精度指标达成 2. 负责牵头车身精度相关问题解决对策等		1. 牵头尺寸类问题的分解，明确零件改进方案 2. 制定整车 DTS 标准		牵头整车风噪、胎噪、动力传动系统噪声等问题分析与改进	
小组成员	部门	人员	工作内容	部门	人员	工作内容	部门	人员	工作内容

小组成员	部门	人员	工作内容	部门	人员	工作内容	部门	人员	工作内容
	质量	人员姓名	统筹数据分析	工厂	人员姓名	生产、装配过程分析	NVH	人员姓名	风噪类问题的分析与改进
	工厂	人员姓名	冲焊零件的质量检测	尺寸工程	人员姓名	零部件匹配检测	质量	人员姓名	统筹问题跟踪管理
	尺寸工程	人员姓名	数据偏差分析	工艺	人员姓名	装配工艺分析	测试	人员姓名	数据分析
	…			…			…		

2. 质量专责组运行效果的评价

质量总师对各个专责组的日常运行进行监控评价和指导，对于运行效果不好的专责组，可以采取工作方式指导、项目内部通报、考核、更换人员等方式进行纠正，并对各小组的运行情况进行评价。具体评价方法见表 7-19。

表 7-19 质量专责组运行评价表

维度	权重	评分标准	满分	备注
时间数据管理	10%	无小组会议机制或不开小组会议，扣 50 分	100	
		小组会议结束后，未形成会议纪要/KTM 表并邮件发布，扣 10 分/次，直至扣完		
		未按期完成项目早会/周会/月度会上安排的工作任务，扣 20 分/项，直至扣完		
问题管理	10%	质量问题进展未通过邮件或企业微信群每周通报，扣 10 分/次，直至扣完	100	
		重点问题未按时制定措施，扣 20 分/次，直至扣完		
关键指标管理	10%	未对承担指标制定达成路径，扣 20 分/项，直至扣完	100	
		指标实际值差于路径值 10%~20%，扣 10 分/项，直至扣完		

（续）

维度	权重	评分标准	满分	备注
关键指标管理	10%	指标实际值差于路径值 20% 及以上，扣 20 分 / 项，直至扣完	100	
		指标实际值差于路径值 10% 及以上时，未重新修订路径，扣 10 分 / 项，直至扣完		
工作效果	70%	质量问题整改无效或逾期未完成整改，扣分 5 分 / 个，直至扣完	50	针对承担多项指标的小组，每项指标按此规则评价后，求出平均分，再用平均分乘以权重
		牵头解决跨专业的综合性问题，并按时解决，加 5 分 / 个	无上限	
		指标实际值差于 KPI 目标值，每差 1 个百分点扣 1 分，直至扣完	50	
		指标达成奋斗目标值，加 5 分 / 项，但奋斗目标与 KPI 目标相同时按下一条执行	无上限	
		指标达成优于奋斗目标值，每优于 1 个百分点加 1 分		
说明		1. 总得分等于分项得分乘以权重后再相加 2. 每月度对各小组的运行情况进行排序 3. 评价结果纳入各成员项目绩效考评		

项目进入量产阶段后，质量提升专责组可以根据情况与量产质量提升团队进行无缝衔接，部分团队成员直接进入量产质量提升团队，保证投产阶段问题点的调查解决经验在量产阶段得到顺利传递，从而提高量产初期现场及市场问题处理的效率。

7.4.4　质量追溯管理

质量追溯是通过在产品的适当部位做出相应的质量状态标识，记录其在生产过程中某一个工序或某一项工作的结果及问题，并记录操作者或检验者的姓名、时间、地点等信息。将这些带记录的标识随产品同步流转，在产品出现问题时，通过检查制造执行系统（Manufacturing Execution System，MES），准确定位问题发生的时间、操作人员、材料批次等。

1. 追溯零件标识

按照管理属性，追溯分为精确追溯和一般追溯，对应标识为精确追溯标识和一般追溯标识，如图 7-12 所示。精确追溯标识中的追溯码需满足与零件一一对应（产品批次号、零件流水号），一般追溯标识中的追溯码需对应零件生产批次（产品批次号）。

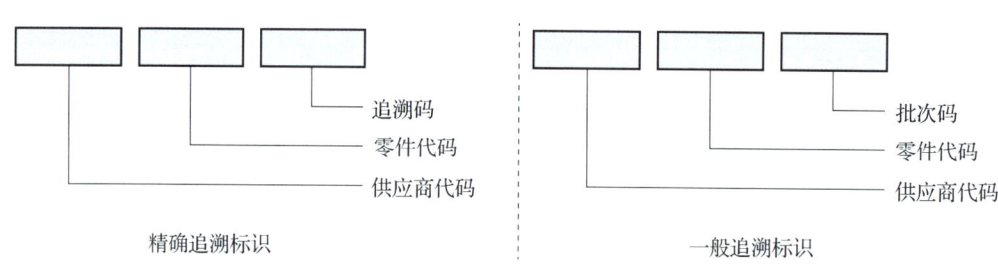

图 7-12 零件标识结构示例

2. 精确追溯零件

制造质量副总师基于企业精确追溯零件明细要求,确定项目初始零部件精确追溯明细,见表 7-20。然后将零件明细输入至产品开发人员,按照图 7-12 所示零件精确追溯标识要求设计精确追溯标识。

表 7-20 精确追溯零件明细示例

序号	零件名称	序号	零件名称
1	安全气囊控制器总成	10	起发一体电机总成
2	前支柱总成(左/右)	11	ESP/ESC/ABS 执行机构总成
3	后减振器总成(左/右)	12	燃油泵及支架总成
4	前制动器总成(左/右)	13	自动变速器总成
5	后制动器总成(左/右)	14	动力电池总成
6	转向器总成	15	驱动电机总成
7	转向柱总成	16	整车控制器总成
8	制动主缸带真空助力器总成	17	…
9	副驾驶员正面安全气囊总成		

项目产品开发人员根据零件管理特性,评估是否需要进行精确追溯,并对实施精确追溯的可行性和必要性进行分析。

3. 追溯标识验证

制造单位质量管理人员按计划对各车型精确追溯零部件条码进行检查,确认零部件条码黏接性和可撕性。对于存在问题的零件,要求供应商进行整改,直至合格为止。

4. MES 系统信息维护

按照最终确定的零部件精确追溯明细将信息采集点、零件及供应商信息、验证规则等维护进 MES 系统，车间各工位按照信息采集要求开展精确追溯信息采集。

7.4.5 实车质量评价

实车质量评价是管理层获取实车质量水平的重要手段之一，也是产品验证体系的重要组成部分。多角度开展质量评价并数据化质量评价结果，能更好地帮助管理层掌握产品质量水平，为风险判定和决策提供可靠依据。

为促进产品不断满足用户需求，企业应建立一套站在用户立场、按照用户的眼光和要求对产品质量进行检验的评价机制，并根据新技术的应用和用户的需求变化，不断完善评价体系、评价标准及评价流程，支撑产品实物质量提升。

质量评价贯穿产品概念、产品定义、目标确定、目标达成情况验收，构建全周期的质量评价流程，将实车感知质量和体验转化为质量评价结果，在项目开发阶段进行改进提升，从而提升用户满意度。

根据评价人群、评价工况和抽样方式等方面的差异，实车质量评价可分为 AUDIT、精致工艺、体验评价等多种方式。

1. 常规实车质量评价

常规质量评价是以德国大众的 AUDIT 评价方法为原型，以评价产品缺陷为主的实车质量评价方式。常规质量评价主要有 AUDIT 和精致工艺评价，可在项目投产阶段对产品质量水平进行评价，也可在量产过程对产品制造一致性进行评价。

（1）AUDIT 评价

AUDIT 评价是站在用户的立场上，按用户的眼光和要求对检验合格的产品进行评价，并要求相关单位对识别的缺陷进行整改，以使产品质量不断提高，从而更好地满足用户要求。AUDIT 评价主要分为静态和动态评审，包含淋雨、漆面质量、钣金、外饰、内饰、管线路、底盘、路试、异响、智能化等方面内容。

AUDIT 评价采用扣分累计的评价方式，根据问题严重度划定不同的扣分标准，经过累加计算，可较为直观地反映不同板块的质量问题程度。不同厂家的 AUDIT 评价标准不同，通常按照问题的严重程度设置扣分值，如某汽车企业将问题扣分标准分为 300、80、40、20 四个档次，扣分值越大，其严重程度越高，用户越能发现或越容易产生抱怨，见表 7-21。

表 7-21 AUDIT 扣分标准

序号	扣分档次	扣分说明
1	300	导致驾驶员失控及乘员约束系统失效的任何情形、违反法规和安全性的问题
2	80	导致客户严重抱怨或投诉的问题（如电器功能失效、机械功能失效、严重的异响/漏水/外观问题等）

(续)

序号	扣分档次	扣分说明
3	40	一般客户能立即发现并引起抱怨的问题，需要立即进行返修或整改（如配合或外观缺陷、特定路段低强度异响、对顾客影响较小的功能间歇性失效等问题）
4	20	挑剔客户才能发现的问题，可以持续整改提升的问题（如细微的缺陷、缺陷的位置或部位较隐蔽）

（2）精致工艺评价

精致工艺是将用户对整车外部感知品质转换为工艺设计目标和设计要素，并在工艺方案、开发过程予以实现。精致工艺评价通过专业评价人员的眼光和要求，对检验合格的产品进行评价，得出一个质量等级，从而评价出该产品的工艺设计水平，并要求相关单位对识别的缺陷进行整改，以使产品质量不断提高，达到更高工艺制造水平。精致工艺评价主要为静态评审，包含钣金、内部装配、外部装配、焊缝密封胶、焊点、漆面6个部分。

精致工艺评价采用扣分累计的评价方式，根据问题严重度划定不同的扣分标准，经过累加计算，可较为直观地反映产品工艺制造水平。精致工艺评价通常按照问题的严重程度，将问题扣分标准分为30、20、10三个档次，见表7-22，扣分值越大，其严重程度越高，用户越能发现或越容易产生抱怨。

表7-22 精致工艺扣分标准

序号	扣分档次	扣分说明
1	30	用户不能接受、销售时不能出现的问题，需加以改进后才能生产
2	20	一般用户能发现，会影响用户购买欲望和影响公司品牌形象的问题
3	10	只有专业人员才能发现，对车辆有细微的影响，可以边生产边改进的问题

2. 模拟用户体验评价

随着消费的不断升级，顾客对汽车的需求不再局限于代步工具，质量评价顺应用户需求的变化，从"缺陷评价"向"用户体验评价"扩展。模拟用户体验评价是通过模拟用户实际用车场景，体验产品在不同场景下带给用户的用车感受。用户实际用车场景应覆盖车辆全生命周期，主要包含"买、卖、用、修、服"五大场景。

在整车开发过程中，模拟用户体验评价需结合产品的体验目标定义，评估体验目标的达成情况和产品竞争力，提前识别产品的亮点和痛点，预测产品投放市场后产品的满意度表现，并对痛点进行优化，促进产品体验不断提升，从而更好地满足用户的需求。

模拟用户体验评价从静态和动态两方面开展实车评价,包含美观性、驾控性、舒适性、愉悦性、易用性、智能性、便利性七方面内容。采用正向评价机制,根据不同体验感受进行主观评分,然后累加求和,可量化反映用户对产品的感受。将体验感受分为0~10分,见表7-23,分数越高,满足用户体验程度越高。

表7-23 模拟用户体验评价标准

打分范围	0.1~1.0	1.1~2.0	2.1~3.0	3.1~4.0	4.1~5.0	5.1~6.0	6.1~7.0	7.1~8.0	8.1~9.0	9.1~10
评价等级	无法接受		很差		边缘		可接受	一般	非常好	好极了
用户满意度	非常不满意				稍不满意		基本满意		很满意	非常满意

分专业进行评价,可以充分发挥人员专业特长,更好地体验产品各方面的性能。专业设置可按智能化、内外饰、动态性能等展开。最终的评价结果通过量化分数的形式展现,方便研发人员在不同车型和系统之间进行横向对比。

(1) 智能化体验评价

智能化体验评价主要包含智能座舱和智能辅助驾驶两方面评价内容。智能座舱主要针对功能满足度、交互便利度、场景覆盖度、沟通好感度四个维度进行评价;智能辅助驾驶则基于四大场景,包括城市场景、高速场景、泊车场景以及应急场景。

(2) 内外饰体验评价

内外饰体验评价主要包含外观造型、外观品质、内饰造型、内饰品质、座椅舒适性、空间、人机视野、气味共八个方面评价内容。外观造型、外观品质、内饰造型、内饰品质评价主要是通过用户的视觉主观感受;空间主要针对乘坐空间和储物空间进行评价;人机视野主要针对操作性和视野性进行评价;气味评价主要是对车内和空调气味进行评价。在评价过程中,部分属性(如外观造型、内饰造型等)主观性较强,因此很难根据某个评价人员的意见判定整体质量情况,企业可通过市场调研与用户模拟等方式识别产品存在的体验优缺点,并根据调研的结果,不断优化结构设计、工艺、材料和色彩搭配以提升用户满意度。

(3) 动态性能体验评价

动态性能体验评价主要包含动力、换档、操控、隔声、舒适、制动、能耗及续航共八个方面评价内容。动态性能体验评价受人、车、环境等众多因素影响,不同的人、不同的车、不同的环境,评价的主观感受可能不同,因此在进行评价时,需要对影响主观评价的因素进行记录和修正,保证评价的准确性。参与动态性能评价的人员需掌握评价方法,并有较强的驾驶技能,了解行业车辆动态属性的表现。动态评价应尽可能全面模拟用户的使用条件，评价道路应选择不同的路况和路面，常用的道路有路面质量较好的沥青路、弯曲坡大的山区路、乡村水泥路、表面破损路、坑洼路，以及天气原因形成的湿滑路等。

（4）长距离集中体验评价

专项体验评价的活动范围往往局限于车辆生产基地所在省市，所覆盖的环境气候、路况等不全面，例如北京、广州等平原地区道路平直，重庆等山地地形道路弯曲，川藏等地则山高路险，都是用户常用工况，需要组织具有丰富驾驶经验的驾评人员，策划覆盖更多环境气候、路况的驾评路线开展实车体验评价，充分暴露、验证产品质量及顾客满意水平。

活动开始前，需对参评人员进行培训，让大家充分了解活动内容、安全须知，熟悉车辆功能、操作要求等；驾评途中不断交流总结，交换驾评车辆，通过对比评价会发现更多的改进机会；及时记录驾评感受和问题，每日总结当天的驾评情况，及时传递到产品开发团队和质量管理人员处；质量人员组织产品相关人员快速分析驾评过程中反馈的信息，并制定优化改进措施，推动质量提升和用户满意度的提升。

3. 内部用户体验评价

顾客满意是汽车产品追求的最终目标。在产品还不具备上市条件、不便于面向社会大样本开展顾客调研时，公司内部用户就是产品最好的体验官。因此，潜在用户体验评价也称内部试乘试驾，是通过筛选公司内部用户，按照自己的用车习惯体验产品，并记录自己在使用产品过程中的感受，通过对用户使用感受的分析，确定产品的优化改进方向，提高产品的满意度。

（1）内部试乘试驾开展时间

综合产品质量水平和问题改进时间，内部试乘试驾活动通常在CC节点前1~2个月，可以组织企业内部员工进行用车体验评价，内部员工按要求模拟用户使用工况及环境（如高速公路、山路、上下班堵车等工况），同时对新车进行质量评价、新功能体验、优劣势提炼、魅点发现及验证。同时，收集他们在用车过程中的主观抱怨、客观故障，结合反馈信息进行分析、改进。

（2）内部试乘试驾的主要内容

内部试乘试驾活动主要包含以下内容：

1）车辆准备。在时间上最好分成三个以上批次，覆盖新车生产开发的不同阶段，这样车辆的制造、研发状态也会不一样，可以起到提前暴露、改进的效果。不同阶段车辆也能对比验证不同措施方案的效果。

2）人员培训。人员培训是非常重要的一环，需要告知内部用户此项活动的目的和意义，让他们熟悉车辆功能，特别是新功能。最好准备一份车辆功能明细随车携带，并明确功能操作方法、场景、频次等。

3）信息反馈。内部用户也需要完成驾评反馈，将车辆使用过程中的主观感受、性能评价、质量问题等定期发送给项目组，并配合完成问题的确认、整改、验证、关闭等，完成问题的闭环管理。

（3）内部试乘试驾主要用户

从驾评人员类型看，内部试乘试驾可以分成以下两类：

1）普通员工试乘试驾。主要通过大样本和多人员的驾评来充分暴露、验证问题，希望尽可能覆盖不同人群、各种使用工况等，驾评人员可以是全公司范围内有驾驶执照的员工，驾评人员可以包含新车项目组、研发、生产、销售、质量等组织成员。活动开始前，最好对员工进行培训，明确车辆起动前、行驶中、熄火后需要操作的功能、频次等，发现问题后，需要通过微信、电话等快速传递，并配合完成问题的确认、整改、验证、关闭等。

2）管理层试乘试驾。管理层包含公司各个领域的高级领导，主要是通过公司管理层的实车驾评，审视质量状态、市场定位是否符合预期，并充分暴露问题、明确问题整改方向，推动问题的快速升级解决。在活动开始前，可以准备多辆车，包含不同配置状态，还有市场竞争车，通过车辆和人员的不断轮换，管理层尽可能掌握车辆实车状态、性能状态、质量状态等，了解公司产品的优劣势，推动产品的不断优化改进，提高产品的满意度和竞争水平。

4. 定向销售用户评价

定向销售用户评价是通过将车辆卖向内部用户或指定人群，以最真实的用户使用场景，在整车进行大批量生产前，再次对产品各方面质量水平进行确认。它作为产品开发验证的必要手段，是产品开发验证体系中的一项重要活动。

在车辆大批量生产之前，应对产品的质量状态、存在的风险进行充分评估，确保产品没有重大的安全隐患或质量风险。所有车辆按照正常商品车流程组织销售，并按正常商品车享受售后服务。

为了更好地与用户形成互动，让质量验证活动顺利完成，可以与用户约定一些验证要求、信息反馈与保密要求等。

7.4.6 整车可靠性签收

整车可靠性签收是指在汽车规定的使用以及维修条件下，为确保汽车可以达到整车、系统及零部件层级的设计寿命以及经济指标等,在专业的试验场内对其完成的规定功能能力的耐久试验。整车可靠性试验,不仅为汽车产品的研究、设计等多个部分提供有效可靠的数据资料,也可以有效分析失效样品,找出失效原因与汽车整车开发中的薄弱环节,并对此能够采取相应的对策,有效避免了汽车行驶中因道路强化问题而引起的故障失真。整车可靠性签收不仅保证了汽车耐久性质量,还促使提高汽车产品的可靠性。

开展整车可靠性签收时,是根据特定试验规范驾驶汽车,对整车、系统及各零部件疲劳损伤进行分析。试验主要根据试验场内的道路情况,完成车辆结构耐久及动力传动耐久两个方面的签收。其中结构耐久方面的道路主要有综合坏路(含车身扭曲路、振动路、弹跳坑、卵石路、碎石路等16种典型路面)、综合评价道(含盐水池、泥浆池);动力传动耐久方面的道路主要有高速环道、标准坡道(含10%、16.6%、20%、30%等8种坡道)、综合评价道(含盐水池、泥浆池)。根据这些道路模拟车辆在使用中的恶劣工况环境,采集实际使用数据,调整路面、车速和循环数量,考核汽车整车的耐久性能,完成可靠性签收。

整车可靠性签收在试验前会设定目标,在试验中采用扣分累计的评价方式,根据问题严重度划定不同的扣分标准,经过累加和计算,最后确定本次整车可靠性签收是否达标。通常问题的严重程度分为4个档次:致命/法规问题(S)、严重问题(A)、一般问题(B)、轻微问题(C),其对应的扣分值分别为10000、1000、100、20,扣分值越大,其严重程度越高,见表7-24。

表7-24 可靠性问题扣分标准

序号	扣分	问题类型	详细描述
1	10000	致命/法规问题(S)	1. 重大故障,导致发动机总成、车身总成报废甚至整车报废 2. 行车中,导致制动或转向功能完全失效或失控,导致安全风险高 3. 无法确保乘客或车辆周边安全,可能直接或间接导致人身伤亡或者有可能引起碰撞事故、自燃火灾等事故发生的不可预见的故障 4. 严重故障,同一失效模式经过维修后反复出现,涉及法规安全项
2	1000	严重问题(A)	1. 导致汽车3个基本功能(驱动、转向、制动)无法实现或者导致3个基本功能工作性能明显下降、功能受限的故障 2. 关键系统、总成功能失效或工作性能显著下降、功能受限,性能衰减严重,无法维修或者维修难度大 3. 关重系统关键性能严重超高、超限,如油耗、电耗、机油耗
3	100	一般问题(B)	1. 关重零部件、总成损坏、失效,功能丧失、无法使用,必须立即更换或维修 2. 非关重零部件、总成基本性能下降、功能受限,需要维修 3. 非关重零部件、总成功能正常,但在舒适性、方便性、异响等方面令人不满

(续)

序号	扣分	问题类型	详细描述
4	20	轻微问题（C）	1. 整车外观、内外饰及非操作性功能件出现的可以持续优化改善的问题，不会造成停驶，不会影响正常使用，通过简单修复、调整可解决或者不需要修复或调整，不会持续恶化 2. 隐蔽性高，非专业检查不能发现，且不会造成功能和性能影响的，不会持续恶化

7.4.7　整车投产制造过程审核

针对新产品是否能顺利投产，需要在投产前对产品开发的策划、工艺过程开发、生产过程质量控制的符合程度进行审核，评估是否具备稳定批量生产的质量保证能力，同时指明过程改进提升方向，使过程能在各种干扰因素的影响下稳定受控。

行业内通常按照德国汽车工业质量标准 VDA 6.3 中的"P6 过程要素"开展制造过程审核。企业可结合实际需要，在整车量产前，从产品的过程输入、过程管理、人力资源、物资资源、过程有效性及过程输出六个要素进行全面审核。

1. 过程输入

过程输入一方面要评估新产品在开发和批量生产之间的工艺文件资料（如FMEA、特殊特性清单、控制计划等）、设备工具工装（包含生产设备、检测设备、工装、盛具等）、零部件状态（如零部件是否通过批产签署）等是否进行了交接，确保生产顺利启动；另一方面要审核物料的接收、存储、标识是否进行了管理，确保生产时物料能够在约定的时间按所需的数量正确投放。

2. 过程管理

过程管理就是要评估工艺文件是否在现场得到有效落实，过程中的特殊特性、过程中的不合格品是否进行了管理，以及针对生产过程中的特殊情况（如中断生产）是否制定了管理方案等。

3. 人力资源

人力资源主要评估人员配置、人员资质是否满足要求，以及审核人员是否按工艺要求执行。

4. 物资资源

对于物资资源，一方面评估关键的生产及检测设备配置、设备能力、设备维护及设备存储是否满足要求，另一方面关注生产和检验工位的人机工程管理，确保工位布局合理、安全生产。

5. 过程有效性

对于过程有效性，主要关注过程是否设定了质量的衡量指标，并按指标规则进行数据收集，是否定期监控指标达成情况及 TOP 问题、异常问题的分析整改。

6. 过程输出

过程输出即关注产品生产下线后的流转、存放、标识是否满足要求，产品的交付质量是否满足客户的要求。交付质量可以设定衡量指标，即评估交付指标和问题的管理有效性。

当以上六个要素的全面审核评估符合率大于等于 80% 时，认为该新品投产过程具备稳定的批量生产质量保证能力（过程审核评级标准见表 7-25）；反之，则过程不具备稳定的批量生产质量保证能力。

表 7-25 符合率及对应的过程能力

符合率	级别名称	对过程能力的评定
≥ 90%	A	稳健的批量生产质量保证能力
80%~90%	B	稳定的批量生产质量保证能力
< 80%	C	不稳定的批量生产质量保证能力

7.4.8　初期流动管理

初期流动管理是在整车项目量产初期，在制造全过程增设检测项、检查点，提高检测频次，加严质量要求，增加作业要求等质量管理活动，降低量产初期由于人员、设备、零件等质量波动对产品交付质量的影响，充分暴露和快速解决整车在量产初期过程出现的质量问题，快速达到量产质量一致性要求。

初期流动管理是上市初期市场质量的减压舱，是项目开发团队与量产管理团队的黏接剂，是整车项目从投产质量管理向量产质量管理转化的保证机制。初期流动管理主要有方案制定与发布、产品质量一致性抽查、实车质量评审（详见 7.4.5 节介绍的 AUDIT 评价、精致工艺评价等）、商品车发运评审、一次通过率提升、总结及解除。

1. 方案制定与发布

整车项目被批准生产商品车后，明确初期流动管理过程指标要求，制定初期流动管理具体方案以及各项质量检查活动的实施细则，见表 7-26。

表 7-26　初期流动管理指标要求（示例）

指标	×月×日	×月×日	×月×日	×月×日	解除条件
AUDIT	≤360	≤340	≤320	≤300	≤300
一致性抽查 C/1000	≤4000	≤3000	≤2000	≤1000	≤1000
总装下线 C/1000	≤3000	≤2000	≤1500	≤500	≤500
出厂 C/1000	≤1000	≤800	≤600	≤200	≤200
批量问题	0	0	0	0	0
…	…	…	…	…	…

（1）初期流动管理方案制定

质量总师牵头，联合制造、产品、零件管理等板块人员共同制定初期流动管理方案。初期流动管理方案需确定工作清单、质量确认地图（Quality Confirmation Mapping，QCM）等。

1）确定工作清单。根据新车型项目的质量状态、阶段目标等要求制定工作清单，功能清单需明确工作项、工作频次、交付物以及交付周期。以整车总装区域为例，制定的初期流动管理工作清单见表 7-27。

表 7-27　初期流动管理工作清单（示例）

序号	工作项	频次	交付物	交付周期	涉及指标	备注
1	关重扭力检测	5 辆/天	关重特性扭力记录表	1 次/天	关重扭力合格率	
2	加注过程参数监控	100%	加注过程参数监控记录表	1 次/周	加注合格率	
3	关重设备参数点检	3 次（早、中、晚）/天	关重设备参数点检记录	1 次/天		设备 QCM
4	总装 AUDIT 评审	2 辆/天	评审问题管理表	1 次/天	AUDIT	
5	总装车间 QCM 特管	100%	总装车间 QCM 特管表	1 次/天	特管问题流出数	

2）确定质量确认地图。质量确认地图是一个用于汇总各区域长期检查项和临时检查项的可视化管理表，描述在生产过程的何处对质量问题进行检查和验证。长期检查项是根据车型功能特点、PFMEA、控制计划等要求，需要进行长期监控的项目；临时检查项是根据顾客抱怨的质量问题而设置的围堵点。

QCM 是一个动态管理表，临时检查项可能因问题改进效果良好而关闭，也可能因问题改进效果不明显而转化为长期检查项。长期检查项可因过程能力提升、质量数据表现优秀而被关闭。

检查项的关闭与转换有一个严格的评审流程，通常在采取措施后，连续一段时间内未发生问题或检查数据100%达成预期控制目标，可以提请管理部门组织相关方对问题进行关闭评审，在评审通过后方能在检查项实施关闭处理，停止相关检查活动。

（2）初期流动管理方案发布

为了各项工作快速落地，在完成初期流动管理方案之后，应组织各参与单位、项目团队等对初期流动管理方案进行宣讲与发布，对初期流动管理计划、目标、工作清单及要求等进行详细介绍。

2. 产品质量一致性抽查

一致性抽查是初期流动管理出厂检测的重点工作项，是聚焦市场用户抱怨和维修问题，对工厂交付合格车辆进行抽查评价，充分利用视觉、触觉、嗅觉（异味）、听觉和操控感，对车辆进行静态、动态质量评审。

质量体验团队根据初期流动管理工作要求组建评价团队，制定一致性抽查评价计划。团队人员每日按照一定的比例随机抽查合格的待入库车辆，在抽取样车时需尽量覆盖所有配置及颜色。评价人员以用户的眼光对抽取的车辆进行评价，并对问题缺陷进行记录，每日组织各专业对发现的问题进行发布，明确问题牵头部门及牵头人。

整车制造工厂质量管理部门负责建立一致性问题管控表，对问题的整改进度进行跟踪管理。单车问题数连续一段时间内均达成目标要求，整车制造单位可组织对该项活动的问题整改情况、指标趋势等进行总结，评估是否结束一致性抽查活动。

3. 初期流动管理过程跟踪

各生产区域牵头人按照初期流动管理工作清单的要求组织开展对应工作，按照QCM的要求对检查项实施管理，在每日质量会通报完成情况及风险、阶段质量指标达成情况及风险。

质量管理人员通过日例会对初期流动管理过程出现的问题进行协调、升级解决，日清日结，推进初期流动管理工作清单落地，推进初期流动管理质量指标达成。每日例会的主要内容见表7-28。

表7-28 初期流动管理日例会安排

会议内容		负责人	关键点
生产进度及问题通报	1. 每日生产完成情况及风险 2. 后续生产安排及确认 3. 影响交付问题的处理进展	生产制造总师	详细记录完成情况及风险

（续）

会议内容		负责人	关键点
现场车辆问题通报	1. 通报前日下线 C/1000 及主要问题	制造质量副总师	
	2. 通报前日出厂 C/1000 及主要问题	制造质量副总师	
前期工作完成情况	管理 KTM 表回顾	生产制造总师	
关键质量目标通报	关键质量目标达成情况趋势通报	质量总师	
问题跟踪	AQIMS 质量问题进展通报	质量总师	形成 AQIMS 问题跟踪表

4. 发运评审

发运评审是整车质量管理的重要里程碑，标志着产品由批次生产转为批量滚动生产，质量管理业务由新品开发管理团队向量产一致性控制团队转移。

发运评审分为两步开展：首先由项目质量总师组织各部门管理层对产品质量状态进行确认；然后对过程质量特管期间的质量状态、遗留问题的整改情况进行评价，评估产品的质量一致性。

（1）管理层质量确认

管理层质量确认是对实车质量进行最后确认的活动，由项目质量总师组织产品、工艺、制造工厂各车间管理层，通过目视、触摸、功能使用等模拟用户购车场景，抽取已入库车辆进行检查，记录所发现的问题。

针对评审发现的问题，现场发布，确认问题的处理方式，通常有以下三种处理方式：

1）返修：仅对评审的故障车进行处理。

2）排查返修：对所有车辆检查一遍后，对问题车进行返修。

3）限期整改：针对无法处理，也不影响用户使用（挑剔用户会抱怨）的问题，要求限期整改，在限期整改时间后不允许发生。

当质量评审发现的问题过多，或无法处理的问题会导致用户的抱怨，质量评审不同意通过，必须要采取措施后才能继续后续车辆生产。

（2）质量一致性评估

质量一致性评估是对初期流动管理全过程质量水平及其趋势进行评估，产品质量稳定且数据趋势稳定向好，表示质量一致性受控。反之，如果产品质量数据波动或趋势向坏，表示质量一致性还需提升。

产品质量一致性受控，且达到车辆发运的要求时，才能批准通过发运评审。产品通过发运评审后，质量管理将进入量产产品管理模式。

初期流动管理团队根据指标达成的情况，组织初期流动管理解除评审，评审通过后，方可结束初期流动管理。

5. 一次通过率提升

一次通过率（FTT）是指在完整的制造过程中，第一次即符合品质要求的产品件数的百分比，用来衡量在保证质量前提下的过程交付能力，是产品能否转入大批量生产的重要评价指标。

FTT 提升是通过对制造过程质量问题进行系统记录、统计、分析、整改，将质量缺陷纳入问题发生工位进行控制，从而减少质量缺陷的产生，在各加工环节真正实现不接受、不制造、不传递缺陷。FTT 提升的目的在于过程问题的有效检出、围堵，并对检查出的缺陷类问题进行快速解决，提升产品一次合格率。

FTT 提升流程是以 FTT 为主线建立的一套正向过程能力提升流程，让 FTT 成为制造能力提升的引擎、方法和工具。通过自下而上的主动暴露问题和持续改善，确保过程质量控制落实到每一个班组和工位。FTT 提升流程重点关注过程质量信息流、质量工具与方法。

（1）过程质量信息流

FTT 提升流程关注的过程数据主要为缺陷类质量数据，需要明确制造过程中的数据采集点及质量门。若具备条件，可以搭建过程质量信息系统，将采集项目、采集点及计算规则系统化，以减少人工统计带来的烦琐，同时提高数据的准确性和及时性；通过检查围堵，检出的质量问题应按问题严重度、问题数量、问题类型等进行统计分析，确保过程质量问题被充分识别、准确统计、有序升级、有效管理。某车企涂装工艺质量缺陷采集点及质量门设置示例见表 7-29。

表 7-29 涂装质量缺陷采集点（示例）

管理点	采集点	质量门
电泳检查	1	
电泳返修	1	
面漆检查	1	
面漆返修	1	
面漆检查完成终检	1	1

（2）质量工具与方法

运用固化的方法与合适的工具，能够提升团队的工作效率，有助于在质量改进过程中对问题的分析确认、风险识别、效果验证，以及对问题的立项跟踪、闭环管理等，确保改进工作高效进行。在 FTT 提升流程中，常用的流程与工具有以下三种：

1）问题追踪管理表：主要分为问题基本信息、问题分析及改进、问题验证三个部分。它可以规范记录质量缺陷，记录问题基本信息及整改关键信息，确保问题得到有效整改及闭环管理。

2）质量控制地图：它是一个用于汇总各区域检查项目的可视化管理表，描述在生产过程的何处对质量问题进行检查和验证，确保顾客关心的问题得到响应和围堵，监控当前在厂内制定的围堵措施是否有效。

3）过程质量问题的围堵排查管理流程：它规范了车辆生产过程中质量问题的排查、升级、围堵机制，确保质量问题升级有序、排查有效、围堵彻底，确保问题不出厂，提高整车交付质量。

7.5 上市初期质量特管

新品上市上量初期，通常存在制造过程质量不稳定、销售终端对车辆不够熟悉等众多情况。上市初期质量特管是以顾客为导向，通过实施一系列的特殊质量管理手段，将顾客及市场反馈的质量信息快速传递到研发、生产、供应链等环节，运用质量改进工具与方法解决问题，防止再发生，进而提升产品口碑、用户满意度，通过不断实践、总结、完善，最终形成结构化的质量改进体系和工作流程。

做好市场质量特管，问题快速响应，主要包含如下五个方面工作：

1）市场质量信息流：让公司从上到下所有层级的人都清楚顾客的抱怨。
2）市场质量特管组织机构：有专门的团队解决顾客抱怨。
3）市场质量特管工作流程：结构化工作流程，全过程解决顾客抱怨。
4）市场质量特管会议管理：定人、定期回顾顾客的抱怨，确保问题有效升级、快速解决。
5）市场质量特管工具方法：运用固化的流程与合适的工具，确保改进工作高效进行。

7.5.1 市场质量信息流

为有效地实施问题改进，首先要明确客户的关注焦点。某车企主要通过如图7-13所示的信息渠道获取顾客的声音，质量改进团队针对不同渠道的质量信息，制定明确的流转机制，以高效解决顾客抱怨的问题。

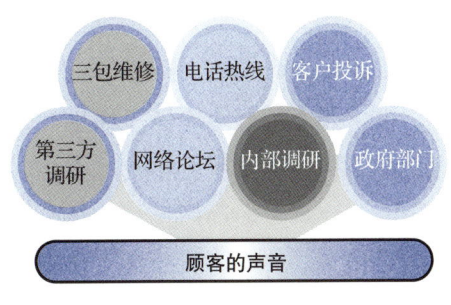

图7-13 质量信息渠道

通过市场质量信息系统获取大量顾客的声音，按照质量改进工作流程将外部信息转化为内部信息，并在各环节进行流转，不断地进行 PDCA 循环，如图 7-14 所示。团队成员每日监控系统中的质量数据，确认每一条质量信息，并将问题分解到研、产、供、销、运等环节，定期发布，让团队从上到下所有层级的人都清楚顾客的抱怨，从而推动质量问题的快速解决。

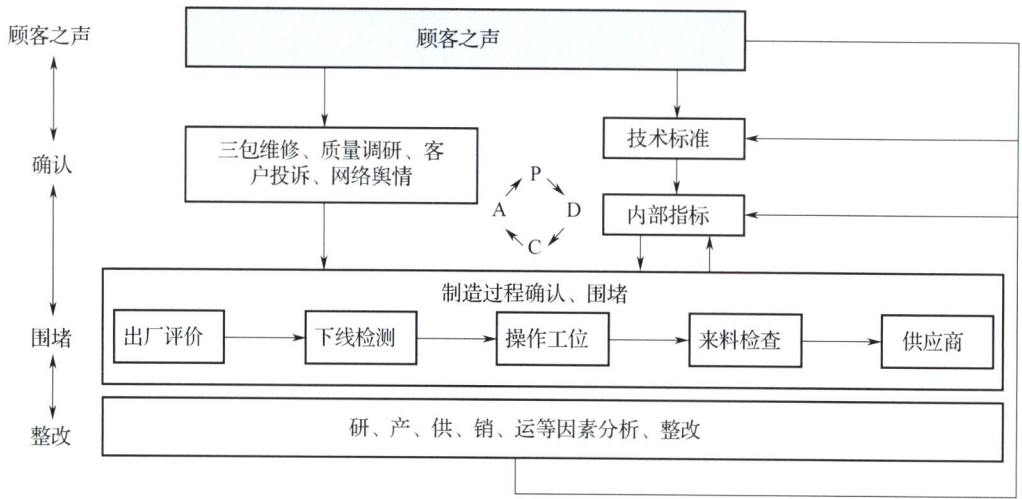

图 7-14　质量信息流转示意图

7.5.2　市场质量特管组织机构

对于新品上市初期的质量快速响应而言，需要一支专门的改进团队开展质量问题的识别、改进、预防、处置等工作，不能仅仅是针对个别问题成立临时的攻关小组。

改进团队主要负责对顾客反映的问题、抱怨、投诉、舆情等进行分析确认，将质量问题击碎成开发设计问题、制造过程问题、供应商问题、物流运输问题、市场服务问题等，识别变差点，推动快速改进，以消除或减少变差、减少售后维修、降低三包费用、减少客户投诉抱怨、降低舆情影响等，支撑质量目标的达成，同时也有利于提升生产绩效、提高车辆质量水平、提高客户满意度。

一个完善的改进团队，应该包括产品设计、工艺设计、整车制造、零部件及整车检查、供应商管理、市场服务、质量管理等各环节的领导和成员在内。图 7-15 所示为底盘改进团队组织架构示例。团队成员分为专职、兼职两类，其中专职人员为改进团队主体，牵头整体的工作策划和推进实施，包括指标监控和预警、信息接收和传递、任务分解和跟踪、问题管理和闭环，以及对团队工作过程和成果的评价等；兼职人员为团队改进业务的补充，在具体工作事项或业务上给予团队足够的支撑，确保改进工作可正常有序进行。因此，特管期间成立的由多部门成员组成的改进团队，应各尽其职、目标一致、协同合作，致力于解决顾客的问题。

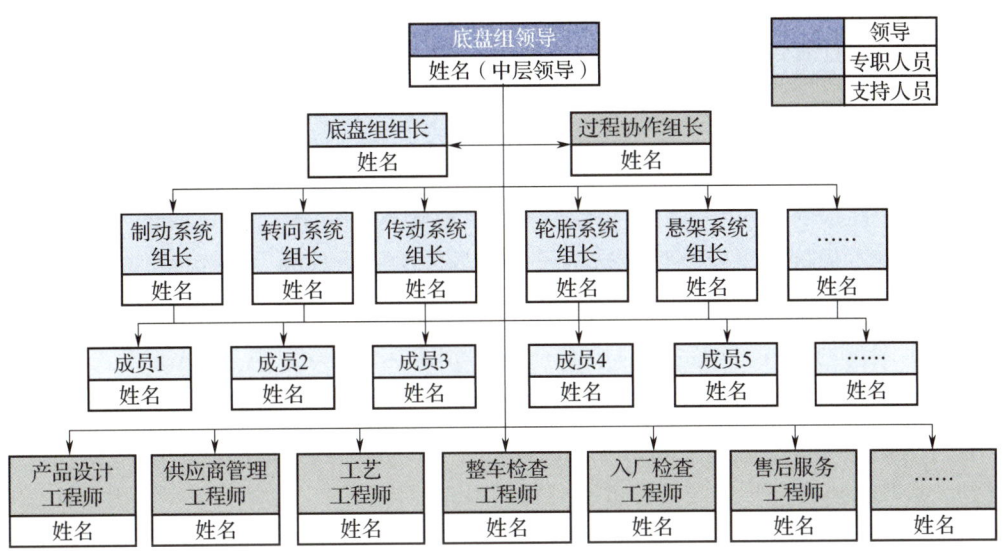

图 7-15　底盘改进团队组织架构（示例）

7.5.3　市场质量特管工作流程

市场质量特管应包含信息收集、厂内围堵、原因分析、实施整改、预防措施、市场处置等业务。

1. 信息收集

新品上市初期发生的质量问题、客户投诉、舆情信息等，需及时维护到质量信息系统，改进团队的专职人员通过质量系统动态收集和统计市场信息，并对每一条信息进行确认、分解，确保市场信息第一时间在团队内部有效流转，各环节能够及时地确认和反馈。针对部分问题，若需要实物确认的，团队应立即安排人员现场确认。新品质量问题都应该立项管理，按照计划跟踪问题的分析和解决过程，形成闭环。针对批量问题、严重故障，专职人员应及时升级预警，加快推动问题的解决。

2. 厂内围堵

分析解决问题需要一定的周期，因此，针对上市初期的新车型，在问题解决之前，应考虑在供应商或整车制造环节，对故障车辆或零部件进行拦截控制，以保证问题零部件或车辆不流向下一工序、不流向市场。过程拦截到的问题非常有价值，大部分能够与市场问题相吻合，因此改进团队应及时确认，有利于加快质量问题的分析解决。

针对市场批量或系统性问题，改进团队有必要对零部件本体、子系统、制造过程进行确认，通过相关分析梳理关键因子，并对关键特性、关键要素等实施监控，保障产品一致性和过程的稳定。

3. 原因分析

明确根本原因是彻底解决质量问题的核心关键，只有对症下药，才能确保问题被根除，因此根本原因应该得到充分验证，且能够重现和完全说明市场问题。

分析根本原因，需要合理地运用质量工具方法。针对单一零部件问题，可以通过 A–B–A 交叉互换验证，或通过零部件装配过程来分析原因，也可以通过主动改变根本原因变量的方式，锁定问题根本原因。如图 7-16 所示，A–B–A 验证结论为故障与零件 b 有关，可确定 b 为导致问题的零件；通过对故障零件 b 的参数进行单一变量调整，锁定参数 c 为导致该零件故障的参数，从而锁定该问题的故障点为 b 零件的 c 参数，再进一步对该参数进行分析即可。

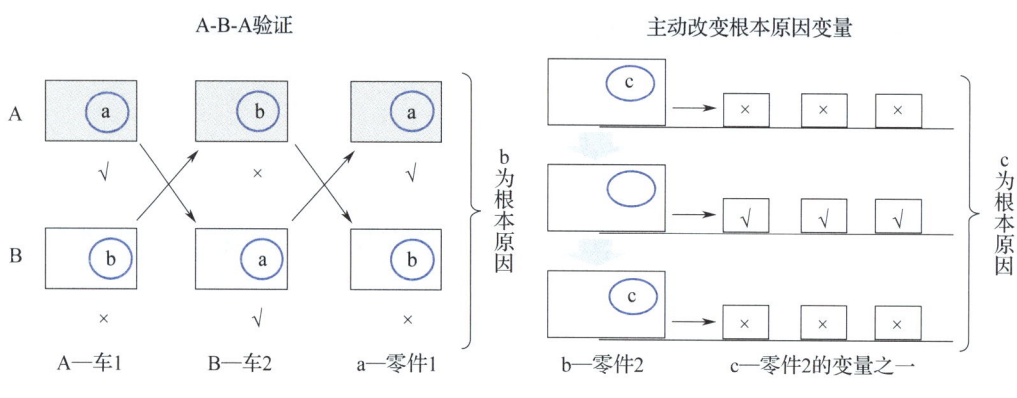

图 7-16　A-B-A 原因分析示意图

如果单一零部件无法复现市场问题，无法锁定问题根本原因，需要深入分析与市场问题相关的子系统，可以通过头脑风暴、因果图等工具，梳理可能导致问题发生的原因，并逐一排查确认，识别关键因子后，进一步明确问题原因。

分析根本原因时，既要考虑问题为什么会发生，也要考虑问题为什么会流到市场。一般零部件和整车在开发设计、制造过程，都会有很多环节的试验验证和检查验收，如果都没有识别到问题，有可能是试验和检查环节的要求或日常管理等存在不足，也需要实施对应的改进。因此质量问题的根本原因，既包括导致问题发生的直接原因，也包括体系、管理方面的系统原因。

4. 实施整改

明确问题根本原因后，改进团队需要按照时间计划来推动问题的解决，即实施改进措施。这个过程就需要改进团队中的支持人员来完成相关工作，其中制造团队牵头完成制造问题的改进，如装配工艺、下线检查、操作问题等；供应商管理团队牵头完成供应商问题的改进，如供应商的设计、制造、管理等问题；开发设计团队牵头完成产品设计、试验规范等方面的改进；销售部门牵头完成客户关系维护、服务站问题等改进；物流部门牵头完成运输过程问题的改进。各个板块的改进措施、推进进展、实施节点等，应该及时在改进团队内部进行汇报和反馈。

质量问题改进措施包括临时措施和永久措施。其中，临时措施短期内能够实施，是在实施永久措施之前保障产品质量的一种手段，可以是对问题零部件或整车的排查、过程检查围堵，也可以是临时的产品或工艺调整，或从产品与管理上采取的其他措施。永久措施是针对根本原因实施的改进措施，能够彻底杜绝问题的发生。不论临时措施还是永久措施，都应该经过验证且有效，否则措施实施后，问题可能会再次出现。

改进措施实施后，改进团队应该通过过程围堵数据、市场质量信息等，跟踪问题整改的效果，如果出现偏差，需要及时响应，进一步考虑整改对策。

5. 预防措施

对于上市初期车型的质量和口碑，批量问题、严重故障等影响非常大，为确保这类问题不在其他车型上重复发生，改进团队应该将相关信息同步传递给其他项目或车型管理团队，分析在产和在研车型的风险情况。如针对在产车型，应考虑横向排查，举一反三，确认零部件或子系统的状态，评估是否存在类似风险，从制造、工艺方面考虑防错，并更新 FMEA、指导文件等；针对在研车型，项目开发团队需要排查确认新车型的情况，实施对应的改进和规避。

为预防问题发生，供应商管理也是非常重要的，一方面要考虑供应商的过程防错，防止问题流出；另一方面，可以梳理与市场问题强相关的零部件关键参数、关键过程或设备要素等，通过供应商端实施正向监控，及时识别偏差并加以改进，避免市场问题的发生。

6. 市场处置

针对在产车型可以采取过程围堵、实施整改措施的方式，保障产品质量，但针对已发运到市场或销售给客户的车辆，尤其新上市车型，需要快速采取有效的应对措施，对市场车辆的批量问题或严重故障进行处理，减少客户抱怨，降低市场影响。

针对市场质量问题，尤其危及人身和财产安全或存在隐患的，改进团队应从问题发生的概率、问题后果的严重程度等方面充分评估问题的风险等级，并对不同程度风险的问题，采取不同的应对策略，见表7-30。

表 7-30 问题风险评估及处置

序号	风险等级	处置方案
1	低/较低	一般可采用一对一处置、客户关怀等方式
2	中等	可以考虑对市场车辆主动处理，消除隐患，或对旧状态的备件清理和退换
3	高/较高	一般存在安全隐患或已发生严重的安全性能故障，这类问题一般会涉及公开召回，即通过国家市场监督管理总局发布召回公告，主动邀约客户到服务站解决车辆问题

上市初期市场质量快速响应，需要全面考虑问题的识别和传递、分析和解决，以及市场车辆风险的消除，每一个环节都不可或缺。整个过程不仅能够锤炼团队，提升整体的专业能力和管理能力，也能够不断提升企业整体的质量改进管理水平。因此，对于高效的质量问题快速响应，完整的组织机构、完善的运行流程是非常重要的。

7.5.4 市场质量特管会议管理

围绕顾客抱怨的问题，改进团队应组织专家和领导一起回顾问题进展，对于不能解决的问题，可以通过有效的升级来寻求解决问题的资源，确保问题能够及时被解决，以减少客户抱怨，提高客户满意度。

新品市场质量特管会议一般分为几类，某车企质量特管会议地图见表 7-31。

表 7-31 质量特管会议地图

序号	会议名称	内容描述	会议类型
1	问题分析会	针对质量问题，组织关联业务成员讨论，回顾问题进展，并制定下一步推进计划	产品工程师层级会议
2	整车子系统小组会	各子系统组织关联业务成员定期召开的会议，回顾质量指标、市场数据、问题进展等	子系统工程师层级会议
3	供应商约谈会	针对供应商责任的问题，约谈供应商管理层，对问题进行复盘分析	产品/子系统领导层级会议
4	工厂质量早会	制造工厂每天召开，通报各环节质量指标及重点问题推进情况	制造领域领导、工程师层级会议
5	新车型质量会	组织关联业务成员，每月对新品质量目标、市场问题回顾、跟踪进展、风险问题升级解决	产品、制造、销售、质量等领导层级会议
6	车型质量改进平台会	工厂组织关联业务成员定期召开的会议，回顾整体质量情况、跟踪问题进展、风险升级等，拉通各单位、各环节资源，侧重问题的解决	单一车型开发、制造、物流、销售、质量等领导层级会议
…	…	…	…

每一层级的会议，都需要明确会议议程、参会人员。会议需清晰地对问题或工作进展情况进行通报，明确下一步工作计划。如果工作过程遇到困难，团队可以通过不同层级的会议，从下而上地向管理层有效升级（详细的升级机制可参考 7.1.2 节

内容），协调解决问题的资源。领导层需要做出明确的决策和指导，从上而下地做出指示和要求，这样更有利于推动问题的解决。

7.5.5 市场质量特管工具方法

质量工具、方法的应用可以很大程度地提高问题分析解决效率。针对不同类别的问题和不同分析阶段，合理地使用质量工具，可以产生事半功倍的效果。

按照问题原因属性，一般质量问题可分为两大类：一类是由于普通原因导致长期存在的问题，也称为系统性问题，适合运用 6Sigma 思路方法分析解决；另一类是由于出现波动或偏差导致的异常问题，适合运用 8D 思路方法分析解决。结合问题分析整改的过程，在不同阶段常用的质量工具如下：

1）问题识别过程：佩恩特图、直方图、柏拉图、质量趋势图等，将问题按照故障模式、生产时间、使用时间、行驶里程、分布区域等分类统计，直观展示出市场问题的共性，有利于聚焦问题重点，分析问题的根本原因。

2）原因分析过程：可以通过头脑风暴罗列出所有可能原因，使用因果图逐一排查确认，识别关键因子，以进一步分析锁定问题原因；针对商务类或管理类问题，可以采用 KJ 方法（或称亲和图），收集相关方需求，将关注焦点作为提升项，推动改进。

3）问题改进过程：为评估改进有效性，可以运用假设检验方法，对整改前、整改后的数据对比评价，以评估整改效果；质量趋势图、佩恩特图等持续监控质量数据走势，通过数据趋势向好或向坏，来判断改进措施是否有效；控制图能够监控过程一致性、统计过程能力，通常用于问题分析、改进、验证等环节，来识别异常，加以改进。

4）闭环管理：质量问题解决后，运用问题管理表、总结报告等工具对问题闭环管理，并基于不断的总结沉淀，为后续新车型项目提供经验借鉴。

7.6 软件质量管理

关于软件质量，不同的人根据自身的领域知识和经验，对其有着不同的认知。有人简单地将软件质量等同于软件测试，有人说到软件质量就会想到是否有缺陷，还有人对软件质量的认知停留在是否好用的层面。实际上软件质量内涵丰富，既包括可感知的、与用户使用相关的外部质量，也包括影响外部质量的软件技术架构和代码相关的内部质量，还有整个软件开发生命周期中各个环节相关的过程质量。

软件质量形成于开发过程，开发结束则意味着软件的质量已经定型，故软件质量的管理更多是在于软件开发的前端质量管理。

7.6.1 整车软件质量管理体系

软件开发是复杂的活动，随着业务形态的增多、技术架构的演进，软件质量的复杂性不断增加，影响软件质量的因素也越来越多。软件质量不能仅靠传统意义上的测试活动来保障，还要测试人员延伸测试边界，以更全面、更系统的视角来构建软件质量体系，助力组织提高软件产品的质量。因此，需要建立一套完善的软件质量体系，这个体系应该包括许多方法论和实践。

软件质量管理依据 Automotive SPICE《汽车行业软件过程改进及能力评估》标准，结合 ISO 26262《道路车辆功能安全》、ISO 21448《道路车辆预期功能安全》、ISO 21434《道路车辆网络安全》等国际质量管理标准建立和实施，搭建软件质量管理体系，主要由软件体系管理、供应商管理、软件产品开发、工厂封测、OTA、支持过程 6 部分组成，如图 7-17 所示。

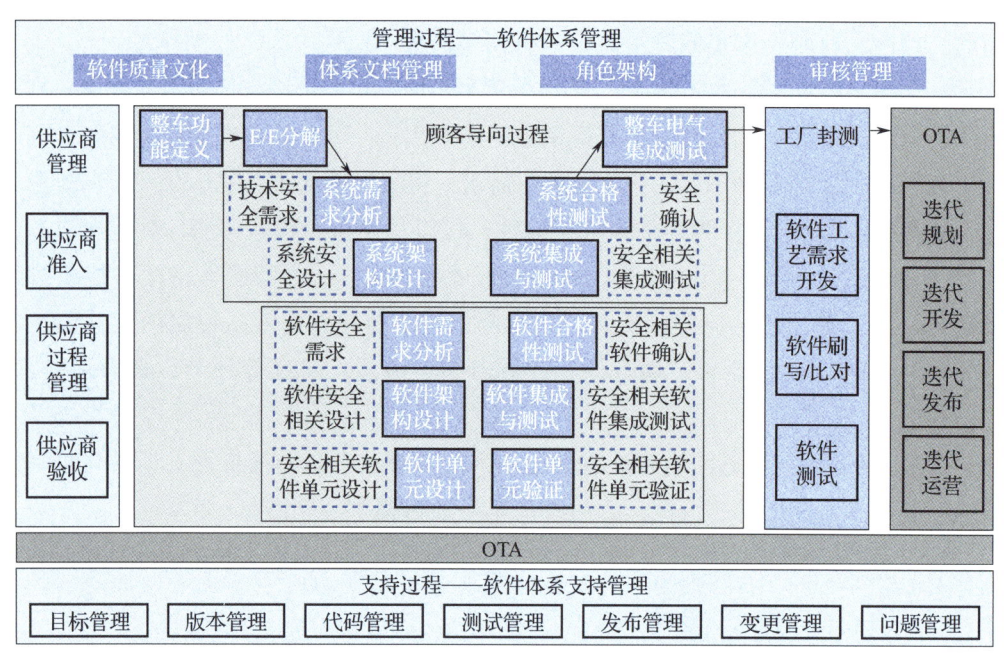

图 7-17　软件质量管理体系（示例，彩图附后）

7.6.2 整车软件开发过程质量管理

软件开发的全过程包含软件概念、软件计划、软件开发、软件验证、软件发布、生命周期维护 6 个阶段。软件开发质量管理业务主要有整车软件质量目标策划、需求变更管理、整车软件版本规划、缺陷管理、整车生产过程软件质量管理、供应商过程软件质量管理、OTA 迭代管理等，其同步关系如图 7-18 所示。

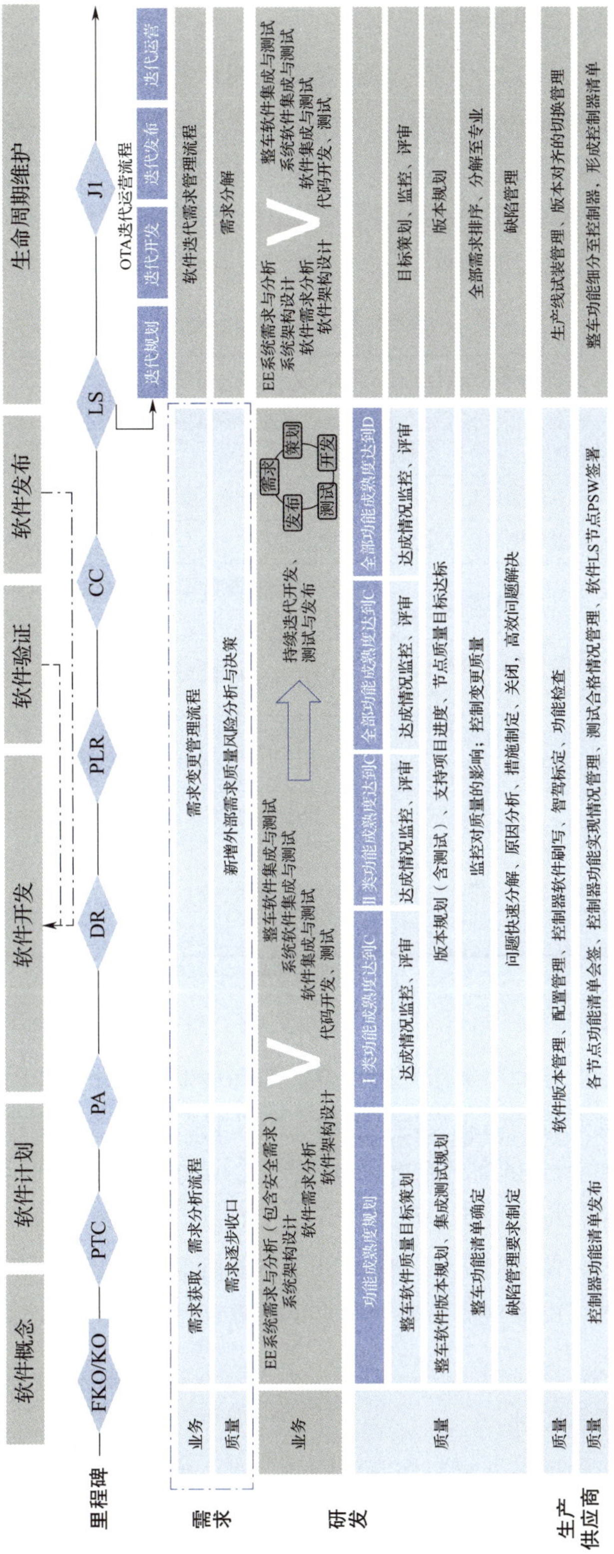

图 7-18 整车软件开发质量管理同步图（示例，彩图附后）

1. 整车软件质量目标策划

软件是复杂学科的综合体现，涉及整车与用户的互动逻辑设计、机械运动交互关系管理、软件架构各层模块设计、专业领域数学模型建立等，其参与者有产品设计人员、硬件设计人员、系统架构人员、软件架构人员等多种学科人员。同时，软件开发团队人员需要对多维度的专业信息进行理解，才能行之有效地实现软件的编码。因此，需要设定专门的质量目标对过程进行有效的度量，见表7-32。

表7-32 软件质量目标

序号	类型	指标项	定义
1	顾客满意（调研评分区间为1~10分）	车载娱乐影音系统满意度	（车载娱乐影音系统调研评分9分数量+10分数量）/调研总数量×100%
2		车联网满意度	（车联网调研评分9分数量+10分数量）/调研总数量×100%
3		驾驶辅助满意度	（驾驶辅助调研评分9分数量+10分数量）/调研总数量×100%
4	过程	软件体系成熟度	对软件开发过程按既定标准评估，以评价组织软件开发质量成熟度水平
5		汽车网络安全流程审计符合率	汽车网络安全流程审计符合项数/审计总项数×100%
6		功能安全流程审计符合率	功能安全审计符合项数/审计总项数×100%
7	结果	DI（验收阶段）	DI值=权重1×S类缺陷数+权重2×A类缺陷数+权重3×B类缺陷数+权重4×C类缺陷数
8		S/A类问题数	S表示致命/法规问题；A表示严重问题
…	…	…	…

2. 需求变更管理

项目通过启动开发的决策后，因外部市场环境发生变化或者内部技术实现等因素，导致项目软件开发的需求发生了变化，变化将给项目的进度和质量保证带来挑战。建立如图7-19所示的需求变更评审流程，对需求的技术可行性、开发周期、用户体验提升、质量指标达成等方面进行评审，对需求导入计划进行管理。若一项需求通过评审流程后，便将需求纳入整车软件功能清单进行管理，传递给产品团队进行开发；若不通过，由需求提出方根据评审意见进行修改，完成修改后再次发起评审流程或者放弃。

3. 整车软件版本规划

整车软件版本规划是将整车开发计划融合到各控制器的开发计划中，通过对所有控制器软件版本发布、变更过程的管理，实现对整车软件的管理，确保整车测试、

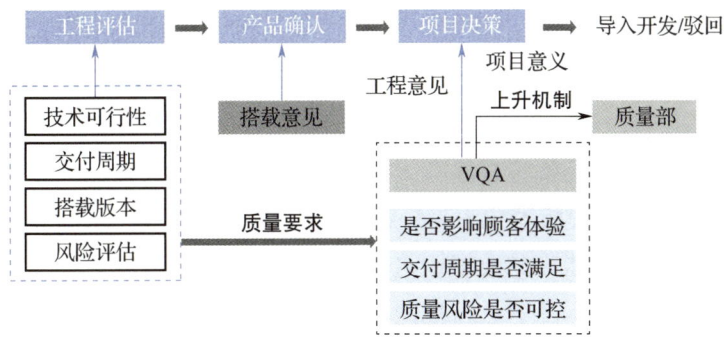

图 7-19 需求变更评审流程

生产和远程刷写的零部件软件版本和数据的一致性、正确性和可追溯性，如图 7-20 所示。

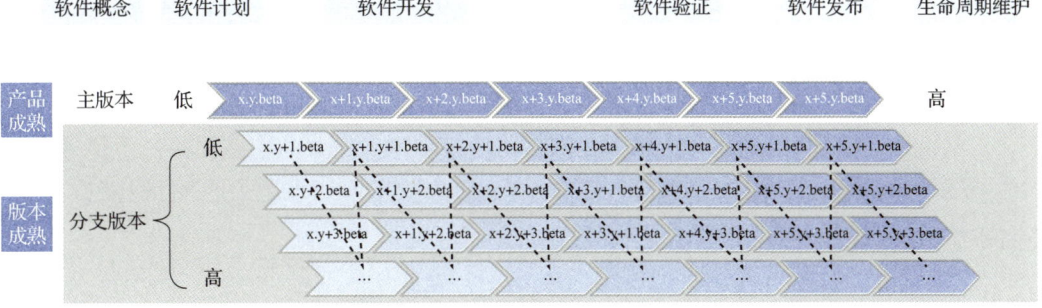

图 7-20 整车软件版本规划及管理

整车软件版本规划明确了各版软件需要实现的功能、达成的性能目标等要求，并将此目标分解到各控制器，实现从需求到控制器开发全过程目标的统一。以小版本解决软件故障，大版本迭代新功能与新需求，实现敏捷开发，从而快速提升软件质量。

4. 缺陷管理

从开发者角度看，软件缺陷是软件产品开发或维护过程中所存在的错误；从顾客角度看，软件缺陷是系统所需要实现的某种功能的失效或违背。

缺陷发现阶段主要包含：系统需求分析、系统架构设计、软件需求分析、软件架构设计、编码、单元测试、模块测试、软件集成测试、系统集成测试、整车集成测试等。

5. 整车生产过程软件质量管理

软件的质量形成于开发过程，生产过程质量管理与传统的硬件质量管理有较大差异,主要从软件灌装与版本控制、配置状态、软件标定、功能检查等方面进行控制。

(1)软件灌装与版本控制

软件灌装就是通过设备将软件写入对应的控制器。在整车制造过程,为保证软硬件版本的一致性,设置版本拉齐工位和版本比对工位进行控制。在版本拉齐工位,建立软件版本信息读取能力和数据刷写能力,确保灌装的软件版本满足要求;在版本比对工位,首先在入厂环节进行控制器软硬件序号、版本号的检查,其次在总装生产线整车装配完成后,使用设备检查整车所有控制器软硬件序号、版本号,确保整车的软件版本符合目标要求。

(2)配置状态

软件配置状态通常通过配置字实现,通过配置字,将软件功能与整车硬件配置匹配,确保各配置功能正确。配置完成后,采用配置字流程传递和功能检查的方式进行验证确认。

(3)软件标定

软件标定主要通过诊断设备,对各运动件(玻璃升降器)、感知零件(摄像头、传感器)等参数进行标定,实现各项整车功能整车使用。同时,也通过诊断设备对各系统故障进行排查与清除。

(4)功能检查

采用手动功能点检、云质检等手段,在车辆入库前对整车功能清单进行100%检查,确保问题不流出。

6. 供应商过程软件质量管理

整车软件功能的实现离不开各控制器、执行器的开发,这些控制器、执行器的开发往往是由供应商承担。供应商的交付质量很大程度上决定了整车的软件质量,供应商软件质量管理主要涉及供应商准入管理、供应商需求澄清、供应商过程管理及验收等,如图7-21所示(相关质量管理要求详见第8章内容)。

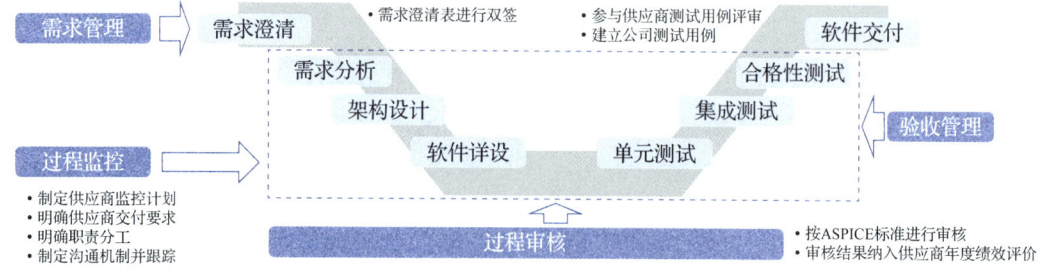

图7-21 供应商过程软件质量管理

7. OTA迭代质量管理

车辆的软件功能通过持续的优化、升级,为用户提供常用常新的体验,OTA(Over-The-Air)为软件升级提供了便捷、可靠的技术支撑。OTA是空中下载技术的简称,通过云端升级技术,为具有联网功能的车辆提供软件升级服务,包括驱动、功能、应用等升级。在完成系统功能升级、界面优化的同时完成软件的漏洞修复。

OTA业务分4个阶段,分别是迭代规划、迭代开发、迭代发布、迭代运营。其质量管理的主要活动有质量问题及需求收集、质量评审等。

(1)质量问题及需求收集

软件质量副总师统筹已上市车型质量问题及需求管理,定期收集、分析各个车型的信息,确定每个问题及需求的重要程度。确定完成后,统一输入给迭代规划小组,由迭代规划小组输入迭代开发小组进行软件的开发及验证活动。

(2)软件OTA迭代质量评审

软件开发全过程是一个软件版本不断迭代的过程,其软件迭代质量评审活动主要分为两类:一类是整车开发过程软件迭代质量评审;另一类是市场软件迭代质量评审。两类评审的流程相似,质量要求和指标见表7-33。

开发过程软件迭代质量评审主要针对开发任务完成情况、功能测试合格情况、体验评价合格情况等方面进行评审。若评审合格,软件将进行内部车辆测试;若评审不合格,由开发团队对问题进行整改后再次组织评审。

市场软件迭代质量评审重点针对内测车辆验证充分性、问题解决情况、市场推送方案、准备情况、国家监管部门备案完成情况等方面进行评审。若评审合格,正式开启市场推送活动;若不合格,由相关责任部门将问题整改合格后,再次组织评审。

表7-33 OTA迭代升级软件质量指标

序号	指标项	市场软件迭代要求
1	需求分解率	100%
2	整车软件功能开发完成率	100%
3	零部件软件功能开发完成率	100%
4	整车软件功能测试合格率	100%
5	零部件软件功能测试合格率	100%
6	整车信息安全测试合格率	100%
7	…	…

Chapter Eight

第 8 章
项目采购管理

由汽车行业的制造模式决定,汽车约 70% 的零部件由供应商提供,几乎所有的整车企业都需要通过外部供应商或服务商购买整车开发和制造过程中所需的产品和服务,汽车的技术、质量、成本等都与供应商密切相关,都离不开项目采购管理。大量的整车项目开发管理实践证明,高效的项目采购管理是整车项目成功的关键要素之一。

项目采购管理包括从项目团队外部采购或获得所需产品、服务或成果的各个过程。项目采购管理包括合同管理和变更控制过程,通过这些过程,编制合同或订单,并由具备相应权限的项目团队成员签发并管理。本章重点介绍在整车项目开发过程中,对所需有形产品(主要指外购零部件)的采购管理,主要内容包括项目采购策划管理、寻源及认证管理、商务及合同管理、零部件开发管理、供应商管理及项目非生产采购管理等。

8.1 概述

项目采购管理(Project Procurement Management,PPM)是指在整车项目开发过程中,整车企业按照职责分工,授权采购组织从外部采购所需资源(产品和服务)的管理过程。任何一个项目的实施都需要一定的资源投入,项目所需资源大体可分为两类:一类是有形的产品;另一类是无形的服务。整车项目开发所需的有形产品除部分零部件自制外，大部分零部件需要向外部供应商购买获得，如各种原材料、零件等。无形的服务包括专家咨询、技术服务等，本章不做重点讨论。

8.1.1 项目采购管理内容

项目采购管理是整车项目开发众多活动中的一个环节，包括如下内容：

1）采购策划：基于整车开发项目的目标和项目需求，实施项目采购策划管理；基于项目开发需求，制定供应商寻源认证计划、定点定价计划、零部件开发验证计划；基于财务和成本需求，制定供应商资金需求计划等。

2）采购实施：搭建项目采购管理团队，并明确工作职责；按计划实施供应商寻源、认证工作，补充项目资源需求；在满足整车开发目标的前提下，对供应商进行甄选，选择合适的供应商进行外包零部件的开发，并以采购合同形式对双方合作内容进行约束和管理；在满足技术、成本、进度等要求的前提下，对零部件供应商的开发过程进行监控，确保达成项目目标；在项目合作过程中，对供应商日常绩效进行管理。

3）采购过程控制：按照双方签订的合同或产品开发协议要求，在项目合作中对供应商开发产品的进度、质量、成本、交付等执行情况和变更情况进行监督和管控，协调解决问题，并识别和控制风险等。

4）采购结束：包括项目验收反馈、问题记录和整改、商务纠纷处理、供货情况监督、采购档案的更新和存档等，以及相关工具、方法、制度、流程的完善和改进。

8.1.2 项目采购管理保障

成功的项目采购管理工作，需要多方面的协同和支持，具体包括以下方面：

1）基于整车开发目标，明确定义项目采购的技术、质量、进度、成本等管理目标。

2）有称职的项目采购经理，并搭建在项目采购经理领导下的专业采购团队。

3）有高层管理者的支持，项目采购经理在工作需要时，能及时得到高层管理者在人员、资金、授权等方面的支持。

4）有结构化的项目管理机制，采购各业务板块之间有结构化的工作机制和管理流程，能及时监控项目采购管理进展情况，在共同目标下有序推进各板块的工作。

5）有畅通的问题协调解决机制，能及时发现和协调项目推进中出现的问题，并有效解决。

6）有充足的资源配置，内部需要配置相应的人员、设备、资金等，外部需要有充足的供应商资源。质量优秀、数量充足的供应商资源是整车项目开发的重要支撑，在项目开发中与供应商的高效合作是项目采购成功的重要保障。

7）有畅通的沟通和交流渠道。在内部，采购团队与项目负责人及项目其他团队有结构化沟通机制；在外部，与供应商能实现有效的沟通并得到积极的响应和支持。同时，项目采购团队收到供应商端的反馈后，在项目团队内部及时传递和共享。

8）拥有良好的氛围，内部和外部合作团队合作氛围融洽。

8.1.3 项目采购管理发展

1. 第一阶段：起步阶段

这个阶段一般是指20世纪50年代后期到70年代末。这个阶段自主汽车工业的技术、质量、制造、人才等都处于学习和起步阶段，按期交付质量合格的零部件是满足当时整车项目开发重要的工作任务。这个阶段，自主品牌整车企业项目采购所涉及的专业化管理理念、管理手段都处于起步和学习阶段。

2. 第二阶段：能力构建阶段

这个阶段是指20世纪70年代末到20世纪末。这个阶段虽然很多合资品牌企业在中国市场销量不断攀升，但基本不进行全新车型的本地开发设计工作，大部分核心零部件开发设计也不在本地完成。伴随着中国汽车市场的快速发展，自主品牌汽车企业逐渐崛起，并开始建立起正向开发设计能力。在进行整车项目开发时，他们会邀请核心供应商共同开展关键零部件的开发和验证工作，共同提升自主品牌汽车的技术、质量、成本竞争力，项目采购管理工作也围绕上述目标开展各项工作。这个阶段，自主品牌整车企业项目采购管理能力逐步形成，并建立支撑自主品牌整车开发的管理流程和方法。

3. 第三阶段：协同发展阶段

从21世纪初开始，中国汽车市场已成长出一批优秀的自主品牌汽车企业，并建立了系统的正向开发设计能力、验证能力和研发管理体系。为提升整车研发效率、快速响应市场需求，自主品牌汽车企业专注于整车系统设计、集成和核心零部件的设计开发（如发动机、变速器等），将其余部分零部件的开发设计委托核心供应商来完成。

在这个阶段的项目采购管理中，整车企业除关注零部件供应商的质量、进度、成本等能力外，将供应商的同步设计能力和快速响应能力作为选择供应商的重要指标。这个阶段，自主品牌整车企业项目采购已建立了一套完善的流程、工具和方法。

本章重点介绍第三阶段的项目采购管理相关工作。

8.2 项目采购策划管理

由于行业的特点,汽车总成本的约70%来源于零部件采购,所以采购对整车企业利润影响极大。同时,汽车企业面对"电动化、智能化、网联化、共享化"的新四化要求,企业转型的窗口时间、产品生命周期的快速迭代要求越来越紧迫,倒逼整车企业项目开发全面提速,在这个过程中采购发挥了越来越重要的作用。按进度达成整车项目技术、质量、成本、交付等目标,快速提升项目开发效率,对企业发展至关重要。

整车项目开发是一项复杂的工作,采购作为项目开发中重要的一环,需要按照整车开发进度做好采购策划工作,制定严格的项目采购推进计划,并实施有效管理。整车项目开发的级别越高,项目采购策划管理就越重要。对一个复杂的整车项目开发而言,如果没有精心的采购策划和严谨的管理,在运作过程中很容易出现资源冲突,导致项目目标无法按计划达成。

8.2.1 项目采购矩阵团队

项目采购管理包括了外购零部件的技术、质量、成本、进度等一系列采购管理过程,项目实施周期长,参与的业务单元多,业务场景复杂。为提升项目采购协同效率,保障新品项目有序开展,项目采购团队建立了"以客户为中心、以产品为主线"的矩阵式项目管理体系,聚焦项目采购质量、成本、进度等关键目标,以强矩阵式管理组织,实现项目采购团队和采购专业团队业务的深度融合,有序推进全过程项目采购管理工作。

项目采购聘任了专职采购总师,在项目总监领导下,全面统筹推进采购板块工作,包含成本指标的分解、决策的达成、进度管控、质量控制、风险管理等。他对内负责协调跨部门的项目资源及问题升级管理,确定并执行项目团队绩效管理标准,形成评价机制,负责项目采购管理体系及流程制度建设;对外,通过沟通和协调供应商端存在的重大问题,确保供应商满足项目开发工作要求。

采购总师下设供应商体系副总师、采购策略副总师、成本控制副总师、采购寻源副总师、供应商管控副总师、非生产采购专员等角色,协助采购总师开展各板块工作。采购总师专职负责项目工作,其他副总师接受项目线、职能线双线管理。

1)采购总师:作为采购业务牵头人,在采购经理领导下,负责制定项目总体采购策略,管控总计划,统筹项目执行和偏差的管理。采购总师是项目采购的总协调员与监督员。

2)供应商体系副总师:负责项目中供应商资源的统筹与管控,对供应商资源负责。

3）采购策略副总师：负责零部件先期策略的统筹与管控，对零部件先期策略负责。

4）成本控制副总师：负责整车及整车零部件原材料成本的统筹与管控，对原材料成本负责。

5）采购寻源副总师：负责项目定点定价和量产降本工作的统筹与管控，对生产性采购商务板块工作负责。

6）供应商管控副总师：负责新品开发过程中供应商问题的统筹与管理，对供应商开发零部件的进度及质量负责。

7）非生产采购专员：负责样车、样机、样件及自投工装、设备招投标的统筹与管控。

8）采购部门职能经理和业务负责人：作为项目采购的业务支持人，为项目提供业务资源保障，管控偏差和风险。

项目采购团队主要成员及职责如图 8-1 所示。

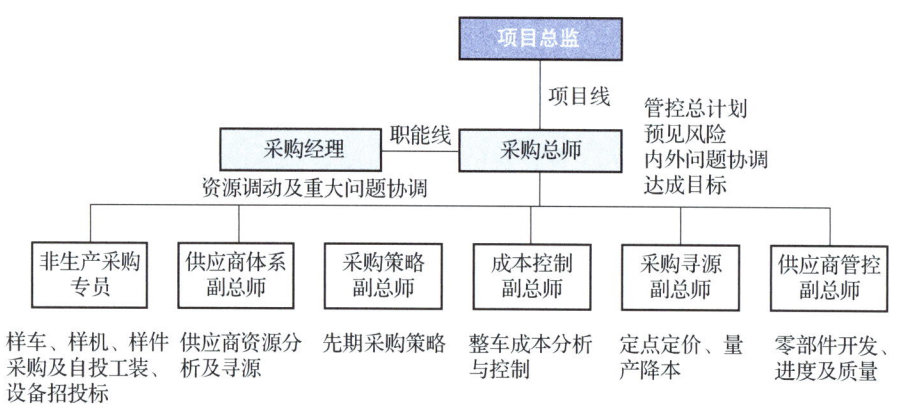

图 8-1　项目采购团队主要成员及职责

8.2.2　项目采购总体策略

项目采购总体策略是在项目启动阶段，由采购经理牵头，组织各业务板块，按照整车项目各里程碑指标及交付物要求，综合考量项目进度、质量、成本、资源等要素，编制形成的项目采购指引性文件。各业务板块根据项目总体策略，按计划推进供应商资源开发、定点定价、零部件开发三个关键里程碑工作，并在执行过程中进行多次复盘，实现各业务单元的信息协同、业务协同、工作协同，保证整体目标的达成和工作有序推进。

1. 总体策略的制定

在项目 KO 节点后、PA 节点前，项目采购团队联合内外部团队，包括项目总监、开发经理、设计总师、总体副总师、STA（Supplier Technical Assistant，供应商技术支持）、质量总师、产策、造型等，以整车 BOM 表（Bill of Materials，物料清单）为核心和基础，制定整车总体采购策略。总体采购策略的制定要综合考虑技术方案、车型卖点、成本策略、定价策略、供应商资源、质量管控策略、"六新"（新技术、新结构、新材料、新工艺、新供应商、新生态产品）应用、售后备件等维度，对整车功能部件进行分类。每个维度形成一张子表，汇总成为总体策略，包括如下内容：

1）技术方案评估：分析客户需求，将客户需求转换为造型、性能、质量、成本等量化指标，重点评估车型平台的选择、拟选择的技术方案与现有车型技术的差异等，并分析技术差异点对采购成本的影响，形成多方案成本报告，选择最优技术方案。

2）车型卖点、亮点等配置的评估：要量化到具体的零件级别，明确相应的技术要求、成本指标、配置增减对零部件成本的影响及对整车溢价的影响等。

3）制定成本控制策略：通过提前开展大宗材料走势预测，模块化、平台化零部件应用评估等分析，基于市场售价预测、产品市场方案及定位，综合零部件产品特性、开模周期、试验周期等，制定零部件设计成本目标、零部件分包策略，形成整车均衡上限设计成本策略，并将责任分解至产品及专业负责人。

4）供应商资源审视：通过判断品类是否新增、是否需要新增供应商、现有供应商资源是否充足、现有供应商的合作绩效等，确定供应商资源策略。

5）选择定价策略：通过开展供应市场分析，对不同品类零部件制定不同的定价策略，如优先议价类、比价类、先期介入类等。

6）制定质量管控策略：以达成质量目标为原则，结合历史车型及其他基础车型 TOP 问题解决方案，制定质量管控策略。

同时，综合考虑"六新"应用情况、供应商产能评估、售后备件需求、高价值品类特别管控等，完善形成总体策略。

2. 总体策略的执行

在项目总体采购策略的指导下，采购执行工作主要从进度和成本两大维度开展。

（1）制定项目采购进度计划

在矩阵式项目采购组织下，由项目经理牵头，采购总师统筹，按照"由上往下细化"的逻辑，根据整车开发一级计划和整车开发里程碑节点、零部件开发周期等要求，制定项目采购进度计划，并倒排形成从技术先期策略发起、采购策略制定、技术方案确定、技术信息邀请书（Request For Information，RFI）发布、定价定点、可以开模（Ok-To-Tool，OTT）数据发布、OTT签署、零件提交保证书（Part Submission Warrant，PSW）签署等关键业务推进计划，形成项目采购同步计划。

该计划明确了采购各业务单元的工作任务及各业务单元之间的同步关系，同时必须将整车开发过程关键点（如里程碑等）纳入项目采购核心控制点进行管理，将涉及的每项工作分解为可量化评价和管理的内容，形成树形结构，逐一分解任务和指标，落实每项工作的执行人、完成时间、工作目标、交付成果以及每项工作所需的资源和时间，识别出几个相关计划之间的约束关系和进度安排。该计划经项目采购团队讨论锁定后，各业务总师需严格按计划执行各项工作，确保达成项目采购各项目标。

（2）项目成本计划的执行

采购成本目标是整车项目KO里程碑的刚性指标。项目采购团队按照新品项目成本管理体系，在项目启动的前几个月找路径做成本策划，以成本目标匹配技术方案；在KO节点做刚性决策，确定成本达成路线；在项目开发阶段，按照成本目标执行并对偏差进行管控。

要建立项目里程碑评审机制，按照项目计划在每个项目里程碑节点阶段，对项目采购所涉及各板块进展、指标达成情况、交付物完成情况以及项目总体目标达成情况进行全面审视，逐级评估能否进入下一阶段工作。采购团队内部进行项目里程碑评审，重点在于识别风险、制定解决方案，避免出现"指标达成了，项目失败了"的情况。

8.2.3 项目采购管理方法

为确保新品项目开发进度管控精确到零部件级，整车企业按照项目开发要求，制定了供应商资源开发、零部件开发、新品定点定价倒排等计划，严格按计划推进项目采购各项工作。同时，为保障项目采购工作顺利开展，某车企在项目采购中采用了分层级管理模式和日常工作评价机制。

1. 制定供应商资源开发计划

在项目开发KO节点阶段，整车项目组分析项目搭载的"六新"产品，并编制需要新建品类的明细。采购总师牵头汇总项目组反馈的现有供应商资源不足的品类明细，发供应商寻源认证部门，由该部门具体分析判断是否需要新建品类供应商、补充或更新供应商资源。

对于新建品类供应商或补充供应商的品类,根据项目开发计划,制定详细的供应商资源开发计划,并按项目计划推进寻源、现场认证等工作,确保在正式发起先期策略前,完成供应商资源开发的补充和更新。供应商资源开发计划主要工作内容见表8-1。供应商寻源及认证管理详见8.3节的介绍。

表8-1 供应商资源开发计划(示例)

序号	项目	品类	项目需求	计划完成时间	认证工程师	进展情况
1	A	驱动单元	新技术首次运用,需新建品类,补充供应商资源			
2	B	装饰膜	该品类供应商数量不足3家,供应商数量不足,需要补充供应商资源			
3	C	铝车轮	该品类供应商数量3家,其中××供应商近两年竞争均未获得新项目,竞争力不足,需要补充供应商资源增加竞争			
…	…	…	…			

2. 制定零部件开发计划

供应商管控副总师组织工程团队,根据整车开发进度安排,倒排出OTT数据发布、OTT签署、工装样件(Off Tooling Sample,OTS)、PSW签署计划,制定出初步的零部件开发计划并向供应商发布,指导供应商按开发计划推进各项工作。

在零部件定点定价完成后,供应商管控副总师需再次组织工程团队,对OTT数据发布、OTT签署、OTS、设计验证(Design Verification,DV)、生产确认(Production Validation,PV)、强检、CCC认证(China Compulsory Certification,即中国强制认证)、PSW签署等零部件开发计划进行详细的确认和更新,并将调整后的零部件开发计划向供应商发布,供应商按此计划推进零部件开发。零部件开发过程管理详见8.4节的介绍。

3. 制定新品零部件倒排计划

为确保新品项目开发进度管控精确到零部件级,项目采购推行"倒排计划"的模式对项目进行精细管理。

倒排计划是为了确保与新品零部件采购相关的工作能满足项目开发要求,根据整车项目里程碑节点、指标、开发周期等信息,倒排出从技术先期发起到采购PSW签署的业务推进的工作计划。倒排计划的制定是以整车BOM明细为基础,100%无遗漏地对所有零件进行系统分析和管控,直观地了解每一个零件开发及项目采购相关业务推进情况，确保零部件的招标定点、零件开发进度满足项目需求。通过实施零部件倒排计划的方法，明确了外购零部件"最晚定点定价时间"，确保后续有充足的时间完成新品零部件的开发和验证，以提前识别风险并制定防范措施。新品零部件倒排计划工作内容见表8-2。

表8-2 新品零部件倒排计划

序号	活动名称	活动内容	输入	输出
1	提供零部件明细	在KO启动后的规定时间内，总体技术副总师向采购总师提供新品零部件明细及相关信息	KO里程碑节点公司级评审通过	明细汇总表
2	确定最晚定点定价时间	在KO启动后的规定时间内，采购总师组织相关成员倒排出最晚定价定点时间需求	新品零部件明细汇总表	最晚定价定点时间
3	倒排计划制定	在KO启动后的规定时间内，采购总师组织各板块人员完成倒排计划制定	新品零部件明细汇总表	倒排计划
4	审核和推进零部件倒排计划	在KO启动后的规定时间内，采购总师组织对倒排计划进行计划初审	—	—
5	倒排计划审签	在KO启动后的规定时间内，采购总师组织对倒排计划进行审签，达成一致后提交项目开发经理、采购经理、总监签批	—	审签后的倒排计划
6	推进倒排计划实施	在KO启动后的规定时间内，采购总师将审签完成后的"倒排计划"导入采购一体化信息系统发布实施	—	—
7	变更处理	对涉及新品零部件的变更，采购总师组织评审，达成一致后工程团队提交变更流程，并更新到采购一体化信息系统	审签后的倒排计划、零部件明细表	变更后的倒排计划
8	倒排计划管理活动结束	当项目量产，且相关指标、任务完成，或项目终止/暂停时，活动结束	—	—

4. 建立项目采购日常管理机制

为了确保项目采购日常工作，某车企总结了采购"811"项目管理工作模式，通过定期例会机制，检查项目进度，协调问题并管控风险。

(1) 采购"811"工作模式

"8"表示采购总师作为项目的第一责任人，推动80%异常问题的解决；第一个"1"表示采购经理作为采购总师业务上的支撑，推动10%升级问题的解决；第二个"1"表示对10%的重大项目问题，升级到部门领导进行决策和解决。

基于采购"811"管理模式，借助"项目级""经理级""部门级"项目例会机制，分层级解决项目推进过程中的问题。分层级项目会议机制内容见表8-3。

表 8-3 分层级项目会议机制

序号	会议类别	会议目标	频次	参加人员	会议内容
1	项目级采购例会	推动 80% 项目问题的解决	每周	采购总师、副总师等	日常工作通报、进展回顾、风险识别、信息互通、工作安排等
2	经理级项目例会	推动 10% 升级问题的解决	双周	采购经理、采购总师、副总师等	项目健康度评估、单项目升级问题的协调解决、多项目共性问题的解决方案等
3	部门级项目例会	推动 10% 重大问题的决策	每周	部门领导、采购经理、业务经理、采购总师、副总师等	项目重大风险的决策、解决,共性问题管理改善决策等

（2）项目采购日常评价机制

为营造价值创造的工作氛围,激励各板块高质量地完成项目采购工作,确保各项指标的顺利达成,建立了项目采购日常评价机制、项目管理评价标准和项目KTM任务执行表,针对项目团队和成员的工作,从项目协同情况、客户服务意识、业务风险及控制情况、中长期价值创造等维度进行评价,并定期进行通报。对表现好的团队和成员进行激励,对表现差的批评改进,以提升项目团队工作积极性。

8.3 寻源及认证管理

优秀的供应商资源是项目开发成功的保障。为确保项目顺利推进,采购团队根据项目需求,提前进行供应商寻源工作,寻找补充行业最优的供应商并更新现有供应商库,为项目提供支撑。

8.3.1 供应商寻源管理

供应商寻源管理是指在项目开发阶段,根据项目对外购零部件的资源需求,采购团队通过各种手段及渠道,寻找行业优秀供应商对现有供应商资源进行补充、更新的一个过程。

供应商寻源包括分析项目需求、编制寻源计划、实施寻源、分析寻源结果四个过程。

1. 分析项目需求

根据整车项目开发需求,项目采购团队按照零部件开发计划表,结合项目开发技术、质量、成本、进度、平台特性、法规要求等,对现有供应商能力进行分析,匹配现有供应商资源是否满足。对不满足项目需求的品类制定寻源策略，启动供应商寻源工作。

2. 编制寻源计划

根据需求品类的产品开发要求、功能、工艺、材料等产品基础信息，以及应用车型的平台规划、量纲规划、基地规划等信息，结合整车企业对供应商能力的基本要求，如供货客户、供货量、体系证书等，编制供应商寻源计划，明确启动时间、完成时间和牵头责任人等。

3. 实施寻源

整车企业通过门户网站、供应商自荐、行业网站、供应商交流平台、专业信息平台、第三方调研机构、地方政府推荐、行业展会（如车展、商会、行业协会、交流会）、产品介绍会等渠道，发布供应商寻源公告。市场上的供应商通过链接网址进行注册，完善企业相关信息。整车企业收到信息后，在线进行审核，收集整理潜在供应商信息，并将符合条件的供应商纳入资源库。

4. 分析寻源结果

（1）形成长名单

通过收集到的潜在供应商名单，结合内部相关技术、质量、商务、交付等部门推荐和掌握的竞争对手信息，整车企业进行汇总检核，形成供应商寻源长名单。供应商寻源长名单主要内容见表 8-4。

表 8-4 某品类供应商寻源长名单（示例）

供应商		上一年推荐品类供货量/万套	排名（根据上一年出货量）	主要自主品牌				主要合资/外资品牌				新能源品牌			其他
				G1	G2	G3	…	W1	W2	W3	…	N1	N2	…	
自主	A	350	1		√	√	√								
	B	220	2	√		√		√		√					
	C	180	3	√											
	…														
外资合资	D	150	4						√						
	E	120	5							√					
	F	103	6						√	√					
	…														

（2）筛选短名单

根据寻源后确定的供应商长名单，由体系规划工程师牵头，组织技术、质量、商务、物流等部门，对供应商提交的企业简介、营业执照、供货履历、产能情况、质量水平等信息，初步进行筛选和分析。同时，通过电话、邮件、网络会议等形式进行沟通，必要时可邀请供应商到整车企业现场进行沟通。通过进一步交流，了解供应商的合作意愿，验证前期供应商提交信息的真实性和准确性，并根据交流和分析结果编制形成供应商短名单。供应商寻源短名单主要内容见表8-5。

表8-5　某品类供应商寻源短名单（示例）

零部件	供应商	搭载车型	合作意愿	技术交流结果	商务交流结果	质量交流结果	综合建议
××品类	A	…	有	同意	同意	同意	建议考察
	B	…	有	同意	同意	不同意	不建议考察
	C	…	有	不同意	同意	不同意	不建议考察
	D	…	无	—	—	—	不建议考察
	…	…	…	…	…	…	…

（3）确定现场评估名单

由采购工程师牵头，组织项目团队相关成员与短名单上的供应商进行初步的技术、商务交流，选定需要进行现场评估的供应商名单。通过审批后，启动供应商现场认证工作。

8.3.2　供应商认证管理

供应商认证管理是整车企业与供应商开展合作的前置工作，是整车企业用一套科学、客观、量化的评估标准，对供应商能力进行综合评估的过程。供应商认证管理包含供应商认证和认证专家管理两方面内容。

1. 供应商认证

供应商认证指整车企业通过组建现场评估专家小组，按照评估标准和条款，在供应商生产场地，由评估专家通过现场、现地、现实、现物评估的方式，客观评价供应商的能力。现场评估内容包含技术、质量、商务、物流等专业方面的内容，也包括企业出资人、股东、经营理念、高层团队、未来愿景等管理方面的内容。整车企业常见的评估点见表8-6。每个评估点有标准化的评估标准，认证专家通过逐条审核评判，进行打分，并对各板块的评分情况按照规则计算，最终输出综合评估结果。

表8-6 现场评估主要内容

序号	评估维度	主要评估点	综合评估结果
1	技术	产品设计开发能力、过程设计能力、验证能力、产品实现标准体系、设计团队及人员培训、培养、主要开发业绩等	以百分制表示
2	成本	公司管理概况、股权架构、股东构成、投资人情况、经营状况、财务报表评估、资金状况等	
3	质量	质量、环境及安全保障体系、质量方针、目标、精益生产控制、批量生产过程控制、预防性维护、关重工艺及设备评估、近几年质量表现等	
4	物流	内外部物流信息接受、处理和反馈过程管理，产能与生产计划控制、库存和现场物流管理，包装和标识管理，批次管理	
…	…	…	

2. 认证专家的管理

为确保对供应商的评估客观、公正、透明、公开，整车企业按照平台、专业、领域的分工，建立了供应商认证专家库。成为认证专家需要经过甄选、培训，合格后才具备供应商能力评估的资格。

（1）部门推荐

认证专家的选拔需经部门推荐，要求具备相关技术领域的专业知识和标准，熟悉供应商审核过程和方法，同时具有良好的职业道德，具有较强的责任心、原则性，无不良从业记录，无不良廉洁记录。

（2）培训入库

内部推荐后，根据相关标准对推荐专家进行选拔。选拔通过后开展专业能力、职业操守、现场操作执行等方面的专题培训，培训后进行考核，合格后进入专家库，并颁发证书，明确聘期和评估领域。只有进入专家库的相关人员才有资格参与供应商能力认证工作，在职责范围内以独立、专业的角度对供应商进行评估并对评估结果负责。

（3）日常评价

为规范认证专家的管理，对认证专家的工作进行跟踪管理，对引入供应商的实际业绩与专家业绩挂钩，作为后期专家续聘的评价指标之一。

根据供应商寻源情况、现场评估结果等，体系规划工程师形成供应商寻源和认证综合报告，制定供应商准入策略，在内部按流程进行审批。审批通过的供应商可纳入正式供应商库，获得参与新车型项目产品开发资格；审批未通过的供应商纳入候选供应商库，待后续需要时再启动现场评估相关工作。

8.4 商务及合同管理

在商务及合同管理阶段,采购部门首先组织体系内供应商开展竞标,通过比价、议价方式,完成定价并选定供应商。之后双方签订开发合同,建立零部件开发合作关系。商务及合同管理是为了确保供应商或服务商履行合同要求,提供满足项目技术、质量、成本、进度、服务等要求的产品或服务。双方通过合同约定合作内容、责任、权利、义务等,提供具有法律效力的合作保障,促使合作双方自觉遵守和履行合约合同,支撑整车项目按开发计划推进。

8.4.1 定点定价

在整车项目开发中,商务管理的重点工作之一就是外购零部件的定点定价及商务商谈工作。零部件定点定价的效果直接影响整车成本、进度等,商务商谈的目的就是在保障项目进度的前提下,确保外购件的成本、质量和进度三方面达到最佳组合。

定点定价是从供应商资源库中选择开发相应零部件所需的供应商,并通过比价、议价等方式,选定满足技术开发要求、价格最优的供应商。定点定价流程分为定点申请RFI、比价议价定点工作安排RFQ、供应商制定技术方案及商务报价、技术方案评审、测算制定零件目标价格、商务解锁以及价格商谈7个步骤,如图8-2所示。

图8-2 定点定价步骤

1. 定点申请RFI

研发部门产品工程师根据整车项目零部件技术需求向采购部门提出定点生产性零部件供应商的申请。在提出RFI之前,为帮助供应商更好地理解需求,研发部门产品工程师组织产品性能部门、采购部门、质量部门、物流部门等相关工程师和所有参与项目的供应商同时进行技术交流,统一澄清零部件技术开发、交付、商务、质量等要求,确保供应商同时获得相同的产品信息。双方经过充分交流后,研发部门与供应商签署技术交流会议纪要。

发起RFI后,产品工程师将产品开发技术要求、技术交流会议纪要等相关资料通过采购一体化信息系统上传及流程审批；产品开发技术要求相关的技术数据通过供应商发放系统发给供应商。供应商发放系统、研发系统和采购一体化信息系统上传的内容要相同，以确保供应商、采购、成本分析部门收到的信息一致，避免因差异影响定点定价效率。

因整车开发配置不同，不同的零部件配置权重会有差异。采购一体化信息系统上发起 RFI 时产品工程师要选择需定点定价零部件的权重，便于后期商谈和定点时统一策略。如需定点的一级总成零部件中存在其二级零部件由整车企业直接管理的情况，产品工程师在发起一级总成零件 RFI 前，需先完成直管二级零件总成的定点。

RFI 流程到达采购端，由采购工程师对研发部门发起的 RFI 进行审核，审核后发项目总监，由项目总监进行审定后发布。

2. 比价议价定点工作安排RFQ

RFI 发布后，采购工程师根据产品部门提出的需求，制定发布比价议价定点工作及时间计划安排，包含供应商制定技术方案、商务报价、研发部门技术方案评审、成本分析部门测算制定零部件目标价格、法务解锁、价格商谈等各环节时间计划安排，确保定点定价各环节有序开展工作。

3. 供应商制定技术方案及商务报价

供应商结合整车研发部门的产品开发技术要求等，制定详细的技术方案，对应技术方案测算制定零部件的价格方案。根据 RFQ 安排，参与项目的供应商统一在规定的时间内上传方案。在约定的截止时间前，供应商将技术方案和价格方案通过采购一体化信息系统完成上传，到达截止时间后，所有供应商系统报价将同时关闭。

为了提升供应商报价的保密性，供应商报价系统应用了区块链技术确保信息不可被篡改。供应商通过采购一体化信息系统提交报价时同步传递至区块链，采购一体化信息系统不存储报价信息。通过区块链加密技术，可确保报价阶段到商务解锁前所涉及的各个环节实现全密封。

整车制造企业对于含有芯片的零部件，要求供应商须在采购一体化信息系统上传完整的零件芯片信息，技术方案中提供完整的交付承诺函。对于含有 3 个月以上的长周期物料的零部件，技术方案中须提供零件长周期物料的采购方案。

为了更科学地分析供应商报价的合理性，整车制造企业对于供应商的商务报价，需要填报详细的物料清单明细及价格，包含但不限于原材料价格、外购件价格、加工费用、工装费用、包装费用、运送费用等。商务报价表见表8-7。

表 8-7 商务报价表（示例）

×× 报价汇总表

编号：			报价日期：	
供应商名称（盖章）			车型	
供应商代码			币种	人民币（元）
零件代号		零件名称	单车用量	
序号	项目	单价（不含税）	备注	
A. 材料成本				
1	原材料（含设计废料）			
2	外购件			
B. 人工成本 =（3+4+5）				
3	直接人工（不含附加福利费）			
4	间接人工（不含附加福利费）			
5	附加福利费=（3+4）× 附加福利费率		附加福利费率	
C. 制造费用=（6+7+8）				
6	固定制造费用			
7	变动制造费用			
8	加工废品成本		加工废品率：	
D. 加成=（9+10+11+12+13）				
9	终端废品		终端废品率	
10	管理费用			
11	财务费用			
12	销售费用（不含包装和运输费用）			
13	利润			

（续）

××报价汇总表

项目			
E. 出厂单价合计（A+B+C+D）			
F. 包装费用			
G. 运输费用			
H. 工装模具摊销			
I. 到厂单价合计 =（E+F+G+H）			
J. 增值税			
K. 含税到厂单价 =（I+J）	本报价表中，仅此项报价为含税，其余均为不含税单价		

项目	生命周期总量（件）	每周最大量（件）	如一次性支付 付总金额	如分期摊销支付		单件摊销价格
				总金额（含财务费用）	摊销总量	
设计及开发费（仅在 ESOW 要求时填写，如无，则不填写）						
工装模具总费用（含增值税和关税，只能以分期摊销方式支付）						

序号	项目		备注
1	OEM 计划产量		
2	供应商产能		

注：1. 管理费用，财务费用，销售费用（不包含表及运输费用）填写按适当比例摊薄到单件零件的金额。
2. 包装费用是指产品外包装费用和供应商将产品交抵生产现场所用的生产现场规定的专用零件盛具的费用。
3. 运输费用是指供应商将产品运抵生产现场的费用。
4. 销售费用中包含供应商为满足准时制（JIT）送货的费用。
5. 生产工时分析，工装模具分析请按附件所列填写各项费用分析说明。

4. 技术方案评审

供应商在采购一体化信息系统完成技术方案和价格方案上传后，产品工程师组织供应商技术支持工程师、物流副总师、成本分析控制工程师等整车项目开发相关人员参加评审供应商的技术方案，并将项目总监审核通过的评审报告上传采购一体化信息系统。

整车制造企业应当建立供应商技术方案评审标准，包含评定是否满足产品结构、外形尺寸、逻辑功能、强度等开发技术要求，以及质量业绩、制造能力、产能等质量要求及其他要求。对于无法达成整车制造企业评审标准的供应商则判定为"不合格"，将没有机会获得该项目零部件的招标资格。

如存在以下几种情况的，将判定为不合格：

1）为确保商务报价的公平公正，整车制造企业要求供应商在规定时间内通过采购一体化信息系统上传技术方案。如未在规定时间或未在指定位置（技术附件）上传的，则方案评审时直接判定为"不合格"。

2）为提前梳理芯片类供应商的供应风险，供应商在提交技术方案时，对于含芯片零部件的供应商，需要按要求提交零件芯片产品及供货信息，并提交交付承诺函。如不提供或提供不全的，技术方案评审判定为"不合格"。

3）为提前识别风险，对零部件有3个月以上长周期备货物料的供应商，供应商需要按要求提供零件长周期物料的采购方案。如供应商不提供或提供不全的，技术方案评审判定为"不合格"。

每家供应商的技术方案有对应的技术状态锁定物料清单，由产品工程师、成本分析控制工程师与供应商共同确定其相关内容，此内容作为成本分析控制工程师开展目标价格测算以及采购工程师与供应商价格商谈的基础。

5. 测算制定零件目标价格

零部件目标价格测算是一项比较复杂的工作，不仅需要成本分析工程师有丰富的技术经验积累，对产品技术状态的构成、生产过程、主要工艺、特殊工艺要求等有专业基础，同时要对财务基本知识、管理成本、行业情况有专业的认识，在此基础上还要依靠大量的历史数据做支撑，才能比较准确地测算出一个产品的合理价格。零部件的成本构成一般分为以下几部分：

1）材料费用：制造产品所需材料的费用及二三级等外购零部件的费用。

2）人工费用：制造产品的人工费用，不同地区的人工成本费用有较大的差异。

3）制造费用：在产品生产过程中，除材料成本和人工成本之外的固定制造费用、变动制造费用之和，统称为制造费用。

4）管理费用：在产品销售及其他管理活动中，保证企业正常运转发生的直接、间接支出。

5）利润：企业在产品正常销售活动中获得的销售所得剔除产品制造成本后，单件产品所获得的利益。

6）包装费用：为确保产品合格交付，企业为完成的货物包装业务而发生的全部费用，包括运输费、分装包装费等。

7）物流费用：供应商将产品交付到整车企业的过程中，在运输产品上分摊的运输费用支出，也称作单位运输产品成本（简称运输成本）。由于产品属性、运输地点、运输距离、运输方式、物流时间、搬运方式等不同，产品运输成本差异较大，所以整车企业根据产品包装和运输要求不同，对不同的产品有差异化的运输成本核算方式。

8）工装模具摊销费用：对一次性制定的工装模具等，测算成本时不适用折旧，不计入产品成本；如不是一次性支付，需要通过摊销的方式，以折旧方式批量计入产品成本，摊销完成后在成本中剔除该项成本。

9）开发费及试验费用：包含产品设计及开发时、产品验证过程中发生的相关费用，对一次性支付方式的，不计入产品成本；如采用分摊方式，根据双方约定方式计入成本。

10）专利使用费用：包含使用供应商的技术和专利所产生的费用，根据双方约定计入产品成本。

成本分析控制工程师根据产品工程师输入的技术状态锁定物料清单，综合零部件、项目和商务环境等因素测算及分析目标价格，经过成本分析部门内部审核，最终由项目总监批准后输出目标价格通知，成本副总师上传采购一体化信息系统。关于目标价格及成本测算的详细内容可参阅第 6 章。

6. 商务解锁

在完成供应商报价、技术方案评审、目标价格制定后，采购一体化信息系统自动完成所有参与供应商的同时开标动作，并自动对供应商报价由低到高依次排序。对于供应商报价高于或低于目标价格一定比例的情况，系统自动计算后判定该供应商报价超出合理的限定范围，视为无效报价，商务报价直接作废。

7. 价格商谈

商务解锁后，采购工程师在采购一体化信息系统中可看到技术方案评审结果、供应商报价以及目标价格情况。对技术方案评审合格且报价有效的，采购工程师依据系统排序进行议价，分以下四种情况：

1）供应商报价达成目标价：采购工程师核实确认物料清单价格信息，完善定价定点手续，输出价格和定点通知。

2）供应商报价未达成目标价：采购工程师分析对比供应商报价与目标价差异，多家供应商报价由低到高依次组织价格商谈，经过商谈供应商接受目标价，则采购工程师完善定价定点手续。

3）同供应商商谈仍无法达成目标价：采购工程师将价格差异分析传递给成本分析控制工程师，经过技术方案复核等方式重新评估目标价，再通过采购一体化信息系统传递给项目总监，由项目总监决策调整目标价意见。基于确定的目标价，采购工程师制定新的RFQ，包含供应商报价、商务解锁时间计划安排，供应商进行第二次报价，商务解锁后进入第二轮价格商谈。

4）第二轮供应商报价达成或未达成目标价：分别按上述1）、2）情况推进，若经过商谈仍未达成目标价，采购工程师将商谈后最低价报项目总监，项目总监结合整车成本控制情况决策是否接受此最低价。若接受，则采购工程师完善定价定点手续，输出价格和定点通知；若不接受，则流程终止，后续重新评估技术方案或寻源其他供应商。

8.4.2 合同管理

采购合同是由企业法务部门统筹制定，由整车企业与零部件企业双方经协商谈判一致同意后签订的契约文件。合同文本对双方合作内容、合作条款、双方的责任、权利、义务、履行期限、违约责任等进行了明确的约定，具有法律效应，双方须共同遵守和履行。采购合同应包括的主要内容见表8-8。

表8-8 采购合同主要内容

内容	说明
当事人的名称和住所	合同必备的条款，当事人是合同的主体，各方当事人名称或者姓名和住所应描述准确、清楚
标的	标的是合同当事人权利义务指向的对象。标的是合同成立的必要条件，是一切合同的必备条款
数量	数量是合同的重要条款，但框架协议、年度合同等可以不约定标的数量
质量	质量是对标的质的规定，具体指标准、技术要求，包括性能、工艺等。一般以品种、型号、规格、等级来体现，签订合同时对此应做具体详尽的规定
价款或者报酬	价款是指取得合同标的的一方当事人向对方用货币支付的价金，报酬则是指合同的一方当事人对提供劳务或者完成一定工作量的另一方当事人给付的酬金
履行期限	合同的履行期限，就是合同当事人实现权利和履行义务的时间界限。它直接关系到合同义务完成的时限，涉及当事人的经济利益，也是确定是否违约的依据之一

（续）

内容	说明
履行的地点和方式	履行地点是指当事人履行合同义务和对方当事人接受履行的地点，履行方式是指当事人履行合同义务的具体做法
违约责任	违约责任是指当事人一方或者双方违反合同规定，不履行或者不能完全履行合同的义务，应承担的法律责任。违约责任对当事人的利益关系重大，应在合同中明确规定，以利于促使当事人自觉履行合同，解决合同纠纷，保护当事人的合法权益。在法律规定的范围内，可以在合同中约定定金、违约金、赔偿金等，以及赔偿金的计算方法等
争议解决的方法	解决争议的方法是指合同发生争议后解决的方法和途径。公司对外签订的合同的解决争议方式：约定诉讼的首选在公司住所地法院进行，约定仲裁的首选是公司住所地仲裁委员会

合同签订流程主要分为编制合同、确认合同、发起合同审批、上传产品开发技术要求文件、部门审核以及合同网签 6 个步骤。合同签订主要步骤如图 8-3 所示。

图 8-3 合同签订步骤

1. 编制合同

定价定点流程输出价格和定点通知后，自动关联到合同管理系统，采购工程师在合同管理系统中按照标准合同范本，编制录入产品开发合同相关信息，包括合同基本信息、甲方和乙方当事人信息、标的价格信息、工装开发费及所有权、知识产权等。

2. 确认合同

采购工程师将编制的产品开发合同内容与供应商进行确认，如有异议条款需发企业法务、研发等部门确认，必要时组织供应商与相关部门讨论，直至协商后达成一致意见。

3. 发起合同审批

双方确认产品开发合同内容后，采购工程师通过合同管理系统发起线上审批流程。

4. 上传产品开发技术要求文件

线上流程流转到达研发部门端，产品工程师将通过研发部门内部审批的产品开发技术要求上传合同管理系统。

5. 部门审核

采购经理和采购部门级领导对合同价格、费用金额、供货权、知识产权等进行审核（包含审核需单独支付工装开发费和无需单独支付费用的产品开发合同）。法务部门对产品开发合同条款进行审核，特别是非标准的产品开发合同条款，识别规避法务风险。

6. 合同网签

采购工程师、产品工程师及供应商，通过合同管理系统与第三方电子合同平台的关联性，完成整车制造企业与供应商双方产品开发合同的电子签字和盖章。

8.4.3 采购管理工具和方法

采购在商务及合同管理过程中会依托一体化信息系统，采取差异化商谈策略，借助定制化优惠政策，运用专业化成本分析等多种管理工具和方法，开展招标、议价、合同签订、供应商信息交互等一系列工作，从而确保新品项目的及时定点、顺利开发。

1. 一体化信息系统

采购一体化信息系统即供应商关系管理系统（Supplier Relationship Management，SRM），主要是指利用现代信息技术和互联网通信技术向供应商进行电子化采购。采购信息化是当前国内外采购制度改革的大趋势，以采购信息化为手段，可以使企业在缩短采购周期、节约采购成本、建立优良供应商资源库、信息共享、采购过程公正透明等方面有显著提升。汽车整车开发项目零部件的定点定价工作就是使用SRM系统完成的。

在SRM系统中建立了分级分类的供应商体系库，研发部门根据整车开发项目的需求可自助选择需要定点定价零部件对应的供应商体系，快速提出供应商定点申请以及在线的技术方案评审。采购部门可以通过SRM系统实现招议标在线安排、询价、开标、决标、定价定点通知发放、合同数据抓取等业务操作。供应商直接在线报价，反应更加敏捷，有效降低了整车制造企业和供应商的采购交易成本和人为干预风险，交易更加透明，且能够实时跟踪采购进程。

SRM系统利用整车制造企业协同单点登录技术，通过与公司流程引擎无缝集成，为管理者提供一站式的审批服务，避免了不同系统间频繁切换的烦琐，实现了管理及业务流程的一线贯通，各环节进展数据透明，能够及时发现流程瓶颈点，为业务改进提供依据。

SRM系统通过交互信息技术，规范信息目录，从而达到与供应商之间的在线信息交互，如 RFQ 通知、定点结果通知、供应商绩效评价通知等直接送达至供应商端。供应商可在收到的通知中回复信息，大大提升了沟通效率。

2. 差异化商谈策略

整车企业在定点定价过程中，一般会根据产品特性、供应商特点、品类供应市场情况等，提前制定差异化的商谈策略与供应商进行谈判，以获得更优的成本。常用方法有以下几种：

1）竞争式比价。将价格作为定点的第一评价要素，通常适用于供应市场资源丰富、产品结构简单、技术难度较低、技术标准和质量标准明确，每家供应商提供的产品品质差异较小的品类。

2）两段式评标。由技术标和商务标两段组成，具体是在供应商提交技术方案及报价后，第一段由研发部门技术团队组织对其技术方案是否满足开发需求进行评审，第二段由系统自动判定商务报价是否满足成本要求或触犯报价红线标准。只有两段式评审都满足整车企业要求的供应商，才有资格进入下一步的商谈工作。这种商谈方法适用于多家供应商比价的商务商谈。

3）优先议价或独家议价。这是指一些与整车企业建立了战略合作的供应商，在项目定点过程中整车企业给予战略供应商优先权的一种议价方式。整车企业根据双方约定，在指定项目中给予战略供应商优先商谈价格的权利，或直接采用独家议价的方式，如达成整车目标价即可直接定点，如不能达成目标价，再与多家供应商一起进行比价。这种商谈方法适用于战略品类供应商的商务商谈。

3. 定制化优惠政策

整车企业提供不同等级的商务优惠政策定制包，不同的包对应不同的权利义务，如技术状态小改享受独家议价、比价排序优惠、付款政策调优等；而零部件保供、采购成本持续优化等对应的义务，供应商也将肩负起来。供应商结合自身发展需要自愿选择不同的优惠包，以争取获得更多零部件定点开发的机会。各零部件品类均适用于这种商务商谈。

4. 专业化成本分析

1）大数据横向分析。这是指整车企业在运用 SRM 系统成本数据库的基础上，根据掌握供应商的成本结构，包括原材料、外购件、加工制造、工装、实验等各分项价格，并与历史报价进行横向对比分析而定点的一种方法。整车企业通过大数据进行成本数据解析，寻找供应商报价的差异点，有的放矢地开展商务谈判。大部分品类均适用于这种商务商谈。

2）竞争纵向分析。通过对多家供应商报价进行纵向分析，比较市场价格，利用供应商之间的竞争关系彼此博弈，获得更优的采购价格。这种商谈方法适用于品类供应商充分竞争的商务商谈。

3）大宗原材料走势分析。这是指整车企业根据对市场上的原材料价格变化趋势进行跟踪和分析，通过对过去原材料价格水平和未来可能的变化情况，结合市场供需关系、宏观经济环境等，对原材料走势进行预判，并基于预判结果与供应商进行商务谈判的一种方法。这种商谈方法适用于大宗材料占比较高的零部件，如焊接件、线束等。

8.5 零部件开发过程管理

为确保供应商外购件质量、进度、产能开发满足整车项目开发需求，整车企业结合产品开发需求和 IATF 16949 要求，围绕质量管理五大工具产品，即质量先期策划（Advanced Product Quality Planning，APQP）、生产件批准程序（Production Part Apprival Process，PPAP）、测量系统分析（Measurement System Analysis，MSA）、生产过程能力分析（Statistical Process Control，SPC）和失效模式及后果分析（Failure Mode and Effects Analysis，FMEA），制定了支持整车开发的零部件开发管理标准和要求，用来指导供应商外购件的开发管理，确保所有供应商外购件质量的符合性和一致性满足项目质量要求、进度满足项目里程碑要求、产能匹配整车企业要求。

8.5.1 STA及工作职责

为专业、专职解决外购零部件开发过程中的问题，整车企业成立了供应商技术支持团队，协助和支持供应商开展零部件开发的过程管理。

1. STA的概念

供应商技术支持（Supplier Technical Assistant, STA）在汽车行业中一般是指从事供应商技术支持的工程师。由于汽车行业的开发特点，大量的零部件开发和制造需要供应商完成，整车项目开发是否成功，不仅取决于整车企业的技术、质量、成本水平等，而且也与供应商提供零件的技术、质量、性能、成本等密切相关。

为加强整车企业与零部件供应商在产品策划与开发、质量控制、产能管理、变更管理等方面的沟通与协调，规范产品开发中的各项活动内容，确保供应商零部件开发的所有活动和要求都按整车企业要求完成，需要在整车企业和供应商中建立信息沟通和问题解决的畅通渠道。STA工程师承担了整车企业与供应商的沟通桥梁作用。在整车企业端，STA 工程师代表了供应商，在内部反馈信息，帮助供应商协调各项工作；在供应商端，STA 代表了整车企业，贯彻和传达整车企业的要求，支持和推动供应商开展各项工作，确保供应商承担的工作满足项目需求。

对 STA 工程师的工作范围和职责有狭义和广义两种理解。狭义的 STA 工作职责主要是指对供应商的工程技术支持；广义的 STA 工作职责支持包括对供应商在专业方面的工程技术支持、质量管理体系的能力支持；质量问题整改的专业支持、管理体系的提升改善支持、相关领域的专业培训和指导等。本节介绍的 STA 工作内容主要围绕广义的 STA 工作职责展开。

STA 工程师通过一套结构化的方法和流程，加强供应商建立零部件产品开发和制造过程的全面管控能力，提升供应商防止问题再发生的控制能力，降低供应商内部质量损失，协助供应商建立一套完善的质量保证体系，确保供应商在大批量生产状态下产出稳定一致的汽车零部件产品。

2. STA的工作范围

按照整车开发 PDS 流程及零部件开发里程碑要求，STA 的工作内容包括：技术方案评审、新品项目开发进度管控、工装开发管控、过程能力验证、开发风险管控、产能验证、阶段 PPAP 管理、工程变更管理、量产初期质量管理、供应商业绩评价、PV（Production Validation）生产验证试验跟踪、供应商体系能力管理和提升等。

3. STA的能力要求

STA 作为整车企业与供应商之间的桥梁，在项目开发过程中发挥着重要的作用，对相关人员的能力有较高要求。

1）专业技术能力。STA 工程师需要熟练掌握汽车整车开发设计、过程制造、质量控制等领域的专业知识、规范、流程、标准、工具和方法；对多个领域零部件的设计开发、加工工艺、工装（模具、检具和夹具）开发及制造、生产线设计及优化等方面有丰富的经验，能识别供应商产品设计、制造及过程管控中的缺陷和问题，对问题进行全要素的风险评估和风险预测，指导供应商进行优化和改善。

2）质量管理能力。STA 工程师需要熟练掌握零部件质量开发、控制的理论知识，熟练运用质量管理工具和方法，协助供应商解决零部件质量问题；通过定期审核和培训，识别关键环节管控风险，帮助供应商建立和完善相关的工作流程、制度、工作标准，提升供应商质量保障体系能力，帮助培养专业团队。

3）沟通和协调能力。STA 工程师需要具有较强的组织、协调和独立解决问题的能力，有较强的语言表达能力、沟通能力和团队协作能力，能牵头推动相关问题的快速解决。

8.5.2 APQP及主要活动

质量管理五大工具中，本章重点介绍 APQP 和 PPAP，在本节首先介绍 APQP 相关内容。

1. APQP概述

APQP（Advanced Product Quality Planning）即质量先期策划，是一种结构化的方法，用来确定和制定确保某产品使顾客满意所需的步骤。产品质量策划的目标是促进与所涉及的每一个人的联系，以确保所要求的步骤按时完成。有效的产品质量策划体现了公司高层管理者对努力达到使顾客满意这一宗旨的承诺。

2. 产品质量策划循环

产品质量策划循环是一个典型的 PDCA 循环图，各个不同的阶段按次序排列以表示为实施所述功能的有序进行。产品质量策划循环如图 8-4 所示。

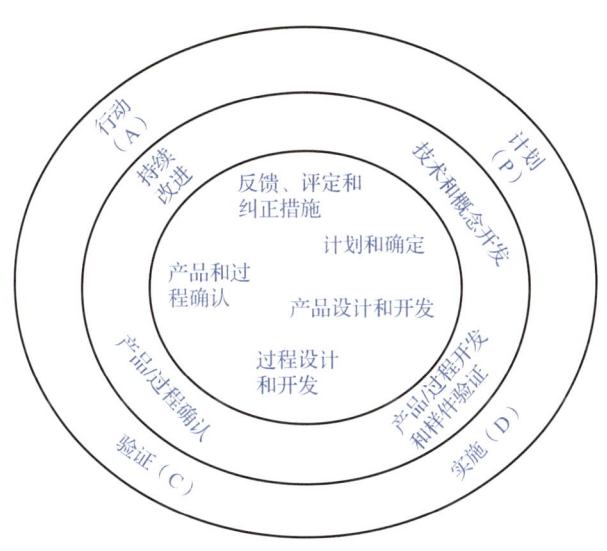

图 8-4　产品质量策划循环

1）计划 P（Plan）：在计划和项目确定阶段，制定零部件开发计划和进度安排，确定目标。

2）实施 D（Do）：产品设计和开发、过程开发和设计阶段，完成产品和工艺的设计。

3）验证 C（Check）：产品和过程确认阶段，对产品和制造过程进行验证和确认。

4）行动 A（Act）：反馈、评定和纠正措施阶段，通过持续改进产品和过程，确保过程稳定和可达预期。

PDCA 循环的前三阶段为计划、实施和验证,第四阶段为输出评价阶段,其重要性表现在两个方面,一是决定顾客是否满意,二是支持追求持续改进。

3. APQP主要活动

APQP 实施的主要活动包含五部分:计划和确定项目(立项)、产品设计开发和验证(样件试制)、过程设计开发和验证(试生产策划)、产品和过程确认(试生产),以及反馈、评定和纠正措施(量产及持续改善)。APQP 活动与项目进度对照如图 8-5 所示。

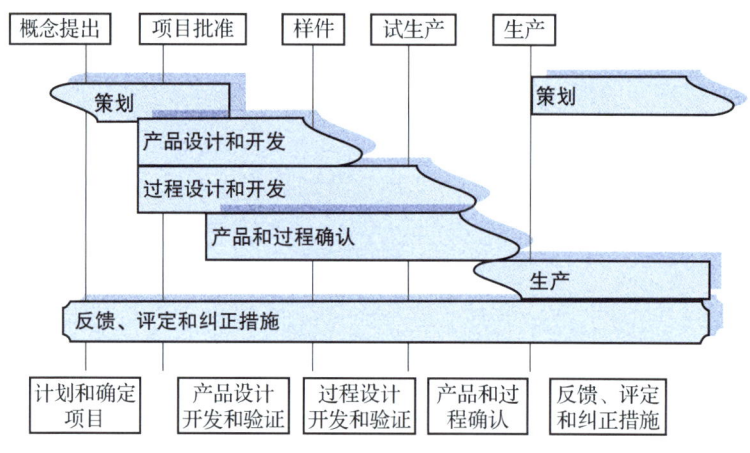

图 8-5　APQP 活动与项目进度对照

（1）计划和确定项目（立项）

该阶段描述了怎样确定顾客的需求和期望,以计划和定义项目质量,所有的工作都应考虑到顾客,力求提供比竞争者更好的产品和服务。产品质量策划过程的早期阶段就是要确保对顾客的需求和期望有一个明确的了解。该阶段工作输入和输出工作内容如图 8-6 所示。

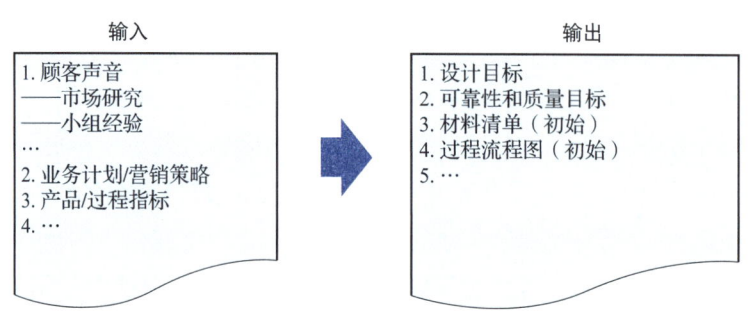

图 8-6　计划和确定项目输入输出工作内容

（2）产品设计和开发（样件试制）

为使设计接近定型，需要对设计进行验证，对生产和质量保证进行评估，以保证达到全部要求。设计应能满足生产量、工期和工程要求的能力；设计应满足质量、可靠性和进度目标；优先考虑关键的、重要的产品特性和过程特性的控制。该阶段工作输入和输出工作内容如图 8-7 所示。

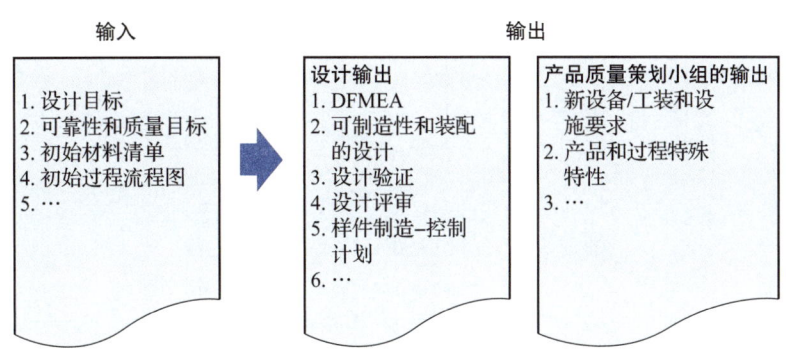

图 8-7　产品设计和开发输入输出工作内容

（3）过程设计和开发（试生产策划）

该阶段是建立在前两个阶段的基础上，开发有效的制造系统和与其相关的控制计划，应保证满足顾客的要求、需要和期望。该阶段工作输入和输出工作内容如图 8-8 所示。

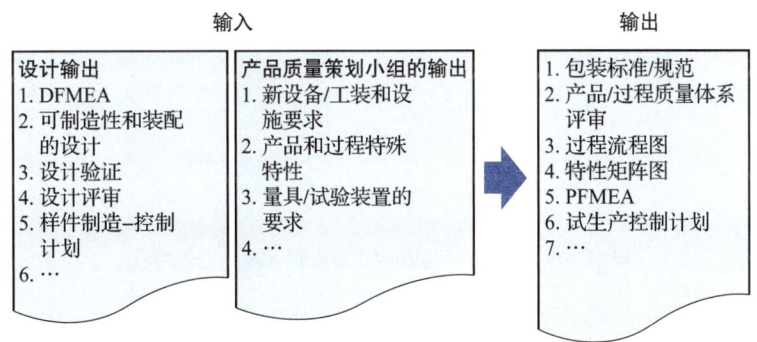

图 8-8　过程设计和开发输入输出工作内容

（4）产品和过程确认（试生产）

在这一阶段，通过有效生产评估来对制造过程进行确认；验证是否遵循控制计划和过程流程图，产品是否满足顾客的要求；关注运行的重要问题，并进行调查和解决。该阶段工作输入和输出工作内容如图 8-9 所示。

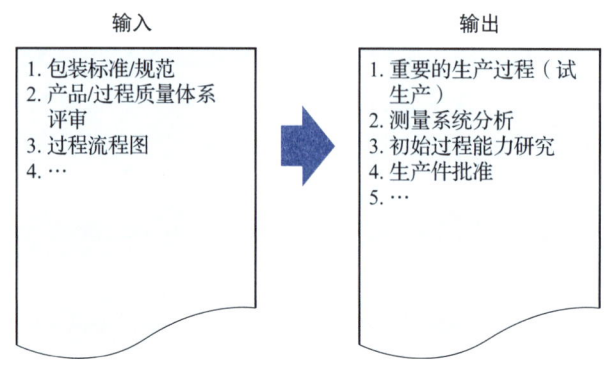

图 8-9　产品和过程确认输入输出工作内容

（5）反馈、评定和纠正措施（量产及持续改善）

在这一阶段，对整个制造过程所有特殊和普通变差原因进行评价；对计量和技术型数据进行评价，纠正存在的变差，并且持续改进。该阶段工作输入和输出工作内容如图 8-10 所示。

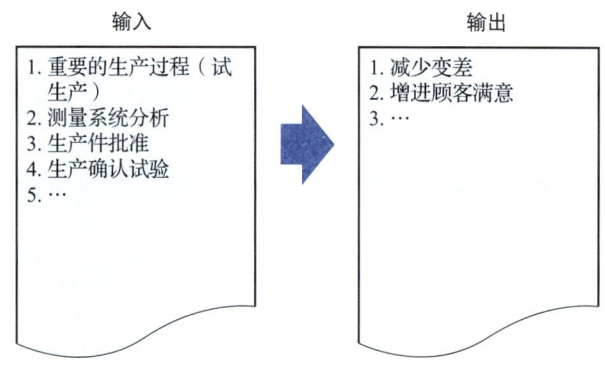

图 8-10　反馈、评定和纠正措施输入输出工作内容

8.5.3　PPAP及主要活动

1. PPAP概述

PPAP（Production Part Approval Process）即生产件批准程序。在生产现场，在5M1E（人、机、料、法、环、测）稳定条件下，零件制造出来所编制的文件/产生的记录提交顾客，并由顾客进行评审和批准后满足顾客所有要求的过程。

2. PPAP的提交时机

发生以下五种情况时，需要重新提交PPAP：

1）一种新的零件或产品：新产品初次投产或者以前批准的产品件号变更。

2）对生产产品/零件编号的设计记录、规范或材料进行的更改。

3）供应商的任何操作模式更改：包括生产场地变更、材料变更、分供方变更、生产线整体新设、更新和迁移等；使用新的设备、工装等；检查仪器、方法、周期的变更；6个月以上未用于批量生产的机械设备、工装。

4）对以前提交零件的不符合之处进行纠正及额外改善。

5）产量提升：超过了供应商已经验证过的产能。

3. PPAP提交等级

PPAP总共分为五个等级，根据整车企业对零部件的不同要求，供应商按相应的等级要求提交资料。每个等级定义如下：

等级1：仅向顾客提交保证书（若指定为外观项目，还应提供外观件批准报告）。

等级2：向顾客提交保证书及产品样品及有限的支持资料。

等级3：向顾客提交保证书及产品样品及全部的支持资料。

等级4：提交保证书及顾客规定的其他要求。

等级5：保证书、产品样品以及全部的支持数据都保留在组织制造现场，供审查时使用。

4. 阶段PPAP

根据汽车企业新品项目开发验证的实际情况，应充分对零部件开发过程进行验证和确认，PPAP分为三个阶段进行确认，如图8-11所示，分别是节拍验证阶段（简称P1）、质量验证阶段（简称P2）、产能验证阶段（简称P3）。

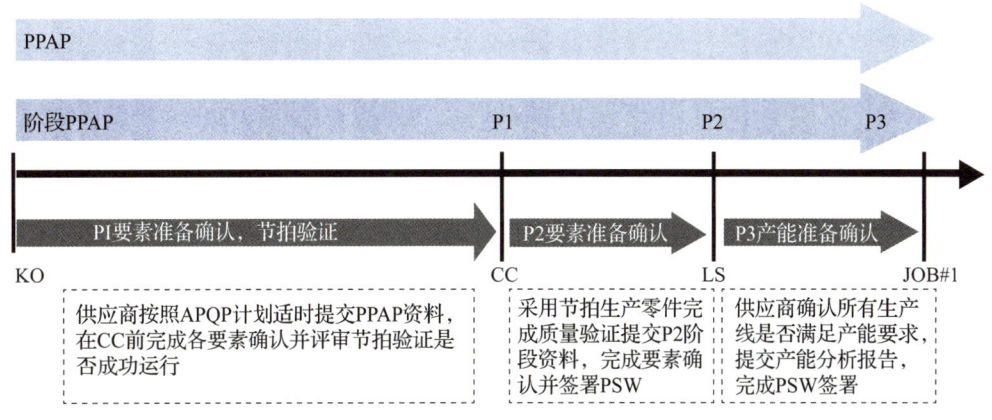

图8-11 阶段PPAP

其中 P1 阶段是确定生产过程的所有输入已被确认，可以支持生产线的正常运行；P2 阶段是确定供应商至少有一条生产线能够制造出符合质量要求的零部件，且满足过程能力要求；P3 阶段是确定供应商所有生产线（含所有班次）运行后能够满足主机厂的每小时生产的合格零部件数（Jobs Per Hour，JPH）、月峰值要求，且同时满足 P2 阶段要求。

各个阶段需要确认的工作要素见表 8-9。

表 8-9 各阶段 PPAP 确认要素

名称	P1 阶段	P2 阶段	P3 阶段
目的	1. 确定是否所有的生产过程输入已经获得并被理解，可以支持生产线的正常运行 2. 确认规划的过程/工装/设备是否可以按照试生产控制计划及设定的节拍下生产所需的零件	1. 确认供应商是否了解工程设计及规范的所有要求 2. 确认至少有一条生产线可以在规划的过程/工装/设备进行运行，并满足产品要求 3. 有一条生产线满足 PPAP 所有要素的要求	1. 确认所有生产线可以在规划的过程/工装/设备进行运行，并满足产品要求 2. 所有生产线满足 PPAP 所有要素的要求 3. 验证供应商的生产过程可以支持整车企业的 APW/MPW 要求
确认要素	2. 设计记录 3. 工程更改文件，若有 4. DFMEA 5. 特殊特性清单 6. 过程流程图（试生产） 7. PFMEA（试生产） 8. 控制计划（试生产） 9. 测量系统分析 16. 检查辅具验收报告 17. 包装盛具报告 19. 分供方清单 20. 产能分析报告	1. 零件提交保证书 10. 尺寸计划及报告 11. 材料，性能检测计划及报告（PV） 12. 初始过程能力研究 13. 外观批准报告（AAR） 14. 生产件样品 15. 标准样品 18. 顾客特殊要求	1. 零件提交保证书 20. 产能分析报告
输出	节拍生产验证报告/产能分析报告	零部件提交保证书	零部件提交保证书/产能分析报告

8.5.4 供应商过程开发管理流程

零部件开发从定点开始，到量产初期流动管理结束，主要工作包含 APQP 启动、FTF 会议、工装开发、试生产评审、批量生产审核、PSW 签署、初期流动管理等七项关键管控评估活动。供应商过程开发管理关键管控流程及要素如图 8-12 所示。

APQP启动	FTF会议	工装开发	试生产评审（P1）	批量生产审核	PSW签署	初期流动管理
APQP启动通知	FTF会议通知	工装加工批准表	设计记录	批量生产审核通知	PPAP资料及PSW签署	初期流动管理检查表
PPAP提交清单及检查表	零部件特殊特性（含PTC）清单	检具验收报告	变更文件	标准样品	…	…
APQP小组成员名单	…	测量系统分析计划及报告（MSA）	设计失效模式及后果分析（DFMEA）	生产件样品		
零部件开发计划	…	…	过程失效模式和后果分析（PFMEA）	初始过程能力研究计划及报告（SPC）		
…			试生产评审报告	产能分析报告		
…			…	…		

图 8-12　供应商过程开发管理关键管控流程及要素

1. APQP启动

供应商收到主机厂定点通知后，主机厂向供应商发布 APQP 启动通知，通知包含零部件全生命周期规划量（作为供应商产能建设规划参考）、PPAP 提交清单及检查表。供应商按照 APQP 通知要求启动 APQP 并反馈客户。APQP 启动工作交付物至少包括以下部分：APQP 小组成员名单、零部件开发计划、分供方清单、过程流程图、原材料及辅料清单、供应商设备及工装清单以及 APQP 启动会议纪要。

2. FTF会议

主机厂与供应商之间通过 FTF 会议，澄清产品技术要求及相关疑问，确保双方对技术要求理解达成一致。其中，主要对产品数据资料（包含 2D 或 3D 图纸等）、零部件特殊特性（含 PTC 传递特性）清单、DV/PV/IPT 试验项目清单等相关技术资料进行对接澄清，确保双方理解一致。

3. 工装开发

工装开发包括模具、检具和夹具的开发。

1）工装开发指令：产品工程师发布产品数据或产品数据冻结通知后，供应商按照产品数据完成工装方案设计（包含模具、检具和夹具的方案）并反馈主机厂评审，评审通过后可进行工装开发。

2）皮纹开发：涉及皮纹开发的模具，需要在光板件评审确认之后进行皮纹开发。

3）工装验收：所有工装开发验证完成之后需经客户评审确认后方可启动回厂工作。

4. 试生产评审

工装回到制造现场后，供应商完成对工装及生产线的调试，本地化试运行，围绕人、机、料、法、环、测六个要素，完成试生产评审。

5. 批量生产审核

当供应商的人、机、料、法、环、测六个要素完成准备之后，供应商需要启动批量生产验证，对生产节拍 JPH 进行统计分析，针对存在的问题进行整改提升，保障量产后的大批量生产交付。

6. PSW签署

供应商完成所有零部件开发验证工作并合格后，向整车厂提供 PPAP 资料及零部件提交保证书（Part Submission Warrant，PSW）文件，顾客完成确认批准后，供应商可以正式大批量交付客户。

7. 初期流动管理

零部件量产初期，为确保零部件质量一致性、稳定性，需要识别零部件关键控制点，通过供应商端制造过程控制、出厂检验控制等方式，确保生产交付的零部件满足客户质量需求。

8.5.5 供应商过程开发管理

供应商过程开发管理主要包括风险零部件管理、分供方管理、产能管理等工作。

1. 风险零部件管理

为聚焦资源快速解决风险零部件问题，整车企业成立了由 STA、技术、制造、物流等专业人员组成的跨部门团队，即联合管控团队，统一目标、统一领导、团队协同，共同解决项目开发中的风险零部件问题。

（1）风险定义

根据汽车产品风险产生的原因，将风险定义为体系风险、技术风险、进度风险、质量风险、产能风险、人员风险共 6 类，见表 8-10。

表 8-10 某整车企业常见风险类型及定义

风险类型	定义
体系风险	是指风险存在于特定供应商的风险。如新供应商、跨品类供应商、供应商全新场地等
技术风险	零部件或系统首次应用了"六新"技术，可能存在设计要求不全面、场景验证不充分的风险
进度风险	是以以往零件开发周期经验为基础，关键里程碑需求时间显著小于剩余时间，且不能通过有效压缩开发时间来挽回影响，可能造成项目进度延误的风险
质量风险	是指某个特定供应商或品类的质量指标显著高于行业水平，或不能按计划关闭质量开发中的问题，或在 PSW 审核时遗留有未关闭的问题，或生产、检测设备能力不足导致的风险

（续）

风险类型	定义
产能风险	是指按照供应商或分供方分配的生产资源、预估/验证的生产节拍等信息形成的预测产能不能满足项目产能（JPH）需求的风险
人员风险	针对特定供应商的技术、质量等核心人员，或从事零件开发、制造、检验相关人员的数量、能力（经验）不足，导致可能无法达成项目预期的风险

针对"六新"零部件进行特别管控，某整车企业对"六新"的具体定义见表 8-11。

表 8-11 某车企"六新"零部件定义

六新	定义
新技术	指新开发/引入的且未在量产车型投产使用的新设计、新功能
新结构	指新开发/引入的且未在量产车型投产使用的新产品结构
新工艺	指新开发/引入的且未在量产车型投产使用的新制造技术
新材料	指新开发/引入的且未在量产车型投产使用的新型材料
新生态产品	指与互联网、物联网、生态圈存在虚拟系统关联的新产品
新供应商	指满足新进入整车企业体系、第一次承接跨品类零件、新生产场地、搭载以上五新零部件，其中一种情况的供应商

根据风险对新品项目结果的影响程度，将风险等级划分为高风险、中风险、低风险。根据零部件风险等级的高低，由不同层级领导牵头，快速协调解决问题。

（2）风险零部件识别

从零部件先期策略开始至 PSW 签署结束整个过程，都需要进行风险零部件的识别和管理。以车型批量生产为目标倒逼，对零部件进度风险、质量风险、技术风险、产能风险、体系风险以及人员风险进行识别管理，如图 8-13 所示。

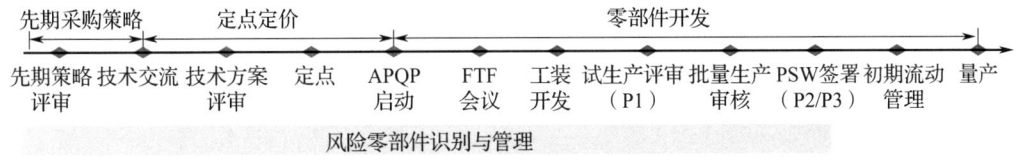

图 8-13 风险零部件识别阶段

（3）风险零部件管控要素

根据零部件风险等级的高低，确定需要现场确认的管控要素，确保零部件开发验证满足项目需求。表 8-12 是风险零部件管控要素示例。

表 8-12 风险零部件管控要素（示例）

序号	零部件节点	管控要素	高风险	中风险	低风险
1	先期策略评审	质量是否达标，是否发生事实停供，是否产能满足，是否高风险，是否具备必备设备	●	○	○
2	技术方案评审	技术方案评审	●	○	○
3		应规避问题评审	●	○	○
4		…			
5	工装开发	工装方案评审	●	○	○
6		检具验收	●	○	○
7		…			
8	试生产评审	过程审核	●	○	○
9		关重点控制方法确认及评审	●	●	○
10		…			
11	批量生产评审	过程审核问题关闭确认	●	○	
12		量产图样确认会签（含关键二级图纸）	●		
13		批量生产现场评审	●		
14		生产节拍及产能评审	●		
15		…			
16	初期流动管理	关重点实施监控	●		
17		…			

注："●"表示必须；"○"表示有需要时。

2. 分供方管理

分供方是指与整车企业签署了相关协议或合同，向整车企业提供产品与服务的企业或组织。通过对分供方的选择、分供方质量管控能力、产能、开发进度以及服务与响应情况进行管理，确保整车企业与分供方保持同样的开发节奏，并能够持续稳定满足客户进度、质量、产能和交付要求。分供方可分为二级、三级甚至四级分供方。分供方管理从技术方案评审开始，覆盖开发到量产后各阶段的管控。分供方管理的关键五个阶段如图 8-14 所示。

1）技术方案评审阶段：完成关键分供方锁定，包含评审供应商提供的关键分供方清单、长采购周期物料清单等。

2）APQP 启动阶段：参与关键分供方历史问题预防管理及特殊工艺评审。

3）FTF 会议至批量生产审核阶段：完成分供方关键控制点管控与体系能力提升。

4）PSW 签署阶段：完成分供方质量与产能确认，以及分供方 PSW 签署。

5）初期流动管理阶段：完成分供方关键控制点执行情况及体系运行情况监督。

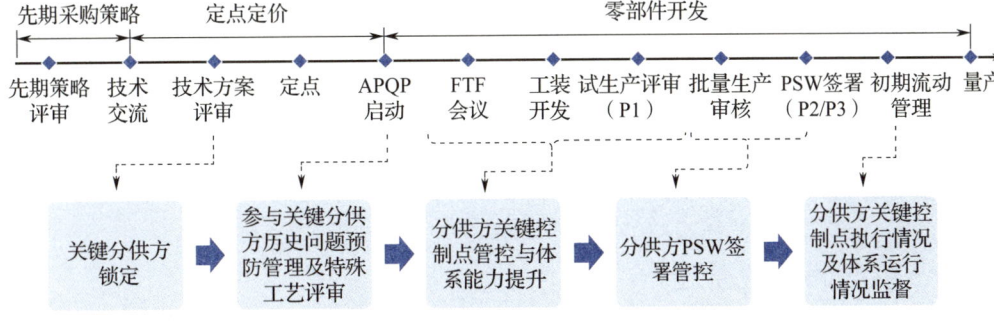

图 8-14 分供方管理五个阶段

3. 产能管理

根据新品项目产能规划要求，STA 需要对外购零部件、借用件产能开发进行跟踪管理，确保零部件产能与整车产能相匹配。供应商产能开发管理包含产能策划、产能跟踪、产能确认三部分。其中，产能策划主要是零部件生产线、设备、工装、人员及分供方产能的策划管理；产能确认主要是确认生产线节拍（JPH）与整车企业要求的节拍是否相匹配。

在当前电动化时代，关键零部件资源更加集中，政治经济形势对汽车行业供应稳定性的影响更加复杂，对供应商的产能管理的提前规划和管理的重要性更加突出，需要更多、更早进行产能规划、风险备案。尤其是对涉及芯片供应商（含一级、二级、三级等零件所用的芯片）管理要特别关注，需要及早介入管理，提前制定风险预案和替代方案。

按照产品开发进程不同，对供应商开发各阶段的产能管理要素侧重不同。

1）先期策略评审阶段：识别供应商是否具备充足的产能，分析供应商因产能引起的停线的数据等。

2）技术交流阶段：整车企业正式输入供应商项目产能规划需求，包含生命周期规划量纲、每年规划量纲、配置比例以及 JPH。

3）技术方案评审阶段：判定供应商产能规划是否满足项目规划需求，判定生产线产能及投入、工装、模具、设备、夹具、检具是否满足，并识别长采购周期物料潜在风险。

4）APQP 启动阶段：完成产能规划建设，包含正式产能规划输入，识别产能瓶颈、产线设备工装清单硬件投入计划、分供方产能瓶颈等是否满足要求。

5）工装开发阶段：完成供应商硬件投入跟踪确认，确认产线设备工装清单硬件投入。

6）试生产至 PSW 签署阶段：完成产能验证确认，包含确认二级供应商产能建设完成情况、所有硬件设施投入完成、单条生产线节拍满足、OEE（设备综合效率）提升、识别软实力需求计划、长采购周期物料备货。

7) PSW 签署至量产阶段：完成供应商软实力提升，验证产线产能是否满足要求，跟踪长采购周期物料备货，落实生产线人员是否到位（主要针对人力资源密集型企业开展）。

8.5.6 供应商变更管理

供应商开发阶段的变更包含产品设计变更和工程变更。产品设计变更指为了提高产品性能、满足相关法规要求、优化原材料或制造成本、解决潜在或已发生的质量问题等引起的产品更改。设计变更会影响整车 BOM、开发技术要求、装配技术条件等相关文档。工程变更是指供应商所有影响产品实现过程的更改，包括任何由自身、供方及顾客引起的更改，即与制造工程有关的更改定义为工程变更。

1. 设计变更步骤

设计变更流程主要包括六个步骤，如图 8-15 所示。

1) 提交变更申请与审批：主管 PD（产品设计工程师）提出变更申请，在 PDM（产品数据管理）系统上完成审签。

2) 变更商谈：STA 组织相关部门（技术、物流、入厂质量等）及供应商进行设计变更商谈，并形成商谈纪要。商谈纪要主要包含以下内容：

①变更信息：原因说明、零件名称等。

②此次变更涉及变更内容。

③明确验证内容：单体、台架/路试、试生产、试装等。

④样件交付时间。

⑤库存件处理。

⑥变更所需周期、是否存在风险、应对措施。

⑦变更期间质量控制、生产交付。

⑧PPAP 批准/变更切换/变更通知书发放等。

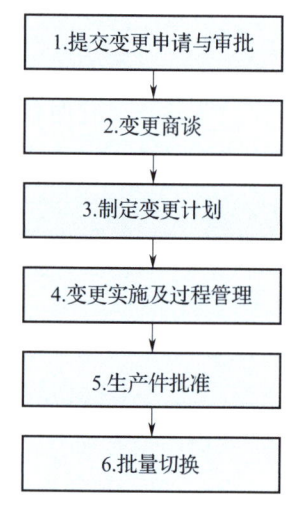

图 8-15 设计变更步骤

3) 制定变更计划：供应商根据商谈纪要内容制定变更计划。

4) 变更实施及过程管理：供应商按照变更计划实施变更，STA 对变更活动进行管理。

5) 生产件批准：STA 对设计变更进行确认并签署 PSW。

6) 批量切换：PD 工程师发布批量切换通知，供应商进行批量切换。

2. 工程变更

(1) 工程变更分类

工程变更可分为场地变更、原材料变更、工装变更、工艺变更、包装变更、试验方法变更共六大类。其中，场地变更包含新建工厂或工程，以及变更到其他工厂或工程；原材料变更包含新增或更换分供方、主辅料的变更、分供方场地变更等；工装变更包含新设备导入、工序增设/改造、工装停止使用超过规定时间后重新恢复生产、模具的变更、中止工序的复位等；工艺变更包含锻造、铸造、热处理、焊接、清洗等工艺方法以及条件（温度、压力、电力、电压、浓度等控制计划上的管理规格）的变更；包装变更包含包装材料的变更、包装方式的变更，以及单一包装内产品数量的变更等；试验方法变更包含影响车辆机能的重要特性的检查、试验设备和仪器的变更，以及试验方法的变更。

(2) 工程变更步骤

工程变更流程主要包括七个步骤，如图8-16所示。

1）提交工程变更申请书：供应商根据需要，向STA提交工程变更申请书。

2）变更评审：STA审批供应商提交的工程变更申请书，并在规定时间内以书面形式反馈给供应商。

3）变更商谈：STA组织相关部门及供应商进行变更商谈，并形成商谈纪要。

4）制定变更计划：供应商根据商谈纪要内容制定变更计划。

5）变更实施及过程管理：供应商按照变更计划实施变更，STA对变更活动进行管理。

6）生产件批准：STA对供应商的工程变更进行确认并签署PSW。

7）变更切换：供应商提交变更通知书报STA认可后，进行批量切换。

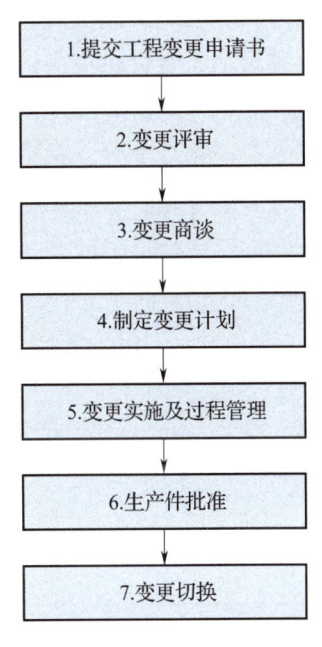

图8-16 工程变更步骤

8.6 供应商日常管理

为规范双方的合作行为，确保项目采购工作顺利实施，整车企业通过对供应商开展日常管理工作，定期评估、识别、反馈合作业绩，督促供应商持续改进，提升双方合作效率。

8.6.1 供应商绩效管理

整车企业在与供应商进行合作时，为引导供应商及时纠正问题及偏差，确保其在设计与开发、质量管理、物流与交付、成本、服务与响应等方面满足项目开发要求，实现持续改善，于是建立了对供应商日常业绩进行评价的管理机制。通过定期评价和信息反馈，能够督促和引导供应商及时改进，降低并消除风险，为整车企业提供更好的服务。对于业绩优秀的供应商，整车企业制定专项策略，扩大双方合作范围；对于合作业绩差的供应商，整车企业派出专业团队进行帮扶提升，对帮扶后无明显改进的供应商，整车企业通过缩减供货份额、切换供应商等措施减少合作，对确实无法满足企业要求的，会逐步进行整合淘汰。

为量化评价供应商合作业绩，整车企业建立了供应商绩效评价模型，通过开展业绩评估，督促供应商持续改进。供应商业绩评价模式包含技术、质量、商务、物流、服务、响应等维度，每个维度设置了标准化的评价指标和评价细则。同时，根据企业需求的差异，每个维度设置了不同的权重占比，加权后得到供应商综合业绩得分。供应商业绩评价内容见表8-13。

表8-13 供应商业绩评价内容

评价维度	主要评价点
技术	包含开发延迟、知识产权、开发资料提交、试验试制等
质量	包含PPM、R/1000、重大批量质量问题、QR、质量体系等
商务	包括首次报价、设变报价准确性、年降配合度、VAVE支持度等
物流	包含订单执行率、及时率、停产停线、盛具包装、安全库存、超额运费等
服务	服务响应速度、信息反馈、问题处理及时性等
…	…

供应商绩效评价结果包括月度评价结果与年度评价结果。月度评价结果主要用于监控供应商日常供货业绩，从而发现异常并及时进行改善。年度评价结果主要用于制定供应商发展策略，优胜劣汰。

8.6.2 商务变更管理

供应商商务变更是指出因供应商名称、主体等变化引起的变更。常见的商务类型包括企业名称变更、合同主体变更、实际控制人变更以及其他信息变更等，具体见表8-14。

表 8-14　几种常见的商务变更

序号	类型	说明
1	企业名称变更	由工商职能管理机构审核准予的更名
2	合同主体变更	供应商将其在整车企业的全部或部分产品的合同主体变更给其他企业
3	实际控制人变更	通过投资关系、协议或其他安排，实际对公司的经营管理行为和控制人发生变更
4	其他信息变更	供应商名称、合同主体、控制人等均未发生变化，仅银行开户许可证等信息发生变更

商务变更主要包括如下四个步骤：

1）供应商提交资料。供应商提交变更申请资料，说明变更原因、变更涉及的产品明细、变更后相关责任和义务的继承关系等。供应商商务变更需要提交的主要资料见表 8-15。

表 8-15　商务变更资料明细（示例）

序号	变更资料明细	说明
1	供应商变更申请	说明变更原因、变更前后债权债务关系的继承等
2	供应商变更基本情况	变更前后的公司印章、合同印章、财务印章、法人代表签章等
3	变更前后营业执照	—
4	变更前后开户许可证	—
5	工商部门或市场监管部门出具的名称变更核准通知书	—
6	产品明细确认表	需双方确认
…	…	…

2）采购审核。采购部门接收资料后对资料进行审核，并根据变更类型提出是否需要进行现场评估的建议，对审批后决定启动现场评估的，组织团队进行评估并编制现场评估报告，根据评估情况，出具是否同意变更的意见。

3）变更办理。对同意变更的，要求供应商在信息化系统注册，更新完善相关信息。

4）发布通知。变更完成后，在内部和外部发布变更通知。商务变更流程如图 8-17 所示。

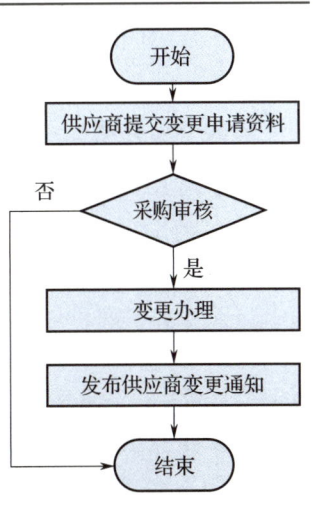

图 8-17　商务变更流程

8.7 项目非生产采购管理

项目非生产采购管理是指除生产性物资采购外，满足整车企业日常经营所需的各种物资、服务的采购管理。从专业领域划分，它包括广宣采购、工程采购、设备采购、工装采购、科研采购、物流采购、工具备件采购等，在行业内也常称作间接采购。

8.7.1 非生产采购管理分类

从采购对象的属性来看，非生产采购业务分为项目类采购和物资类采购，二者的采购业务逻辑基本一致，主要包括采购需求提出、制定采购策略、先期技术交流、供应商报价、商务谈判、定点定价、合同签订等内容。

由于业务特性的差异，非生产性采购相较于生产性采购，其采购方式的类型和种类更加丰富，应用的场景及条件也更加灵活。从采购方式来看，非生产采购主要包括招标、竞争性比选、直采三种采购形式。

1. 招标

招标包括公开招标和邀请招标。这类采购主要指在国家指定的招标公告发布媒介上，公开拟采购货物、工程或服务的采购标准和要求，公开邀请众多投标人参与投标，并按照相关规定和程序选择符合要求的交易对象进行采购的一种方式。这种方式主要适用于固定资产投资的工程、设备、工装及 IT 项目等的采购。在新项目开发中，为满足项目按期投产需要同步实施的生产线建设、工程、设备、自投工装的招标等均适用该采购方式。

2. 竞争性比选

竞争性比选包括比价、竞争性磋商、比选议价等方式。这类采购是指向两家及以上供应商发出询价后，供应商按要求提交方案，整车企业组织相关专家团队，对供应商提交方案中的成本、技术、质量、资源情况等进行比较，确定最优供应商中选的一种采购方式。这种采购方式在非生产采购业务中应用最为广泛。

3. 直采

直采是直接采购的简称。这类采购是指向某一特定供应商通过协商购买货物或者服务的采购方式。实施该种采购方式前，需要详细论证供应商资源的唯一性、保密性、专有性等，如版权、专利等，确保采购顺利实施。

8.7.2 非生产采购流程

从非生产采购管理流程来看，其关重控制环节与生产性采购类似，主要包括三个方面：需求管理、采购实施及合同执行与过程管控。非生产采购管理流程如图8-18所示。

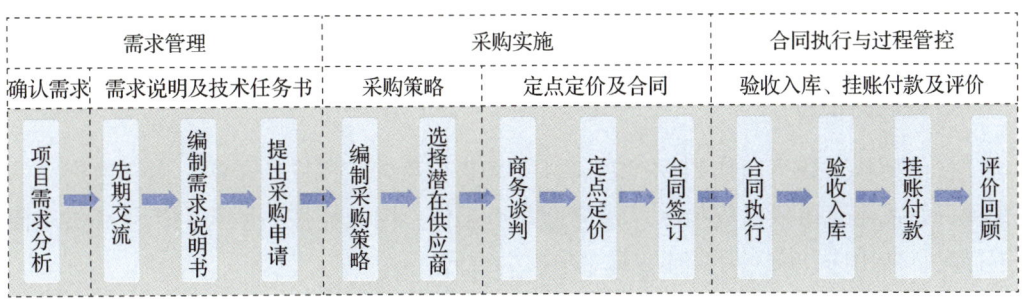

图 8-18 非生产采购管理流程图

8.7.3 非生产采购类型

非生产采购在汽车整车开发项目管理中，重点集中在科研开发采购领域。从开发进度的管理逻辑来看，它主要包括产品定义调研采购、造型设计采购、产品工程化采购、杂合车制作采购、性能试验支持采购、样件采购等。

1. 产品定义调研的采购

它包括产品策略调研、识别目标用户及需求、明确竞争转换关系及销量来源、验证市场方程式的采购。由于市场竞争资源丰富，一般采用竞争性比选的方式进行采购，合同形式为一定有效时期的框架合同。

2. 造型设计的采购

它包括造型的策略、设计、模型制作及加工的采购。由于市场竞争资源丰富，一般采用竞争性比选的方式进行采购，合同形式为一定有效时期的框架合同。

3. 产品工程化的采购

它包括整车及零部件工程化设计，涵盖车身、内外饰、底盘、电子电器等专业领域的采购。由于市场竞争资源丰富，一般采用竞争性比选的方式进行采购，合同形式为一定有效时期的框架合同。

4. 杂合车制作的采购

它是基于项目开发过程中的产品数据及参考车型数据，完成假想上市车型的制作的采购。由于市场竞争资源丰富，一般采用竞争性比选的方式进行采购，合同形式为一定有效时期的框架合同。

5. 性能试验支持的采购

它包括 CAE、NVH、碰撞、道路试验、法规认证等领域的性能试验的采购。该类采购的资源比较特殊，采购对象具有一定的市场垄断性和技术独特性，一般采用直采的方式进行采购，合同形式为一定有效时期的框架合同。

6. 样件的采购

它包括从杂合车制作到投产之前，所有装车及试验样件的采购。由于生产采购在项目新品定点阶段已完成量产供应商定点工作，因此样件一般与生产量产供应商进行竞争性比选，议价后直接签订单项次的合同。

上述六大种类的非生产项目采购，按照产品开发流程进度的需要，及时提供满足整车各个开发阶段需求的采购资源，支撑整车开发项目顺利达成目标。

Chapter Nine

第 9 章
项目沟通管理

沟通就是人与人之间的思想和信息的交换。项目沟通管理包括为确保项目信息及时且恰当地规划、收集、生成、发布、存储、检索、管理、控制、监督和最终处置所需的各个过程。科学、合理地组织和管理项目工作中的内外部沟通交流非常重要,有效的沟通把具有不同利益、需求、观点的相关方联系起来,推动项目迈向成功。整车项目中最大的沟通就是会议沟通。整车项目沟通对象包括项目团队、行政部门、公司高层、用户、供应商、经销商、外部影响项目因素等。

9.1 概述

项目沟通管理具有复杂和系统的特征。良好的沟通能获取足够的信息,发现潜在的问题,控制好项目的各个方面,才会赢得更多人的支持,从而确保项目取得成功。项目成员都应以项目语言发送和接收信息,并理解其参与的沟通会如何影响整个项目。项目沟通管理主要包括以下三方面内容。

1. 制定项目沟通管理计划

沟通管理计划是对项目整个生命周期的沟通对象、沟通内容、沟通频率、沟通方法等各个方面进行计划与安排,并明确沟通责任,包括由谁负责沟通、沟通的标准是什么，以及在沟通过程中出现问题和冲突时谁应该负责并进行补救等，为实现有效沟通提供依据。

项目沟通管理计划应依据条件变化及时进行修订，保证沟通管理计划的持续适用性。

2. 灵活运用各种沟通形式

在项目管理中，沟通形式是多种多样的，使用最多的是口头沟通和书面沟通。

1）口头沟通包括谈话、会议、语音、电话等。口头沟通过程应该明确、坦白，避免由于用词不当或个人思想等因素隐瞒事实或造成理解上的差异。

2）书面沟通包括邮件、通知、文件等，大多用来进行通知、确认和要求等活动。其优点是可以作为资料长期保存，反复查阅。沟通的具体形式取决于工作领域和团队结构。

3. 建立有效透明的沟通机制

1）定期会议。通过日例会、周例会等定期会议及时共享项目进度和信息，减少因信息不透明导致的项目延误。

2）沟通内容标准化。对会议沟通内容进行标准化设定，如周例会须确认各专业的开发进度、遇到的风险、讨论解决方案等，减少无效会议，提高团队沟通效率。

在项目开发项目过程中，根据沟通对象的不同，采取的策略及方法是不同的，我们可以从项目内部、外部沟通来分开阐述如何有效地进行沟通管理。

9.2 内部沟通管理

项目内部沟通主要是指项目组内部、公司内部的相关方沟通。采用项目组推进项目，主要是因为项目这种组织形式的沟通效率更高，通过项目组打破企业内部普遍存在的部门墙，拉近不同管理层级、不同业务部门间的距离。

9.2.1 内部沟通策略

内部沟通管理一般分为四个步骤，即识别沟通对象及需求、定义沟通模式、制定沟通计划、实施沟通控制。

1. 识别沟通对象及需求

作为项目总监，沟通对象除了团队成员之外，还有项目委员会、各职能部门、资源提供方等。项目团队沟通还有诸多需要沟通的相关方。一般会通过组织架构、项目计划/职责分配矩阵、业务的过程方法，以及群策群力的头脑风暴法等方法，系统识别出需要沟通的相关方。

通过对相关方进行分析，产生相关方清单和相关方的各种信息，包括在组织内部的位置、在项目中的角色，以及与项目的利害关系、期望、支持程度和对项目信息的兴趣。从沟通管理的角度，了解相关方的需求信息、对信息的偏好形式、频次需求等。

2. 定义沟通模式

沟通模式选择的考虑因素包括信息需求的紧迫性、信息的敏感性、保密性、沟通技术的适用性、项目工作环境等。根据信息传递的紧迫性、频率和形式，需要确定相关信息是否属于敏感或机密信息，是否需要采取特别的安全措施，沟通模式是否对所有干系人都具有兼容性、有效性和开放性，团队是否面对面工作或在虚拟环境下工作，考虑地区和语言的环境是否影响沟通等，在此基础上选择最合适的沟通模式。

不同的信息或者不同的场合采用不同的沟通模式。例如，有的时候适合采用互动式沟通，即在两方或多方之间进行实时多向信息交换，如会议、电话、短信、微信（企业微信）、内部即时通信软件等；有的时候适合采用推式沟通，向需要接收信息的特定接收方发送或发布信息，如报告、电子邮件、通知等；有的信息适宜用拉式沟通，比如大量复杂信息或有大量受众的信息，如采用门户网站、企业内网、经验教训数据库或知识库等形式推广。

3. 制定沟通计划

由于项目流程和涉及人员的复杂性，在项目沟通中需要合理地安排沟通的顺序和时机，制定项目沟通计划。沟通管理计划应该包括沟通管理规则和实施计划。例如要明确需沟通的信息，包括语言、形式、内容和详细程度、信息涉密等级、信息报送的步骤、发布信息的背景或原因、确认已收到或做出回应的时限和频率、负责沟通相关信息的人员、接收信息的人员或群体、用于传递信息的形式、项目信息流向图、工作流程等。沟通计划可以以沟通对象为主线进行设计，也可以以沟通信息为主线进行设计，或者以时间为主线进行设计。表9-1所列项目沟通计划中，主体为项目总体进展、项目关键任务等信息，并对这些信息需要传递给哪些相关方、如何传递、传递频率及责任人等做了明确的定义。

表 9-1 项目沟通计划

项目名称：					
项目代号：			版本号：		
项目经理：			编制日期：		
序号	阶段	沟通内容	责任人	发布范围	发布频率	发布方式
1	方案阶段	项目技术方案进展报告	设计总师	产品团队	每周	邮件
2		项目造型进展报告	造型总师	项目核心团队	每周	邮件
3	设计验证阶段	杂合车制作进展报告	试制总师	产品、性能团队	每天	邮件
4		招标定点进展报告	采购总师	产品、采购团队	每周	邮件
5	投产阶段	试生产进展报告	投产总师	项目核心团队	每天	邮件
6		质量爬坡进展报告	质量总师	项目核心团队	每天	邮件
…						
批准：			审核：		编制：

注：本计划可以根据项目进展需要进行更新和修订，修订后应更新版本号，如 V01、V02、V03 等。

4. 实施沟通控制

实施沟通控制过程的重点在于执行。项目管理总师需定期记录沟通的实施情况，以便管理者了解沟通的情况并做出反应。整车产品开发过程中，在项目沟通计划制定时会明确对应的项目管理信息系统的应用要求，通过项目管理信息系统实现项目沟通管理，确保相关方及时便利地获取所需信息，并有效记录沟通情况，实现沟通控制。

例如，研发板块的项目管理系统有研发项目管理系统、研发任务管理系统、样车样机样件管理系统、设计检查系统等；营销板块有营销协同平台、乘用车渠道及人员管理系统、市场推广活动管控系统、数据管理平台等；制造板块有试装管理系统；供应链板块有采购平台、产能系统等。常用的基础沟通平台包括协同办公平台、外网邮箱、绩效管理信息系统、流程管理平台等。

9.2.2 项目会议管理

项目团队最常见的沟通方式就是会议沟通，会议沟通属于互动式沟通，是项目内部最核心的实时信息交换方式，可实现多方即时反馈。下面从会议管理计划、会议组织、会议效率提升三方面进行阐述。

1. 会议管理计划

在整车产品项目开发过程中，根据不同的项目阶段，会制定对应的会议沟通计划，可以称之为"会议地图"，见表 9-2。其明确了会议召开的时间、地点、参会人员范围、主要会议内容等。通常每周设置项目周例会，交流一周内的工作进展情况，分析已经出现的问题和潜在的风险，总结项目经验，以保证每位项目成员在项目中都能发挥出良好的作用。根据具体的项目需求，还会设置定期交流会，特别是在项目开始和收尾阶段，开会的频率要高一些，通过增进团队成员之间的沟通，分散和降低项目实施的风险，保证项目最终的顺利验收。

表9-2 项目会议地图

会议要求	1. 会议组织者负责准备会议室，发送会议邀请，编写纪要，并管理会议要求的工作 2. 严格会议纪律，参会人员不得无故迟到或缺席，参会情况纳入纪要进行通报 3. 各业务板块形成的纪要、督办、通报等需同步发送项目管理总师备案				
时间	星期一	星期二	星期三	星期四	星期五
9:00—10:30	设计例会 组织者：设计总师	杂合车周例会 组织者：总体副总师			
10:30—12:00	市场专题会 组织者：策划总师	零部件开发管控会 组织者：总体副总师	性能及试验例会 组织者：性能总师	采购及成本例会 组织者：采购总师	工艺及制造例会 组织者：工艺总师
14:00—15:30	造型对接会 组织者：造型总师	设计方案评审会 组织者：设计质量副总师	设计方案评审会 组织者：设计质量副总师	软件开发例会 组织者：软件总师	项目周例会 组织者：项目管理总师
17:00—18:30				设计方案评审会 组织者：设计质量副总师	设计方案评审会 组织者：设计质量副总师

除了项目组内部进行会议沟通外，项目总监/经理需与上级领导保持随时的交流与沟通。若有关重事项或重大风险产生，应及时进行问题升级解决，另外项目重大决策类议题需要逐级上升汇报。项目会议经常会分为三级会议，即项目组级、部门级、公司级，如图9-1所示，对应的议事规则见表9-3。

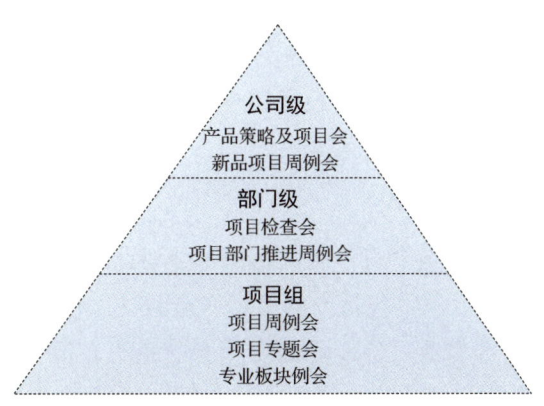

图9-1 项目三级会议

表 9-3　各级会议议事规则

会议类别	会议名称	频次	参会人员范围	会议范围
公司级	公司级会议	按需	公司领导、业务部门总经理、议题涉及的项目总监、相关业务部门负责人等	1. 项目里程碑评审 2. 公司产品及技术规划 3. 公司产品策略审视 4. 项目重大背离方案审批
部门级	部门级会议	按需	业务部门总经理、议题涉及的项目总监、相关业务部门负责人等	1. 项目里程碑部门级评审 2. 项目需升级审议事项
项目组	项目例会	每周	项目总监/经理、各板块项目总师/副总师等	1. 项目里程碑总监级评审 2. 监控项目进展，评估项目风险并及时协调内外部资源推动问题解决

项目管理总师每周定期组织召开项目周例会，对各业务单元反馈的各类问题进行统筹协调和推进解决，针对无法解决或需各业务单元协调推动的问题，由项目管理经理形成会议纪要反馈至各职能经理。项目管理经理牵头从指标达成及进度两个维度进行问题影响度和严重度分析和评估，拟定议题并组织召开部门级、公司级项目会议，推动问题升级协调与解决。

2. 会议组织

会议管理一般包含会前准备、会议召开及决策、会议记录和决策执行等几个部分，并由指定业务单元和人员负责议题收集、报送、会议通知、记录、纪要和存档工作。

在会议召开前，应组织相关业务板块针对汇报内容充分讨论，形成方案和建议，并完成议题正式意见确认后申请上会决策。一般提前 1~2 天发起会议邀请，并在会议开始前（建议提前半天）确认参会人员出勤情况，无法参会的人员需提前请假并授权他人代为参会。

会议记录要明确时间、地点、主持人、议题、记录人员、出席人、决策事项、参与决策人员的意见、决策结果等内容。会议记录应完整、详细，据实反映讨论情况和与会人员的意见、结论等，并记录存档备查，后期按决策的工作要求进行跟踪督促。

3. 会议效率提升

一个产品开发项目每周至少有一次大范围的项目例会，各专业领域的人员面对面会议沟通保证信息互通。项目包括产品策划、造型、工程开发、工艺设计、采购、质量、财务、生产制造等专业，各专业需要参会的牵头人员较多，如何让项目例会沟通更高效、避免陪会，又能让信息有效传递、保证项目顺利推进呢？

首先，明确项目例会的议题。一般项目例会议题包括关重事项通报、KTM 进展通报、周工作进展及风险通报、专题汇报/讨论。项目不同阶段通报的关重事项是不一样的，可以参照产品开发流程进行梳理。比如项目处于试生产阶段时，应该由总体副总师通报所有零部件开发及设计变更进展、性能开发及签收进展通报，采购总师通报招标定点进展情况，试验副总师通报整车及零部件 DV 试验验证情况，性能总师通报性能参数发布及签收情况等。主要通报内容是未按计划执行及计划调整的情况，并明确下一步要求，需要纳入 KTM 进行督办的可以在会上进行明确。

其次，明确会议议题报送要求，有流程有规范的工作必须会下按照制度解决，不允许上会耽误问题解决时间。决策类议题要有问题点、风险点、决策项，汇报材料尽量简洁，直入问题。明确会议纪要要求，会议计划不得随意更改，原则上会前 1 天不得对会议进行调整。会议组织部门负责会议申请、材料准备、会议组织、会议纪要编写，并将问题纳入 KTM 督办管理。参会部门要按照相应级别人员参会，参会人员不得迟到、早退或无故缺席。会议组织部门每次会议如实、详细记录参会信息，对违反会议纪律人员做出考核。

最后，对 KTM 进展进行通报时，为了提高会议效率，应在会前就将进展进行书面回复。已经完成交付的可以申请关闭，无法按期关闭的提前申请延期，并征求相关业务领域的意见，做好延期的风险评估，会议同意后调整完成时间。对于存在争议的问题，做好会前沟通，无法达成一致的则专题汇报，避免将 KTM 进展通报过程当成讨论的议题，浪费所有参会人员的时间，影响整体会议进展。各专业牵头人通报一周工作进展要简明扼要，避免长篇大论。正常推进的业务不多说，主要对有风险的问题要及时暴露。如有需支持项，尽量提前与相关专业做好沟通，避免会上推诿。

简单来说，要提高会议效率，建议遵循会议管理的以下基本原则，确保项目会议高效：

1）会议通知要提前。提前发布会议信息，让大家早做准备，不在会上突发信息。

2）汇报一切从简。议题、汇报内容、会议决策都应简明扼要，注意会议时长控制。

3）问题讨论公开透明。会上充分讨论，充分沟通，不背后议论。

4）信息清楚后再决策。不懂就问，会前做好充分准备，尽量用客观数据支撑决策。

5）会议决策要落实。做好会后跟踪，会议相关决策及要求的工作项要及时反馈进展，措施有效落地。

9.3 外部沟通管理

外部沟通针对外部相关方，如客户、供应商、经销商、政府组织等。不同相关方可能有不同的文化和组织背景，以及不同的专业水平、观点和兴趣，而有效的沟通能够在他们之间架起一座桥梁。整车开发项目外部沟通主要是市场用户沟通、供应商沟通、经销商沟通。

9.3.1 用户沟通管理

1. 用户需求沟通

用户需求沟通是围绕产品生命周期，在新品研发各个阶段、小改款、中改款、换代产品及产品需要立行立改的时候及时有效地与用户沟通，达到发现目标用户、洞察目标用户需求、挖掘目标用户的使用行为、分析用户实际使用满意度等目的，从而为产品开发及迭代提供支撑。

用户需求沟通主要包括前瞻需求沟通、靶心需求沟通、差异需求沟通。

1）前瞻需求沟通通常发生在产品研发的 3~5 年之前，沟通对象通常是全人群，目的是通过沟通找到前瞻机会点，把握产品研发的取向与节奏。

2）靶心需求沟通发生在产品研发阶段的 2~3 年时间，沟通对象通常是产品的靶心人群，目的是通过沟通发现用户最满意的产品体验，找到产品布局的最佳方案。

3）差异需求沟通指在产品上市至上市后的两年时间，沟通对象通常是车主，目的是通过沟通发现用户实际体验的满意点和不满意点，找到产品需要持续迭代的方向。

2. 制定用户沟通计划

明确用户沟通需求之后，需要制定整体的沟通计划：一是明确沟通目标是什么，即本次沟通是为了知晓前瞻的需求，还是找到产品研发的最佳方案；二是明确沟通的对象是谁，即本次沟通的对象是全人群、新购车人群还是某些特定车主的人群；三是明确沟通的详细内容是什么，即本次沟通是了解用户的基本特征，还是了解对车辆的基本需求；四是明确沟通的方式是什么，即采取什么样的方式来触达用户，是面对面的深度访谈，还是一对多的小组交流，或者是直接通过单方面的问卷调研，甚至是直接获取用户的线上留下的信息；五是明确沟通的时间周期，即什么时候完成此次沟通。

（1）明确沟通目标

调研工作开始前，要清楚研究背景、明确研究方向，包括本次与用户沟通的目的是什么、想要在哪些方面获得用户的需求反馈、能够给公司的决策提供哪些参考。

搞清楚这些内容，一来可以明确工作开展方向，不至于偏离目标，二来也可以了解用户沟通人员的工作价值体现在哪些方面。

（2）明确沟通对象

沟通对象通常是紧紧围绕沟通目标选择的，不同的沟通目标所选择的沟通对象有所差异。一般会根据用户的性别、年龄、居住城市、学历、家庭阶段、所购车型、购车预算、价值观、兴趣爱好等方面对沟通对象进行选择。例如，想了解未来购车人群对电气化的看法，通常会选择居住在一线城市、对汽车有较高认知的年轻用户来沟通，这样针对性更强，获取的内容也会更丰富。

（3）明确沟通内容

沟通内容的制定依赖于沟通目标及沟通对象，会根据沟通对象的不同设置不同的沟通内容。如果是针对全人群设置的内容，通常不会聚焦于人口学特征，会更多关注一些新观点的收集，是一个发散过程，能有效地帮助沟通人员打开新思路；如果是针对特定车型用户的沟通，内容往往会更聚焦，会更多关注购车的动机、车辆的用途、某些功能的使用体验等，是一个收敛的过程，能有效地帮助沟通人员明确产品的优化方向及改进点。

（4）明确沟通方式

沟通方式的选择依赖于沟通内容，会因为不同的沟通内容选择不同的沟通方式。若沟通内容是广泛存在、具有共性的，可以采用二手资料采集的方式，直接从现有资料中总结提炼，无须与用户直接产生双向沟通；若沟通内容是特殊的，只有特定群体知晓但并非需要深入交流的，可以采用问卷调查的方式，在线上或线下发布问卷，用户回答相应的题目即可；若沟通内容是特殊的，需要深入交流但不涉及隐私的，可以采用小组交流的方式，和用户进行一对多的双向沟通；若沟通内容是特殊的，需要深入交流且涉及个人隐私的，可以采用入户深访的形式与用户进行一对一的双向沟通。

（5）明确沟通时间计划

沟通时间的制定依赖于沟通方式，不同的沟通方式制定不同的沟通时间计划，整个用户沟通的时间计划会根据沟通目标、对象、内容及方式全面评估后制定。二手资料收集的沟通方式所需时间不固定，会依赖于资料的丰富程度而定；问卷沟通的方式所需时间固定，通常较短，以分钟计算。座谈会所需时间稍长，持续时间以小时计算；深访时间更长，通常以天来计算。

3. 用户沟通执行与总结

用户沟通执行就是将沟通计划落地的过程。在具体执行的过程中会涉及更多的细节和突发状况，需要沟通者提前做好预判，并做好备选措施。执行完毕后，需要对沟通获得的定性资料进行总结提炼，去粗取精；对定量资料进行数据分析，形成定量报告，并再次审视结论与沟通目的的关系，判断是否能达到本次沟通的目的，以及能为公司决策提供什么帮助。

9.3.2 供应商沟通管理

在项目采购工作中，整车企业与供应商保持顺畅的交流和沟通，是为了及时、准确、全面、有效地传达和确认与项目开发有关的信息和要求，确保双方始终保持信息同步，并充分理解对方的期望和需求，统一认识，达成共识，建立互信。同时，通过沟通，整车企业可进一步掌握供应商在开发过程中的情况，及时发现和解决问题，顺利推进项目开发工作。

1. 供应商沟通主要类型

按沟通信息是否有反馈、沟通行为参与的主体不同、沟通形式的差异等，项目采购中整车企业与供应商的沟通分为几种类型，具体见表9-4。其中，正式沟通是双方在项目开发中最重要和最常用的沟通方式。

表9-4 供应商沟通类型

序号	沟通类别	特点	说明
1	单向沟通	单向传递信息	项目启动前期，供应商向主机厂介绍企业技术能力、产品供货情况、市场竞争等信息；整车企业向供应商发布参与项目开发相关的要求、资质等
2	双向沟通	双向互动	项目开发启动阶段的FTF（FACE TO FACE，面对面）交流会、技术方案交流会等
3	单独沟通	一对一交流	项目开发中采购工程师与供应商进行商务谈判，沟通成本目标；STA与供应商沟通零部件开发进度，交流质量改善情况，STA到供应商现场的技术支持，供应商与整车企业交流VAVE技术方案等
4	群体沟通	一对多交流	项目定点前整车企业统一组织的技术交流会，批产前的重点供应商交流会，异地投产项目的协同布局交流会等
5	正式沟通	有书面信息	整车企业通过书面文件、信函、邮件等，传递项目开发中关键节点、里程碑要求，发出技术交流通知、商务报价邀请函、商务投标书等，或供应商正式向整车企业提交的技术方案、商务报价资料、变更申请等
6	非正式沟通	沟通内容弹性大	正式沟通之外的信息传达和反馈，时间、内容和对象都不固定，形式虽灵活，但存在信息失真等问题

2. 供应商沟通形式

（1）会议沟通

常见会议沟通主要包括项目进展评审会、项目问题解决会、项目技术交流会。

为确保会议效果，一般采用面对面的方式开展，特殊情况下采用网络会议形式。通过会议沟通，可将整车企业相关要求用正式、书面的形式传达到供应商，并得到及时的反馈。

项目采购中正式的会议一般由采购经理主持，根据项目需要，也会邀请项目总监、开发经理、质量经理和采购部门的行政领导参加，参会人员包括项目采购团队成员和相关供应商高层或技术、质量高层领导。在采购对接会上，采购经理会通报项目进展情况、存在的问题和风险、下一阶段工作计划。通过定期邀请供应商参加项目例会或项目交流会，可及时、快速解决项目开发中的技术、质量等问题，识别风险，调整计划，确保项目按进度正常推进。

（2）邮件或信息沟通

在项目开发过程中，双方通过电子邮件或企业网络信息的方式沟通日常工作，如组织技术交流、传达项目阶段信息、传递商谈纪要、反馈试验报告等。

（3）电话沟通

在项目采购实施中，为及时了解最新的零部件开发信息、落实相关产品开发进度、沟通日常工作等，可通过电话进行沟通。

（4）现场沟通

在项目开发工作中，如遇突发质量问题、设备故障、零部件开发异常情况等，整车企业需要立即由STA工程师牵头，组织双方技术、质量、物流等人员到生产场地进行"救火"或"灭火"等紧急处置，通过现场沟通，快速解决问题、消除风险。

3. 供应商沟通机制

为了提升双方合作效率和满意度，整车企业一般会主动与供应商建立结构化、制度化的沟通交流机制，并根据双方合作关系，分层级、多渠道、多种方式与供应商定期进行沟通。通过交流，整车企业可以更全面了解供应商能力，协调和解决双方在项目协同中存在的问题；供应商也可以提前了解整车企业发展规划、产品规划和项目开发计划，提前做好资源协同准备。同时，整车企业可在交流中收集供应商反馈的问题，制定改善方案，提升自身管理能力。

（1）制定沟通计划

根据分层管理原则，制定结构化、差异化的年度沟通管理计划，见表9-5。

1）在管理层面的沟通：以双方高层为主，主要从市场研判、技术趋势、战略规划、业务规划、协同布局、重大合作等方面开展沟通，按计划定期组织交流。

2）在项目层面的沟通：以项目组及协同企业项目团队为主，从项目开发机制、项目开发进度、项目开发要求、问题解决、风险预防、资源协调、协同管理等方面进行沟通交流。根据项目需要,由项目总监或采购经理发起,相关项目团队配合,组织相关供应商进行沟通交流。

3)在业务层面的沟通:以相关业务单位为主体,从日常合作、日常管理方面进行沟通交流,主要有业务相关主体部门,根据日常工作需要,一对一进行沟通交流。

表9-5 供应商沟通管理计划

名称	会议内容	周期	沟通方式	参与人员	沟通目的
年度供应商大会	交流会	1次/年	会议沟通	双方高层	总结年度工作,部署下年计划,表彰年度优秀供应商
高层交流	信息发布会	按需	会议沟通	整车企业高层、项目负责人、重点供应商高层	让重点供应商提前了解项目规划,提前做好资源谋划
	核心、优秀供应商交流会	1次/季	会议沟通	双方高层	合作情况回顾,业绩通报,收集反馈的问题和诉求
	现场调研	按需	现场沟通	双方高层	合作情况回顾,解决项目合作中的问题
	合作满意度调查	2次/年	邮件沟通、信息沟通、匿名调查问卷	供应商高层	收集问题,制定改善措施,提升管理能力
重点会议交流	"一对一"供应商交流会	1次/季/家	会议沟通	双方高层	推进与重点供应商的战略合作,协调解决项目合作中的问题
	风险/瓶颈物资供应商沟通会	按需	会议沟通	采购、物流部门领导、供应商高层	协调解决项目开发中的重点、瓶颈物资进度、交付、供应等问题
	项目交流会	按需	会议沟通、现场沟通	项目总监、项目团队负责人等、供应商销售、技术负责人等	通过项目进展和问题,协调解决项目开发中的问题
日常工作交流	日常工作沟通	随时	会议沟通、邮件沟通、信息沟通、电话沟通等	双方技术、商务、物流等人员	日常沟通推进和协调
		随时	会议沟通、邮件沟通、信息沟通、电话沟通等	双方业务窗口人员	合作信息、供应商绩效表现、合作情况等交流和互动
		按需	现场沟通	双方业务相关人员	"救火"或"灭火",现场解决问题

(2)开展沟通交流

通过沟通和交流,对供应商反馈的问题进行收集汇总分类,并制定问题跟踪表进行管理。供应商反馈问题一般有两类：第一类是项目合作中的具体问题，主要与相关供应商或相关品类有关，可通过专项方案解决；第二类是管理中的共性问题，需要通过制度流程的优化进行改善。

(3) 制定改善措施

针对沟通中反馈的具体问题，由业务牵头部门制定整改方案进行解决。改善完成后，整车企业将邀请相关供应商对改善效果进行评价。对供应商反馈的共性问题，建立跨部门团队进行改善，改善完成后，整车企业将启动流程优化工作，形成"发现一个问题，完善一项制度"的循环改进机制。

4. 供应商沟通平台

为提升沟通效率，某车企搭建了与供应商实现数据、信息、资源交互的供应商信息化管理系统。供应商信息化管理系统集成供应商关系管理系统、零部件质量管理系统等，同时联通企业资源计划系统（ERP）、物料清单系统（BOM）、进货质量系统（IQS）等业务系统。通过各业务系统的贯通，实现供应商管理、项目开发等业务的一站式管理。

供应商信息化管理系统打通了整车企业内部的规划、研发、采购、生产、财务等各个管理环节。同时，该信息系统与供应商门户平台实现了互联互通，打破了整车企业与供应商之间信息沟通的壁垒，实现了整车企业与供应商信息交互和业务交流的高效和透明。

9.3.3 经销商沟通管理

整车产品开发过程中由市场营销副总师牵头营销板块的业务，负责营销策略以及销售执行过程的监控与管理，对产品效益及市场表现负责，并统筹产品总体运营策略及分析，对产品销售关重指标进行监控分析。营销人员在市场业务工作中，涉及产品切换/铺货方案、销售政策的制定及执行、销售渠道的管理、产品培训、推广方案执行、售后服务等，都需要做好经销商沟通管理。其沟通形式、沟通计划制定等与供应商沟通相似，可参考应用。下面主要阐述如何与经销商进行有效的沟通，从而提高经销商的积极性，助推产品效益和规模目标的达成。

1. 学会换位思考

整车企业开发及营销人员和经销商考虑问题的出发点不同。整车企业考虑的是将产品如何铺到终端快速销售出去，视销量与回款为工作的重点；而经销商的目的则是利润，考虑的是经销的产品如何能利润最大化、费用最经济。产品项目营销人员在做市场方案时，一方面要站在企业和个人工作的要求上去考虑问题，另一个方面要换位思考，站在经销商的角度去考虑如何做。

通过换位思考，可以揣摩到经销商的所思所想，把握经销商的真实意图，同时可以反思经销商所提出的问题与要求是否合情合理、是否是市场的真实表现，找到问题出现的原因与解决办法，也为后期与经销商的沟通找到问题的解决办法和话题的根源。最后，通过换位思考，将自己置身于经销商的位置上与经销商沟通，建立一个平等对话的基础，使沟通平等有效开展。

2.做好咨询顾问

经销商喜欢能带来利益的产品，这种利益不一定仅仅是金钱，还可以是帮助经销商规避风险、减少不必要的损失，提高经销商的管理水平，让经销商取得物质以外更多的收益。产品项目营销人员可以给经销商做好咨询，取得经销商的信任，赢得在沟通中的话语权。通过帮助经销商切实解决在工作中的实际问题，如建立管理制度、进行市场规划、进行业务人员培训等，充当咨询专家的角色，就会树立权威，消除沟通中的障碍。

3.掌握沟通方法

有效的沟通需要双方的互动并产生共鸣，最终能达成一致，双方付诸行动。一般来说，主要有以下方法用于经销商沟通。

（1）情感感化法

营销人员与经销商的长期接触中，双方随着工作时间的增加，多少都会存一定的情感基础，同时经销商在长期代理公司产品或多或少也会对公司和产品有一定的感情。因此，在沟通中运用这种感情因素来引导经销商，从而达到沟通理解的目的。

（2）利益引导法

经销商经销产品的目的一般有两种：一种是利用产品获取利润，另一种是借助产品优势建立自己的网络渠道。因此，在与经销商沟通时，根据经销商的目的不同，进行利益分析，包括对经销公司产品每年可获利多少进行计算，或者对经销公司产品给其渠道网络带来什么样的益处、解决了什么问题、达到什么目的进行说明，以及对损失该产品会带来什么样危害进行对比，使经销商能够趋利避害。

（3）前景展望法

每一个产品的发展都会有起有落。在与经销商沟通时，通过对市场环境、公司政策和产品发展趋势的分析，预测产品后期发展的规模以及对发展到后期能给经销商带来什么样的好处进行前景的展望，不仅能鼓励起经销商的干劲和希望，也能使沟通更好开展。

（4）典型市场对比法

每个市场的成功绝不是偶然的，必然有其可取的一面。在与经销商的沟通中，通过将做得好的市场与不好的市场作为典型进行原因分析，找出成功与失败的问题所在，同时结合经销商自己的市场情况进行对比，找出不足与可取之处，并对不足点进行有效改进，使经销商能正确认识，从而达到沟通的目的。

（5）制度讲解法

企业对经销商的制度一般而言是一视同仁的。在与经销商的沟通中，通过对企业制度的分析与逐步讲解，找出企业制定制度的原因及制度对经销商有利的一面与不利方面，以及如何规避这种制约，达到制度的要求和企业要求，从而取得经销商的理解，这也是沟通的一种方法。

通过与经销商的沟通，实现经销商的能力提升、高效运营，从而更好地建立客户信任，提升客户信心，加快产品销售目标的实现。

9.4 项目冲突管理

项目的实施是由多种角色协同完成的，角色间发生各种冲突在所难免，而项目冲突管理是项目管理中最重要但又最容易被忽视的环节之一，它涉及资源、里程碑、任务和实施步骤。如果冲突不能得到有效地管理，那么可能会导致项目的目标和进度存在风险。

9.4.1 项目冲突来源

导致团队之间冲突的原因很多，只有对症下药，才能改善和优化团队之间的关系，提高组织的整体竞争力。冲突的来源主要有以下几个方面。

1. 项目任务的压力和资源的竞争

项目有明确的开始和结束日期，承担项目任务的各角色间又必然存在协调和依赖的关系，项目一般是按照各个业务单元的工作内容和目标等因素进行时间、人力、设备等资源的分配，很难做到绝对公平。各业务单元在成员数量、权利大致相同的情况下，会为了项目有限的时间、资源、服务等资源而展开竞争，于是产生冲突。

2. 目标冲突

例如，营销部门要实现销量目标，需要物美价廉，质量板块要管控质量目标，财务板块需要管控效益目标，人力板块需要管控资源投入，各个部门的目标经常发生冲突。项目管理需要同时满足产品体验、效益、进度、质量等目标，需要各部门的通力协作。

3. 责任模糊、分工不清

项目各业务单元有时会由于职责不明，出现谁也不负责的管理"真空"，造成团队之间的互相推诿甚至敌视，发生"有好处抢、没好处躲"的情况。

4. 多头领导

这种情况在资源不足时会经常发生，多个项目负责人会给同一个人员发布任务，从而产生资源争用的冲突，导致任务担当者无所适从，进而影响任务进度。

5. 沟通不畅

团队之间的目标、观念、时间和资源利用等方面的差异是客观存在的，如果沟通不够或沟通不成功，就会加剧团队之间的隔阂和误解，加深团队之间的对立和矛盾。

项目团队中部分冲突是无法完全解决的，冲突的存在对项目的影响有好有坏。好的冲突可以把问题和矛盾都拿出来，摆在桌面上讨论，增进项目组成员彼此间的信任，可以促进创造性，产生新的想法和工作思路；坏的冲突使人与人之间形成一种不良关系，会制造紧张气氛，严重降低沟通效率，妨碍目标达成。因此，既要预防团队之间的冲突，又要"激发"团队之间的冲突，做好冲突的管理是项目管理的必修课。

9.4.2 项目冲突解决策略

在项目管理过程中，项目经理应该适当地利用建设性冲突，避免破坏性冲突。但这两种冲突是共生的，通常只是一线之差，项目经理能否利用好冲突也是管理艺术的体现。以下是解决项目冲突的常用策略。

1. 强调共同的战略目标

强调共同的战略目标的作用在于使冲突各方感到使命感和向心力，意识到任何一方单凭自己的资源和力量无法实现目标，只有在全体成员通力协作下才能取得成功。例如，投资部门、经营管理部门、质量安全部门、销售部门等都会不自觉地强调自己部门的重要性，需要使其意识到要从企业整体高度看待问题，而不是从部门甚至个人的角度。在这种情况下，冲突各方可能为这个共同的战略目标相互谦让或做出牺牲，避免冲突的扩大。

2. 制度的建立和执行

制度的存在虽然让许多人觉得受到约束，但它是一条警戒线，足以规范成员的作为。因此，通过制定一套切实可行的制度并将团队成员的行为纳入制度的规范范围，靠法治而不是人治来规避和减少冲突。

3. 各方的妥协

所谓妥协就是在彼此之间的看法、观点的交集基础上，建立共识，彼此都做出一定的让步，达到各方都有所赢、有所输的目的。当冲突双方势均力敌或焦点问题纷繁复杂时，妥协是避免冲突、达成一致的有效策略。

4. 回避和冷处理

管理者对所有的冲突不应一视同仁。当冲突微不足道、不值得花费大量时间和精力去解决时，回避是一种巧妙而有效的策略。通过回避琐碎的冲突，管理者可以提高整体的管理效率。尤其当冲突各方情绪过于激动、需要时间使他们恢复平静时，或者立即采取行动所带来的负面效果可能超过解决冲突所获得的利益时，采取冷处理是一种明智的策略。总之，项目管理者应该审慎地选择所要解决的冲突，不能天真地认为优秀的管理者就必须介入到每一个冲突中。

5. 强制执行

这是同妥协相对立的解决方式，当管理者需要对重大事件做出迅速的处理时，或者需要采取不同寻常的行动而无法顾及其他因素时，以牺牲某些利益来保证决策效率也是解决冲突的途径之一。

解决冲突的方法很多，但没有一种方法能对应处理所有冲突。在项目实施过程中，很多冲突其实可以在初步的风险评价中作为潜在事件预料到，所以在项目风险审查时一定要研究可能出现冲突的地方。可以将项目管理中的沟通工具进行组合，建立项目冲突管理机制，每周在项目周例会组织共同分析已经出现和潜在的风险与问题，总结项目实施中取得的经验，以营造良好的团队氛围，保证每一位项目成员在项目中都能发挥出良好的作用。

9.5 项目沟通技巧

项目管理过程中的沟通难题，如工作任务分解、跨部门工作协同、团队业绩考评等，非常考验项目管理人员的情商和智商。在不同的场景下，掌握一定的沟通技巧，能在恰当的时机，对恰当的人，说出恰当的话，应对不同情景下的语言沟通，在人际交流中更加游刃有余，从而更加有效地传递信息及推进工作。接下来列举几个沟通技巧的实例，来帮助大家建立起项目管理中的良好沟通。

9.5.1 项目任务督办

首先,对项目成员要形成固定的管理机制,建立良性的循环。将任务完成情况纳入绩效评价,按照对应的管理办法进行严格管理,让每个成员明确按时交付的要求,形成及时沟通反馈的良好行为习惯,明确项目开发过程中行为管理标准,及时发现并纠正项目开发过程中影响目标达成的行为,有效规范项目参与者的日常工作任务执行,以促进项目目标达成。项目管理机制案例见表9-6。

表9-6 项目管理机制

一、评价周期:每月

二、评价人员:项目总监、项目经理、项目管理总师等

三、被评价人员:各专业牵头人(各专业专职/兼职工程师的加减分计入专业牵头人)

四、评价过程:
　　1. 项目管理总师从会议出勤、KTM完成情况、协调配合、交付质量等维度对各专业进行过程评价数据收集,实时记录典型事件
　　2. 项目管理总师每月1日前将过程行为数据进行整理,形成部门协同评价结果、过程行为评价表,经项目总监审定后,发人力资源部应用执行

五、评价应用:
　　评价结果与月度部门协同评价、项目奖金激励、项目成员绩效评价等挂钩:
　　1. 部门协同评价结果:每月初的部门排名前三和后三名,结果将影响部门一把手绩效
　　2. 过程行为评价表结果:参考考核标准进行扣款,在当月工资中体现

六、评价标准:

序号	类别	子项	行为要求/标准	部门评价标准	考核标准(金额,元)	业务评价角色
1	会议管理	会议类	参会人员违反会议纪律,无故缺席、迟到、早退的	扣2分/次	×××元/次	项目管理总师
2			各专业层级例会未按会议地图要求召开,未在2个工作日内发出会议纪要/通报的(征得总监同意取消的会议不扣分)	扣2分/次	×××元/次	项目管理总师
3		任务管理	每周按各类例会要求,按时保质完成KTM任务	加1分/项		项目管理总师
4			KTM及布置工作未能按时完成,需在期限日前向总监/经理申请延期,首次延期后完成的不扣分,任务超期3天以上不申请延期的扣2分/项	扣2分/项		项目管理总师
5			申请延期后,仍未按时完成工作项的	扣2分/次	×××元/次	项目管理总师
6			布置工作推诿扯皮,含不接受牵头任务、不主动反馈任务进展等行为	扣5分/次	×××元/次	项目管理总师

（续）

序号	类别	子项	行为要求/标准	部门评价标准	考核标准（金额，元）	业务评价角色
7	里程碑管理	进展维护	项目管理系统上任务、指标、交付物及时维护，每周四进行抽查，出现红牌的	扣2分/次		项目管理总师
8	里程碑管理	交付要求	交付物确保交付及时性、完整性和准确性，交付物质量不满足流程要求、弄虚作假的，扣10分/次	扣10分/次	×××元/次	项目管理总师
9	里程碑管理	交付要求	未按时反馈里程碑评审材料，影响里程碑评审计划的	扣2分/次	×××元/次	项目管理总师
10	里程碑管理	交付要求	提交的里程碑评审材料内容有误，影响总监级评审效果的，被总监指出错误的	扣2分/次	×××元/次	项目管理总师
11	里程碑管理	交付要求	提交的里程碑评审材料内容有误，影响部门级评审效果的，被部门领导指出错误的	扣3分/次	×××元/次	项目管理总师
12	里程碑管理	交付要求	提交的里程碑评审材料内容有误，影响公司级评审效果的，被公司领导指出错误的	扣5分/次	×××元/次	项目管理总师
13	里程碑管理	评审要求	未按时完成处所/部门内里程碑评审，反馈评审意见的，影响里程碑评审计划及评审效果的	加5分/次	×××元/次	项目管理总师
14	费用管理	费用管理	新增预算类型，每新增一笔费用，无法在周期预算内消化的	扣2分/次		项目管理总师
15	费用管理	费用管理	预算保证准确性，总体费用使用超出年度/周期预算指标，或未使用额度超过100万的	扣2分/次	×××元/次	项目管理总师
16	费用管理	费用管理	每月25日前梳理下月报销计划，提前报项目管理副总师，未提前上报付款计划或在计划内却没有按时完成报销手续，导致项目被通报的	扣2分/次	×××元/次	项目管理总师

其次，在任务下发后要及时与责任人进行沟通，确保责任人接收到信息，并对任务的交付要求理解一致，确定交付是否存在问题。对确实有困难无法达成的情况，可以协助分析有什么样的问题和困难，以及是否需要帮忙去处理一些什么事情或者协调资源。分配任务要态度坚决、略施压力，同时要做好辅导，有困难及时协助。

最后，在任务到期前做好预警。如果是长周期的任务，完成周期超过半个月的，每周要有定期的进展反馈。对于一周内完成的短周期任务，也要提前提醒是否能按时申请关闭，或者有困难需要延期的，都需要提前沟通。对于长周期的任务，可以利用信息化的手段,如项目 KTM 管理系统,在首页设置提醒功能,避免临期才反馈无法完成,影响整体项目工作推进。

9.5.2 高效电子邮件沟通

在项目开发过程中,正式的工作报告、部门之间事务往来、正式的通知等都需要电子邮件沟通。电子邮件作为书面沟通方式,效果可能比不上面对面沟通和电话沟通等方式,因为大家在看电子邮件时,往往根据个人的喜好去选择性阅读。邮件沟通不畅会引发一系列问题,如造成信息丢失或衰减、反复沟通、浪费时间、效率低等。项目管理过程中如何提高邮件沟通效果,可参考以下沟通技巧。

1. 邮件格式

邮件一定要注明标题,很多人是以标题来决定是否继续详读信件的内容。此外,邮件标题应尽量写得具有描述性,或是与内容相关的主旨大意,让人一望即知,以便对方快速了解与记忆。如果不是经常交流的对象,记得写邮件抬头称呼对方,以示礼貌,并引起主要收件人的关注。

2. 邮件发送对象

寻求跨部门支持的邮件,一般主送给可提供支持的人,抄送给他的直接上级,同时抄送本部门的直接上级,这样往往可以获得支持部门的更好支持。项目通报类的邮件,主送给项目团队成员,抄送给项目团队成员的直接上级、项目主要领导。避免将同一个主题的讨论内容多次反复发给全部收件人、抄送人,避免将细节性的讨论意见发送给公司高级管理人员。如果遇到在邮件发送时对内容、措辞、发送人有任何疑问,可以向直接上级寻求沟通支持。

如果在沟通中发生意见分歧,沟通双方首先应换位思考,尽量用见面沟通或电话沟通解决分歧,充分发挥个人的主动性。

3. 邮件内容

如果带有附件,尽量在邮件正文对附件内容进行总结,避免收件人一一打开附件才能知悉沟通事项。控制邮件正文字数,确保邮件正文层次清晰、内容明确,避免长篇大论。

4. 沟通确认和反馈

对重要沟通事项,在发送邮件后最好电话提醒对方引起关注。重要会议通知要在会前向与会人员提醒开会时间。如果重要邮件发出去后石沉大海,不一定是对方不重视,可能仅仅是邮件太多没有及时看到,可以尝试再次进行提醒。

9.5.3 学会高情商说话

说话是一门技巧,也是一门艺术,沟通最重要的技巧就是会说话。在沟通过程中,学会高情商说话,可以提升沟通效果,事半功倍。

1. 态度决定一切

一个诚恳的态度首先要有语言上的恭敬。说话诚恳的人永远都对别人保持着最大的尊重,这样即使对方不完全认可你说的事情,也不会影响对你个人的看法。

2. 学会管理情绪

认识自身情绪,既不因沮丧或焦虑而意志消沉,也不会因愤怒而丧失理智;认识他人情绪,与别人共情,站在别人的角度理解别人的感受。处于负面情绪时,先暂停,让自己先冷静一下,然后再审慎三思,改变思维调整心态,理智应对。

3. 先肯定再否定

反驳别人前要先承认对方观点的合理性,然后说出自己的见解,任何人都需要得到尊重,顺着对方意图更容易达成自己的目标。不要把自己的意见强加给别人,强调目标一致,耐心说服不是强势压服,让别人从心底接受你的观点。

4. 不轻易反驳上级

上级交给的任务即使觉得不合理,也不要马上拒绝、表示不接受,应该先虚心倾听并思考如何推进。在完成任务的过程中,如果觉得这项任务确实存在困难,可以把完成进展报告给上级,再委婉地表达自己的困难。既不挑战上级的权威,又让其意识到任务分配不合理,从而调整工作安排。

5. 让领导做选择题

在处理工作的时候,要学会引导领导说出你的决定。有一个非常有用的办法就是让领导做选择题,每次和领导谈话前,你可以事先想好问题的几个处理方法,每个处理方案的利弊要详细分析,然后让领导做选择。

沟通最好的技巧是好好说话,尊重他人、换位思考、讲究方法、引起共鸣,就能提升沟通效果,建立和改善人际关系,交互足够的信息,从而控制好项目的各个方面。

9.5.4 提升团队沟通能力

在进行项目沟通的时候,不能简单指望自己发出去的信息会完全地被对方接受和理解,因为各项目干系人的立场、经历、背景、信息掌握程度等各不相同,这些因素都会给项目沟通带来很多困难。我们要充分认识到这种差异，设法以对方能够接受的方式进行沟通，才能达到沟通的最终目的。

在项目启动之初，项目团队成立后，应当进行项目沟通管理方面的培训，促进成员在以后的项目工作中更好地沟通。因为任何项目的管理，都不是依靠少数项目管理精英就可以做好的，需要依靠绝大多数成员对项目管理的理解和支持。项目成员接受沟通相关的培训，具备一定的项目管理知识和实践经验，明确以项目目标为核心，在各项目相关方之间建立和维护良好的工作关系，避免各项目相关方片面追求自己的目标而损害项目的整体目标。这样各相关方即便背景和经历上存在差别，也能在项目管理方面求同存异，从而提高成员在项目工作中沟通的有效性。

同时，在项目组内营造一个开放、信任、互助的学习型组织氛围，不断提升个人和团队能力。工程开发、生产制造、营销策划及其他各专业部门之间的信息能够自由流通、充分透明、专业部门之间畅通无阻地沟通、交流，从而实现项目工作配合默契，提高项目团队的凝聚力，激发工作热情，达成项目目标。

Chapter Ten

第 10 章
项目收尾

前面我们已经介绍了整车开发项目管理体系、项目规划及启动、项目组织及团队建设、项目范围管理、项目进度及控制、项目成本管理、项目质量管理、项目采购管理和项目沟通管理，最后我们将进行项目收尾。项目收尾包括项目验收和项目总结。项目验收是核查项目范围内的各项工作是否已经全部完成，可交付成果是否满足需求，并将核查结果记录在验收文件中。项目总结主要是对项目开展过程中的经典案例进行梳理沉淀，供其他项目参考借鉴，同时推动企业体系流程的优化。项目收尾还包括资料归档、团队解散。

10.1 概述

项目收尾是项目管理过程的最后一个阶段，包含产品验收、项目验收、项目总结三大环节，如图 10-1 所示。

10.2 产品验收

产品验收的目的是评估产品本身是否达成设计预期，包括产品规格、功能配置、属性特征、可靠性和用户体验等若干维度，其验收依据以设计任务书和若干专业目标书为基准。

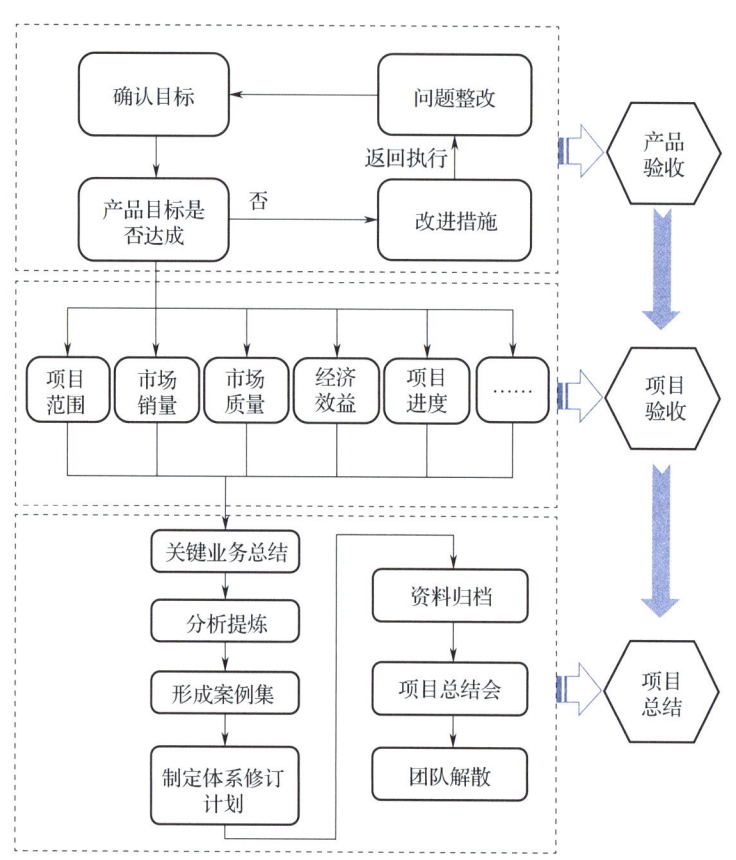

图 10-1 项目收尾

项目收尾阶段的产品验收与 LS、JOB1 等里程碑评审的目的不完全一致。里程碑评审必须基于市场环境、用户需求、竞争变化等因素对产品实现程度和竞争力进行系统评估，而产品验收则是以设计任务书和若干专业目标书为标的进行客观评估评价，旨在评估与 PA 阶段所确定的目标是否一致，客观梳理产品最终状态与目标的差异所在，为后续项目验收和项目总结提供真实业务数据。

以可靠性和产品性能目标验收为例，产品验收需要评估产品可靠性目标最终达成情况。在产品量产签署前根据规划产品可靠性目标，各业务部门统计可靠性指标数据达成情况，包含零部件、系统及整车等关键指标，质量管理部门基于整体达成情况，经部门内部评审后明确是否同意通过。若同意通过，则完成验收；反之，则要求责任板块/专业继续整改，需再次组织验收。那么，针对产品性能目标验收，其核心目的就是对产品性能目标最终达成进行评估。在产品量产签署前根据规划整车性能属性目标书，由性能管理部门组织产品设计、质量管理、营销推广等相关部门，对产品性能方案进行验收，包含整车工程属性达成及系统专业工程属性目标达成情况，签收合格，输出性能评估报告；反之则要求责任板块/专业继续整改，需再次组织验收。

10.3 项目验收

项目验收的目的是核查项目是否在规定计划范围内完成各项目工作或活动，可交付成果是否达成项目目标，只有项目验收通过方可进入项目关闭程序。项目验收主要依据项目立项申请书、设计任务书等开展，从项目范围、市场销量、市场质量、经济效益等方面评价项目实际表现是否达到立项设定的目标。

1. 项目范围验收

项目验收首先要评估项目范围达成情况，通过规划目标达成评估，确定是否在项目范围内取得可交付成果。项目目标之于项目管理相当于是射箭的靶心，是项目开工的前提条件，一般情况下依据 PTC 阶段设计任务书及专业目标书评估项目是否达成项目的期望指标要求。在实际项目开发过程中，目标管理是一个持续性过程，不仅仅是项目结束后进行的一个动作，项目开发过程若出现目标变更，则需按照一二级目标变更要求进行升级决策。一般在 J1 后 6 个月，对项目整体一二级目标当前达成情况进行验收回顾，同时对产品量产签署节点目标进行偏差分析。

2. 市场销量验收

营销管理部门收集 J1 后 6 个月的销量数据，包含逐月批售、零售、入库达成及市占率等，并通过与核心竞品、主要竞品销量数据及市占率对比，形成销量上险走势及市占率走势对比趋势图，评估是否达成项目既定销量预期目标。产品销量总结最大的意义在于通过深入分析，可得出当前影响产品销量的关键因素，同时制定后续销量提升策略及销量风险应对举措，见表 10-1。

表 10-1 产品上市初期销量验收

	时间轴	J1	J1+1	J1+2	J1+3	J1+4	J1+5	J1+6	累计完成率
批售	批售达成								
	目标达成率								
零售	零售达成								
	目标达成率								
	市占率								

（续）

时间轴		J1	J1+1	J1+2	J1+3	J1+4	J1+5	J1+6	累计完成率
入库	入库达成								
	营销需求达成率								
	库存								
	库销比								

3. 市场质量验收

质量管理部门通过产品上市后 6 个月的售后质量问题收集，得出关键市场质量评价指标（如 R/1000、TGW/1000、CS 等），进而得出产品总体质量水平、相关质量指标在当前公司主销车型所处的水平、是否达成公司质量战略和既定项目质量目标。通过产品质量监控，可最直观识别当前主要质量问题点。

4. 经济效益验收

由财务管理部门对从项目立项到收尾全过程财务效益数据监控，主要包含主力车型预算标准价、加权预算标准价、原材料成本占比、市场固定费用、市场变动费用、单车利润率等。通过对当前效益情况与项目目标确定到量产签署全过程节点效益目标对比分析，进而得出当前节点效益偏差主要原因，为后续新品项目财务目标设置及改款产品降价空间提供数据支撑等，见表 10-2。

表 10-2　财务效益目标达成验收

项目		目标	目标确定节点	数据发布节点	试生产准备节点	…	量产签署节点	当前值
主力预算标准价	绝对值（元）	×××	×××	×××	×××	×××	×××	×××
加权预算标准价	绝对值（元）	×××	×××	×××	×××	×××	×××	×××
原材料成本占比	占比（%）	×××	×××	×××	×××	×××	×××	×××
市场固定费用	绝对值（元）	×××	×××	×××	×××	×××	×××	×××
市场变动费用	绝对值（元）	×××	×××	×××	×××	×××	×××	×××
备用金	绝对值（元）	×××	×××	×××	×××	×××	×××	×××
单车利润率	占比（%）	×××	×××	×××	×××	×××	×××	×××
节点偏差主要原因								

5. 项目进度验收

项目管理部门对项目整体计划达成进行复盘，主要通过各里程碑节点计划时间与实际达成情况进行梳理，进而对延期节点进行偏差分析。通过进一步挖掘，可得出后续业务及管理改进点，为产品开发流程优化提供数据支撑，如图10-2所示。

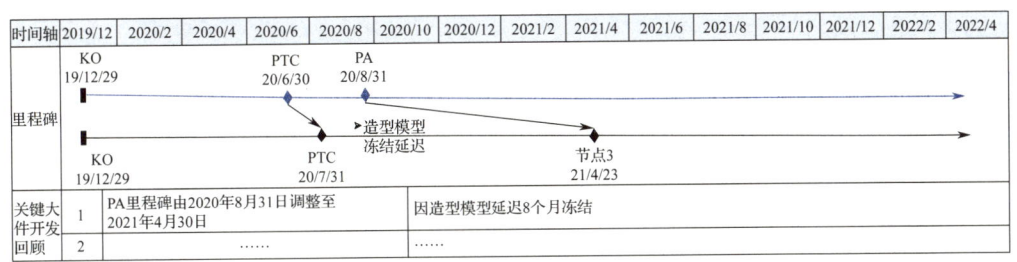

图10-2　项目开发计划达成（示例）

10.4　项目总结

项目总结的目的和意义在于总结经验教训、防止重复犯错、评估是否达到项目目标等。总结项目经验和教训，也会对其他项目和公司的项目管理体系完善建设和项目文化起到不可或缺的作用。完善的项目总结体系对项目的延续是很重要的，例如对项目完成后的售后维护、设备保障等。特别是项目收尾时的项目总结，项目管理部门应该在项目结束前对项目总结材料进行正式评审，其重点是确保能够为其他项目提供可利用的经验。

在项目验收结束后，基于各板块业务总结内容，筛选项目亮暗点内容进行经验分享，并形成项目收尾总结报告，于上市后6个月审签后发布。项目总结工作主要分为七大步。

1. 关键业务总结

项目结束后，由各业务板块拉通项目开发全过程业务流，从项目立项到产品交付进行全链条业务总结，并对过程偏差进行深入剖析，不仅限于具体业务问题的总结，还可以包含好的管理方式方法及过程失败教训等。

（1）战胜战败总结

依据产品上市后跟踪研究情况，产品策划部门从外观、空间、舒适性、安全性、动力性、驾驶操控性、配置、质量、品质、内饰、价格等维度分别评估产品满意度，综合得出产品总体满意度情况，并与核心竞品对比。通过数据对比分析，可以得出产品与核心竞品间的优势及劣势，并进一步总结提炼出用户对产品的主要满意点和不满意点，如图 10-3 所示。

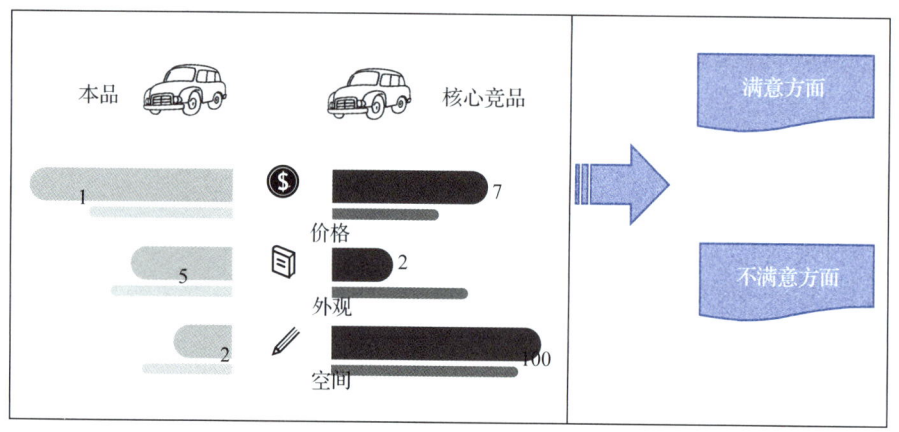

图 10-3　战胜战败分析框架

(2) 资源投入总结

在产品上市后 6 个月，由资源管理部门对项目全周期资源投入情况进行盘点，主要包含研发费用使用情况、人力资源投入情况和固定投资使用情况。

1) 研发费用投入：包含项目生命周期研发费用使用情况及项目遗留费用结算情况，重点科目研发费用使用情况，要求在项目上市后 6 个月完成全部遗留费用结算，见表 10-3。

2) 人力资源投入：包含项目全周期月均投入人数及人力投入成本，以及与人力模型对比情况及模型测算人工成本预算情况，见表 10-4。

3) 固定资产投入：包含项目批准投资预算与实际投资预算对比，并从冲、焊、涂、总、建安工程等维度进行偏差分析。

表 10-3　项目生命周期研发费用投入

科目	实际投入合计（万元）	生命周期费用预算（万元）	金额差异（万元）	遗留费用是否完成结算
样车费	××	××	××	√
样件费	××	××	××	√
差旅费	××	××	××	√
委外费	××	××	××	√
物流费	××	××	××	√
…	…	…	…	√
总计	××	××	××	√

表 10-4　项目全过程人力资源投入监控

单位	方案阶段 2019.12.29—2020.9.10			设计验证阶段 2020.9.10—2021.4.30			投产阶段 2021.4.30—2021.8.30		
	实际投入	标准投入人数	差异	实际投入	标准投入人数	差异	实际投入	标准投入人数	差异
产品开发部门									
质量管理部门									
采购管理部门									
…	…	…	…	…	…	…	…	…	…
合计									

2. 分析提炼

根据各板块总结复盘内容，从业务目标寻找偏差，基于偏差分析原因，制定优化改进建议。例如针对四驱开发问题太多，包括转矩超限、PTU 和后桥打齿、漏油的风险未按期完成整改等。针对这一关重问题，分析主要原因如下：①工装车下线时间，不能赶上完整的冬季标定；②供应商技术封锁，拒绝主机厂参加标定过程；③体系规范不健全，四驱试验和评价方法缺失。基于此，建议针对后续开发车型，在立项后全面梳理应规避问题，并制定应对方案，避免重蹈覆辙；同时，建立并完善四驱试验和评价体系。

3. 形成案例集

将各板块经验总结内容，整合并形成经验分享报告，并提炼形成红黑榜案例。

（1）红榜案例：创新定点模式，供应商定点帮扶

打破传统供应商定点定价流程体系，创新定点模式，商务规则由以往的先报价再议价的模式转变为上限成本模式，向供应商明确目标成本、关键性能参数，调动供应商 VA/VE 积极性，由"价格合理"更改为"达成目标"，材料成本降低 2074 元，占比优化约 3%，定点效率较前期项目提升 57%。

根据"上市即上量"的爬坡计划，梳理出保供风险的供应商 25 家，项目试生产阶段已成立产品公司级保供联合团队，快速响应投产过程中出现的保供问题。实现项目投产签署后一个月即上市的目标，达成供应商产能 JPH25，月峰值产能 1.25 万辆的目标。

（2）黑榜案例：车机新技术开发管理经验不足

1）背景：上市前市场要求向下覆盖全部 AT 车型，开发周期紧；供应商首次开发车载娱乐系统，技术能力不足。

2）问题描述：车机系统售后抱怨高，模糊、卡顿、黑屏问题 TGW 居高不下。

3）原因分析：总体为针对新技术应用的项目管理经验不足，使得在团队管理、方案选择、过程控制和结果验收上均存在一定的不足。具体包括以下几方面：

①团队管理方面：核心团队成员变更，致使业务信息传递不畅、产品方案的往复修改和重要业务的遗漏，降低了开发效率及和业务准确率。

②项目管理方面：初次搭载新供应商车机量产，在业务统筹和推进过程中存在诸多问题，例如针对用户场景和功能开发的策划与统筹不够，先期策划欠全面（如质量、品牌、营销部门未参与），增加了开发后期的功能变动风险；验收标准前后不统一（前期性能主导定目标，后期质量部主导联合评价），且验收以主观评价为主，系统客观测试重视不够，导致问题发现不全面。

③范围变更管理方面：项目配置、车机总体方案和功能均变更频繁、随意性大，造成开发难度加大。其中，整车配置历经 4 次大变更，主要变更点有双屏互动取消、4G 内置、音效变更、供应商高清变标清、倒车高清变标清、增加手机互联、增加车控、天窗厂家变更等。功能需求大的变更累计 39 次，主要原因有功能特性清单没有人统一管控，需求文档、UE、UI 不一致，以及车型配置文档修改频繁，导致很多部门的文档都对不上。

4. 制定体系修订计划

针对各板块项目总结形成的经验教训，制定流程制度完善及优化建议，并明确推进计划，见表 10-5。

表 10-5 流程制度优化计划

序号	类别	建议	牵头部门	建议完成时间（示例）
1	营销推广	建立健全产品推广管控体系	产品推广部门	2024 年 12 月
2	效益管控	疏通售后备件效益、售后精品效益、智能化软件运营等新效益机会点纳入效益体系的渠道，并对相应规则予以固化	效益管理部门	2024 年 12 月
3		在项目开发过程中，降本优化贯彻始终，在流程体系上锁定目标体系及运行机制，保障竞争资源的储备	效益管理部门	2024 年 12 月

5. 资料归档

在 J1 后 6 个月，由项目管理部门组织各业务板块，拉通项目从 FKO 到 J1 全过程进行资料移交及归档，包含里程碑交付物、重大决策（立项、暂停、结题等）文件、供应商定点定标材料、合同及技术协议、来往函件、变更决策、强检报告、路试报告等,最晚在项目总结会前完成归档,见表 10-6。针对实体(纸质)档案移交公司档案馆,电子档案上传对应业务系统(PM、PDM 等),无业务系统的可上传数字档案馆(DAS)归档,不允许将保存在个人计算机或公用服务器中视为归档。需注意的是,无论实体还是电子档案归档时都要完成审签,若无法进行线上审签,要在纸质审签后将审签页一并归档。

表 10-6 资料归档情况

里程碑节点	项目管理	市场与策划	造型设计	品牌与设计	开发与工程化	…
FKO	×××%	×××%	×××%	×××%	×××%	
KO	×××%	×××%	×××%	×××%	×××%	
PTC	×××%	×××%	×××%	×××%	×××%	
…	×××%	×××%	×××%	×××%	×××%	
LS	×××%	×××%	×××%	×××%	×××%	
J1	×××%	×××%	×××%	×××%	×××%	

6. 项目总结会

项目总结会的目的就是全面总结表彰优秀,并对已有流程制度明确修订计划。由项目总监代表项目组对项目整体情况进行总结报告,重点从市场表现、产品质量表现、经济效益、研发进度、资源投入等方面进行关键业务总结及回顾;同时对项目开发过程中各板块管理亮点及项目开发过程中失败痛点进行分享,并同步明确流程制度优化实施计划。

7. 团队解散

团队解散是一项必不可少的工作,是构建项目管理环境的重要环节。团队解散意味着正式结束项目,释放全部项目资源。首先,项目结束后人力资源得以释放,可以参加到其他项目中去;其次,项目团队解散意味着相应权限的终止,比如使用特殊项目资源、享受相应报酬福利的权限;最后,对于企业来讲项目验收是项目结束的标志,对于项目团队而言,项目团队解散是项目一个里程碑式的节点,标志着团队成员成长过程中积累了宝贵的经验,为自己未来的道路积累了宝贵的财富,同时也是一个新的开始,团队成员去寻找新的机会和挑战。相信项目团队成员都能够找到属于自己的那片天空。

参 考 文 献

[1] 苏秦.质量管理与可靠性[M].北京：机械工业出版社，2019.

[2] 王海军.产品质量先期策划[M].北京：机械工业出版社，2023.

[3] 陈国新.追求卓越的设计开发质量管理[M].北京：清华大学出版社，2016.

[4] 柳荣，庞建云.采购管理与运营实践[M].北京：人民邮电出版社，2020.

[5] 孙宗虎.采购过程管控[M].北京：人民邮电出版社，2020.

[6] 曲沛力.采购与供应管理：有效执行五步法[M].北京：机械工业出版社，2016.

[7] 梅纳，霍克，克里斯托弗.战略采购和供应链管理[M].黄文霖，译.3版.北京：人民邮电出版社，2022.

[8] 戚安邦，张连营.项目管理概论[M].北京：清华大学出版社，2008.

[9] 乔普瑞，梅因德尔.供应链管理[M].李丽萍，译.北京：社会科学文献出版社，2009.

[10] 贝利，法摩尔，克洛克，等.采购原理与管理[M].王增东，王碧琼，译.11版.北京：电子工业出版社，2016.

[11] 谭志彬，柳纯录.系统集成项目管理工程师教程[M].2版.北京：清华大学出版社，2009.

[12] 尹义法.产品开发项目管理[M].北京：机械工业出版社，2022.

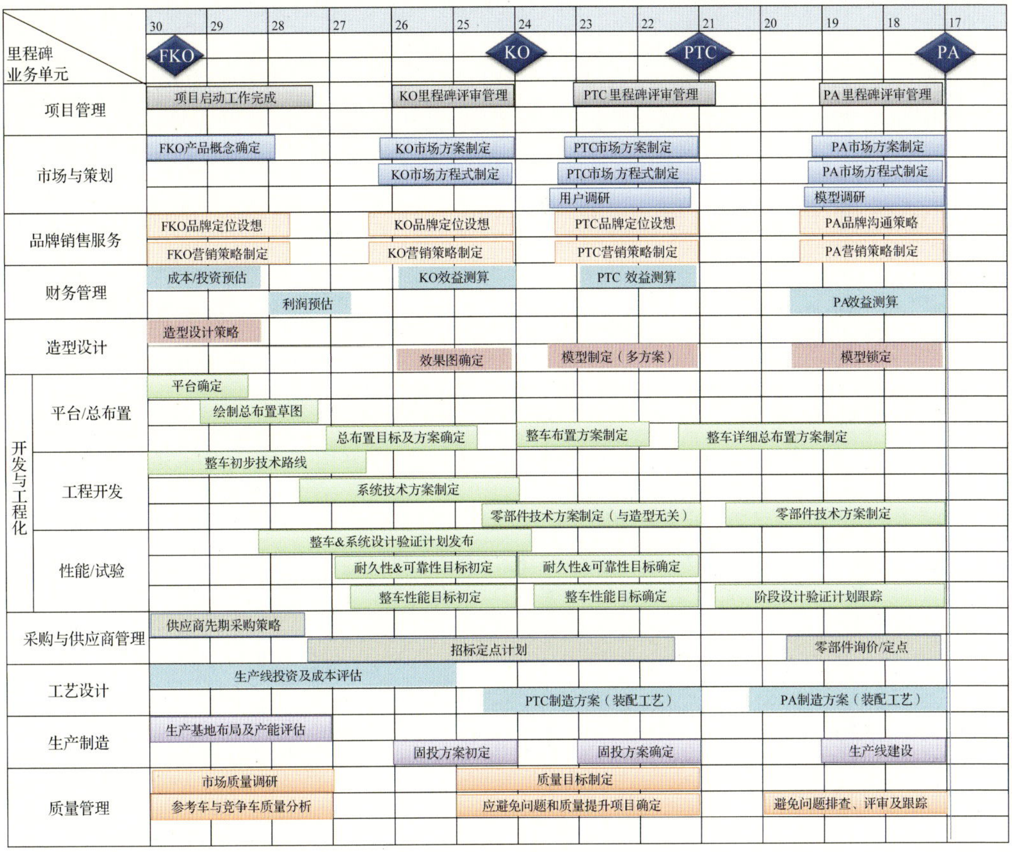

图 1-8 同步图示例

产品数据发布率	监控日期	1月2日	2月2日	3月2日	4月2日	4月9日	4月16日	4月23日	4月30日
	预测目标值	5%	20%	40%	65%	75%	85%	95%	100%
	实际达成	5%	20%	40%	65%	75%	84%		

√ 红黄判定：措施计划评估

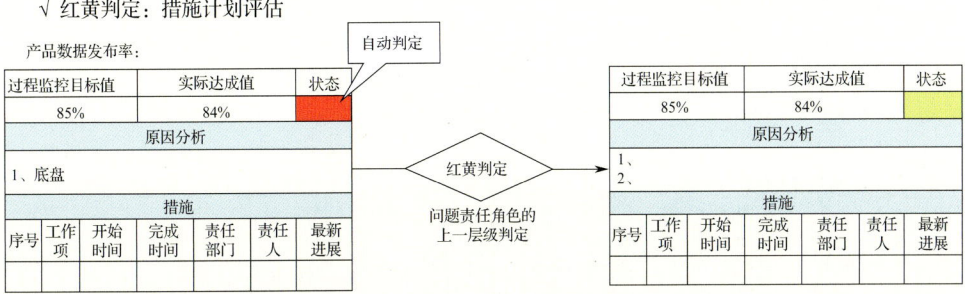

图 5-12 指标产生的项目风险问题

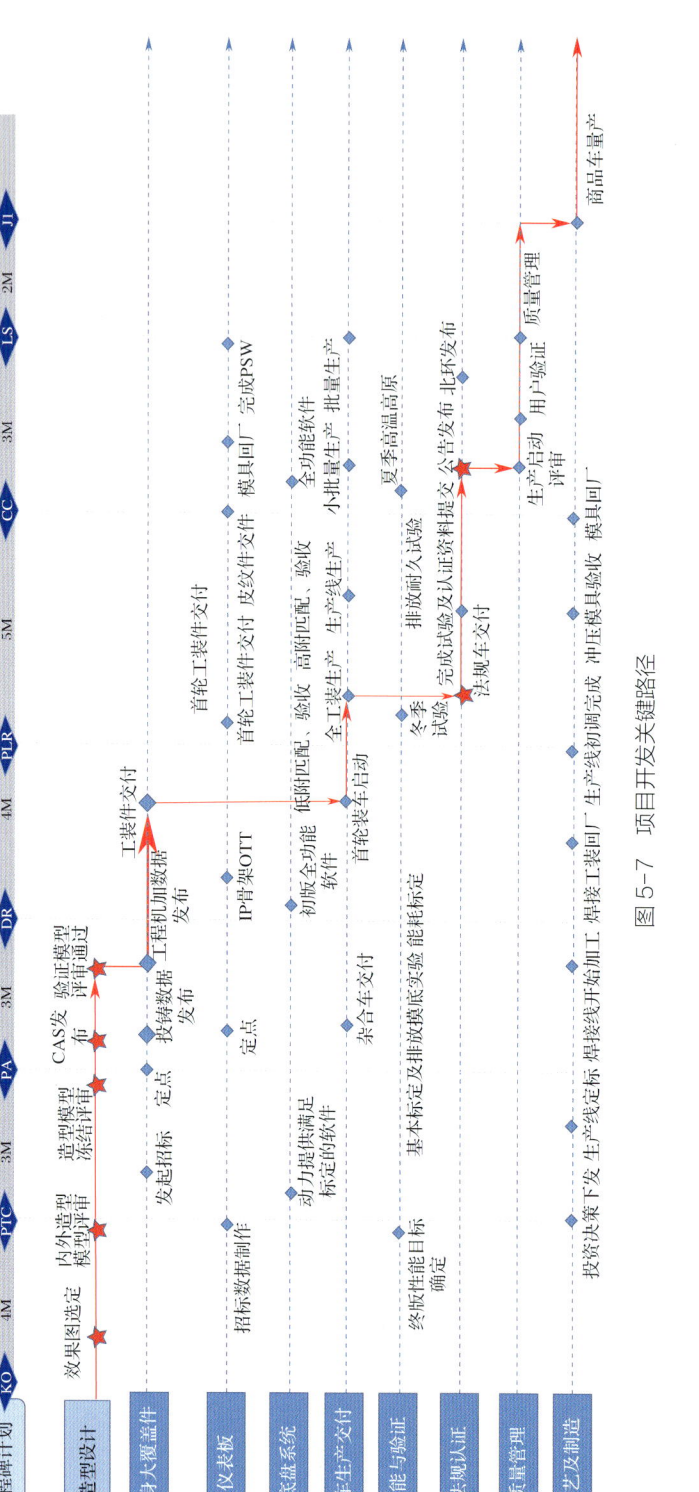

图 5-7 项目开发关键路径

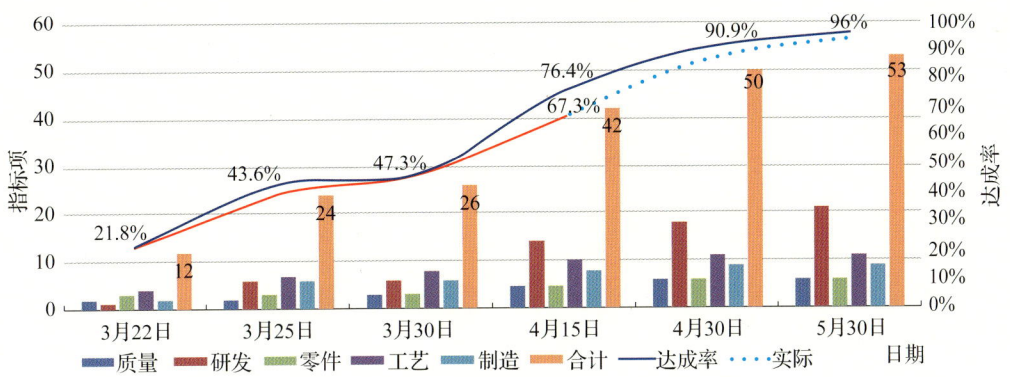

图 7-10　CC 节点指标达成路径图（示例）

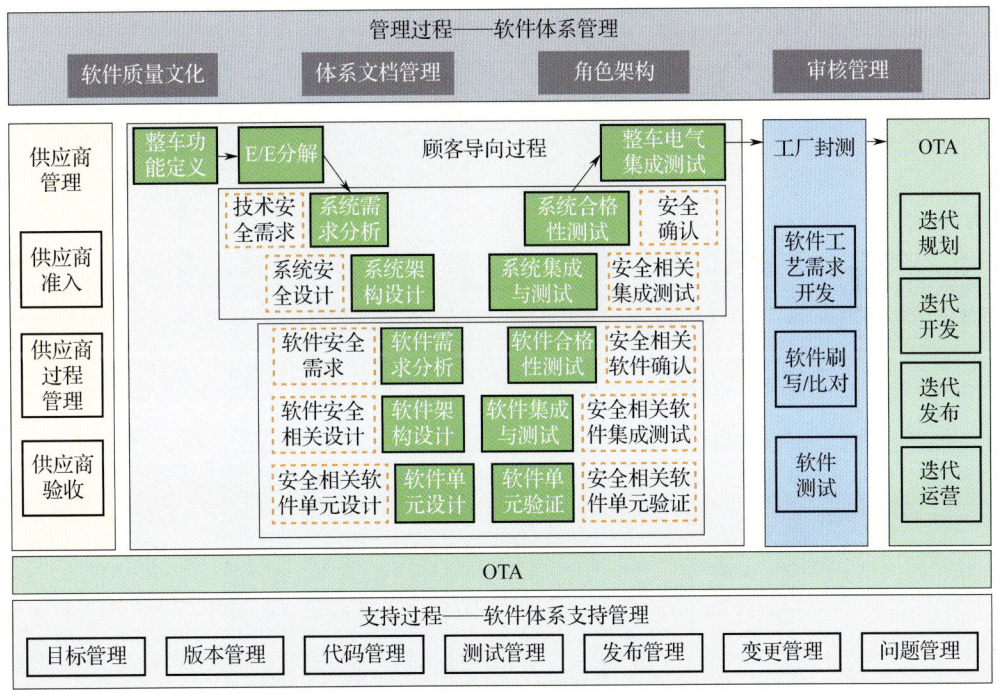

图 7-17　软件质量管理体系（示例）

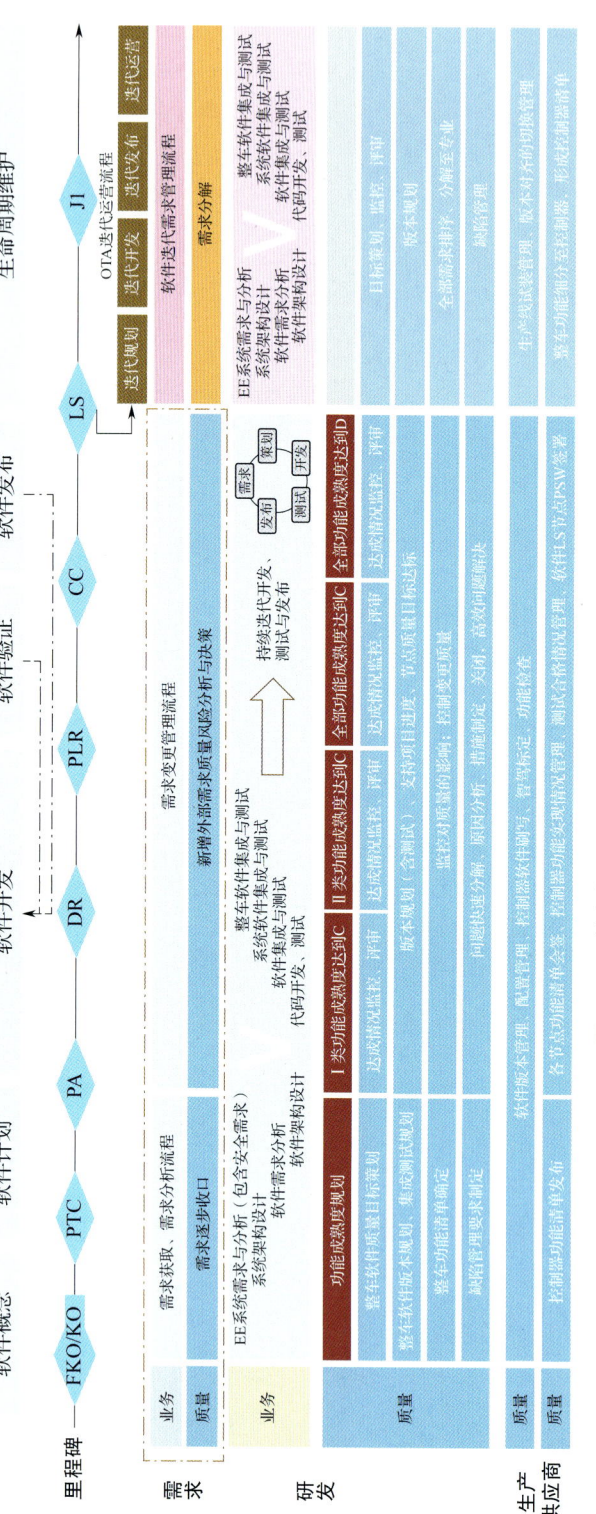

图 7-18 整车软件开发质量管理同步图（示例）